U0793043

FPGA应用与开发实践教程

主　编　孙肖林　倪　瑛　沈姗姗
副主编　王景焕　冯　辉
参　编　陆　驹　汪　洁　田　亮
　　　　缪永龙　徐子荣
主　审　马成荣　朱明程

机械工业出版社

本书是根据高等职业教育本科电子与信息大类相关专业的培养目标，同时兼顾FPGA工程师岗位技术需求，按项目化课程改革要求编写而成的理论实践一体化的学习用书。本书采用项目化编写模式，设计了10个项目，既包含了典型的数字系统开发案例，又引入了企业的工程实践案例，由简到难、由单一到综合，逐层进阶，符合学生的认知特点，同时与高等职业教育本科高端技能人才的培养目标相契合。

本书主要使用产业界通用平台（Quartus Prime）和Cyclone IV E系列开发板（EP4CE6F17C8、EP4CE6E22C8），同时采用国产自主研发平台（紫光PDS）和logos系列开发板（盘古PGL50H），将部分项目通过视频形式呈现，形成了国内外双平台的模式，充分满足教学、竞赛、创新应用和项目开发等多方面的需求，具有进阶融合、场景多元、自主拓展、易学利教等特色。

本书实用性和创新性较强，可作为高等职业院校电子与信息大类专业FPGA技术开发课程设计、毕业设计和创新竞赛等教学用书，也可作为从事数字系统设计的工程技术人员的参考书。

为方便教学，本书配有电子课件、案例源代码等资源，凡选用本书作为授课教材的教师，均可登录机械工业出版社教育服务网（www.cmpedu.com）免费下载。联系电话：010-88379375。

图书在版编目（CIP）数据

FPGA应用与开发实践教程 / 孙肖林，倪瑛，沈姗姗主编. -- 北京 : 机械工业出版社，2025. 6. -- ISBN 978-7-111-78931-4

Ⅰ. TP331.2

中国国家版本馆CIP数据核字第20255VD853号

机械工业出版社（北京市百万庄大街22号　邮政编码100037）

策划编辑：高亚云　　责任编辑：高亚云　章承林

责任校对：贾海霞　陈　越　　封面设计：王　旭

责任印制：李　昂

涿州市般润文化传播有限公司印刷

2025年9月第1版第1次印刷

184mm×260mm · 15.25印张 · 365千字

标准书号：ISBN 978-7-111-78931-4

定价：44.50元

电话服务　　网络服务

客服电话：010-88361066　　机　工　官　网：www.cmpbook.com

010-88379833　　机　工　官　博：weibo.com/cmp1952

010-68326294　　金　书　网：www.golden-book.com

封底无防伪标均为盗版　　机工教育服务网：www.cmpedu.com

前　言

本书是根据高等职业教育本科电子与信息大类相关专业的人才培养目标和 FPGA 工程师岗位技术要求，按项目化课程改革要求编写而成的理论实践一体化的学习用书，全书教学学时建议至少 56 学时的理实一体化课程和 48 学时的创新实践课程。

编写本书时，我们始终秉承“以产教融合为基准，以学生发展为中心，以职业能力为导向”的理念，本着“内容科学、结构清晰、案例丰富”的原则，通过反复研讨论证，打破了传统 FPGA 类教材“先理论后实践”的编写思路，将硬件描述语言与 10 个项目进阶融合，并设置了学习反思和挑战进阶环节，力求体现高等职业教育本科学生培养的规律，满足 FPGA 工程师的能力需求。

此外，每个项目设有问题探究与巩固练习，并配有参考答案、案例源代码和视频展示等资料。本书在理论论述上尽可能简明扼要，通俗易懂，并注重从具体真实的案例入手。

全书采用项目化编写方式，共分为 10 个项目，分别是：报警电路设计、表决器电路设计、心率检测电路设计、跑马灯电路设计、秒表电路设计、数字钟电路设计、交通控制器设计、UART 通信系统设计、多功能数字音频功放电路设计和基于图像处理的实时边缘特征提取（选学）。

本书依托南京工业职业技术大学职业本科产教融合型课程教材开发专项研究课题，在职业教育课程教材开发专家马成荣教授和 FPGA 领域专家朱明程教授的指导下完成。本书由南京工业职业技术大学孙肖林、倪瑛和沈姗姗任主编，其中项目 1、2 由汪洁编写，项目 3、4、5 由倪瑛编写，项目 6 由王景焕编写，项目 7、8、10 由孙肖林、沈姗姗以及企业工程师冯辉和田亮编写，项目 9 由陆驹编写。缪永龙和徐子荣两位工程师为本书提供了基于国产平台开发的项目案例视频。全书由孙肖林统稿。

本书得到了重庆海云捷迅科技有限公司、紫光教育科技有限公司、深圳市紫光同创电子股份有限公司以及深圳市小眼睛科技有限公司的大力支持，在此一并表示衷心的感谢。

限于编者水平，书中难免有疏漏和不足之处，恳请读者批评指正。

编　者

目　录

前言

项目 1　报警电路设计 …… 1

学习目标 …… 1

应用场景 …… 1

项目描述 …… 1

项目实施 …… 2

1.1　本项目使用的软件资源 …… 2

1.2　技术分析 …… 2

1.3　设计框架 …… 3

1.4　技术设计 …… 3

问题探究 …… 11

学习反思 …… 12

巩固练习 …… 13

* 挑战进阶 …… 13

项目 2　表决器电路设计 …… 14

学习目标 …… 14

应用场景 …… 14

项目描述 …… 14

项目实施 …… 14

2.1　本项目使用的软件资源 …… 14

2.2　技术分析 …… 15

2.3　设计框架 …… 15

2.4　技术设计 …… 15

问题探究 …… 19

学习反思 …… 20

巩固练习 …… 20

* 挑战进阶 …… 21

项目 3　心率检测电路设计 …… 22

学习目标 …… 22

应用场景 …… 22

项目描述 …… 22

项目实施 …… 23

3.1　本项目使用的软件资源 …… 23

3.2　技术分析 …… 23

3.3　设计框架 …… 23

3.4　技术设计 …… 24

问题探究 …… 31

学习反思 …… 31

巩固练习 …… 32

* 挑战进阶 …… 32

项目 4　跑马灯电路设计 …… 33

学习目标 …… 33

应用场景 …… 33

项目描述 …… 33

项目实施 …… 34

4.1　本项目使用的软、硬件资源 …… 34

4.2　技术分析 …… 35

4.3　设计框架 …… 35

4.4　技术设计 …… 36

问题探究 …… 45

学习反思 …… 46

巩固练习 …… 46
* 挑战进阶 …… 47

项目 5 秒表电路设计 …… 48

学习目标 …… 48
应用场景 …… 48
项目描述 …… 48
项目实施 …… 49
5.1 本项目使用的软、硬件资源 …… 49
5.2 数码管动态显示原理 …… 50
5.3 技术分析 …… 51
5.4 设计框架 …… 51
5.5 技术设计 …… 52
问题探究 …… 61
学习反思 …… 62
巩固练习 …… 63
* 挑战进阶 …… 63

项目 6 数字钟电路设计 …… 64

学习目标 …… 64
应用场景 …… 64
项目描述 …… 64
项目实施 …… 65
6.1 本项目使用的软、硬件资源 …… 65
6.2 技术分析 …… 66
6.3 设计框架 …… 67
6.4 技术设计 …… 68
问题探究 …… 79
学习反思 …… 80
巩固练习 …… 80
* 挑战进阶 …… 81

项目 7 交通控制器设计 …… 82

学习目标 …… 82
应用场景 …… 82
项目描述 …… 82
项目实施 …… 83
7.1 本项目使用的软、硬件资源 …… 83
7.2 技术分析 …… 84
7.3 设计框架 …… 85
7.4 技术设计 …… 85
问题探究 …… 101
学习反思 …… 104
巩固练习 …… 104
* 挑战进阶 …… 105

项目 8 UART 通信系统设计 …… 106

学习目标 …… 106
应用场景 …… 106
项目描述 …… 106
项目实施 …… 107
8.1 本项目使用的硬件资源 …… 107
8.2 技术分析 …… 107
8.3 设计框架 …… 108
8.4 技术设计 …… 108
问题探究 …… 121
学习反思 …… 122
巩固练习 …… 123
* 挑战进阶 …… 123

项目 9 多功能数字音频功放电路设计 …… 124

学习目标 …… 124
应用场景 …… 124
项目描述 …… 124
项目实施 …… 125
9.1 本项目使用的软、硬件资源 …… 125
9.2 技术分析 …… 125
9.3 设计框架 …… 126
9.4 技术设计 …… 126
问题探究 …… 153
学习反思 …… 154
巩固练习 …… 154
* 挑战进阶 …… 155

* 项目 10 基于图像处理的实时边缘特征提取 …… 156

学习目标 …… 156

应用场景 …… 156
项目描述 …… 157
项目实施 …… 157
10.1 本项目使用的软、硬件资源 …… 157
10.2 技术分析 …… 160
10.3 设计框架 …… 160
10.4 技术设计 …… 161
问题探究 …… 180
学习反思 …… 182
巩固练习 …… 183
* 挑战进阶 …… 183
附录 …… 184
附录 A Verilog HDL 基本要素及语法规则 …… 184
附录 B Quartus Prime 开发流程 …… 215
附录 C Intel EP4CE6 开发板资源 …… 228
参考文献 …… 236

项目1

报警电路设计

学习目标

1. 了解报警电路的基本原理。

2. 能正确使用 Quartus Prime 进行电路仿真，能实现单路和多路报警电路的设计，掌握 Verilog HDL 的基本模块化设计方法。

3. 建立模块化的硬件语言工程思维，培养学生发现问题、解决问题的能力。

应用场景

报警系统广泛应用于住宅安全防护、商业设施、企业机构、公共交通网络以及各类安全监控场景，例如门禁系统中的身份识别报警和多通道断线监测报警等。报警系统一般集成多种探测装置，如红外线传感器、门磁开关、烟雾检测器以及其他专用的传感设备，适用于对不同环境下的状况进行实时监控，并在检测到异常活动或状态时迅速触发警报。

报警电路作为信息获取、分析与决策的基础组件，在报警系统中扮演着关键角色。报警电路能够接收一路或多路输入信号，通过预设逻辑对接收的数据进行处理和评估，一旦确定存在威胁或紧急情况，报警电路将激活相应的输出机制，如视觉警示（如闪烁灯光）和听觉警示（如警笛声），以提醒相关人员采取必要的应对措施。此外，现代报警电路还可能集成智能算法，用以提高警情判断的准确性和响应效率。

项目描述

本项目要求基于 Verilog HDL 语言实现传感器信号获取、判断和报警，并进行功能仿真，具体如下：

1）设置 1 个位宽为 8bit 的输入端，模拟某传感器信号。

2）当输入端是 1 个位宽为 8bit 的信号时，设计单路报警电路，并输出 1bit 报警信号。

3）当输入端是 4 个位宽为 8bit 的信号时，设计多路报警电路，并输出相应位报警信号。

4）将 4 个位宽为 8bit 的信号设置优先级别，设计具有一定优先级的多路报警电路，并输出相应报警信号。

5）当复位键按下后，解除报警；复位键释放后，重新进入工作状态。

项目实施

1.1 本项目使用的软件资源

1）开发平台：Quartus Prime，如图 1-1 所示。

2）硬件描述语言：Verilog HDL。

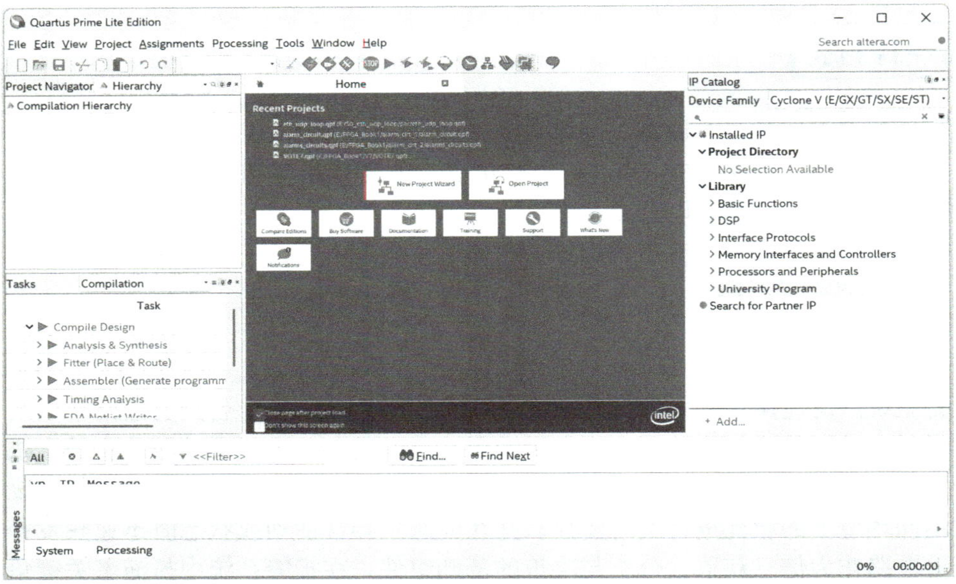

图 1-1 Quartus Prime 软件界面

1.2 技术分析

在实际应用电路中，传感器将采集到的模拟信号（如温湿度信号、光照信号等环境参数）经由模 / 数转换器（Analog-to-Digital Converter，ADC）转换为具有特定位宽的数字信号进行数据分析。本项目假设转换后的数字信号位宽为 8bit，则报警电路需将此 8bit 数字信号与安全值进行比较判断，决定是否输出 1bit 报警信号（高电平或低电平，本任务为高电平）；同时，为实现预警清除与系统重启功能，电路设计还需包含一个名为 rstn 的复位信号，此信号采用低电平有效的逻辑机制，即当 rstn 处于低电平时，将启动系统的复位过程。

本报警电路的设计主要基于 Verilog HDL 程序实现，并对程序进行仿真验证，在项目实施过程中需要解决以下三个关键问题：

1）报警电路 Verilog HDL 程序的基本结构和组成。

2）报警信号的获取、判断及输出。

3）报警电路的仿真。

1.3　设计框架

单路报警电路的电路符号如图 1-2 所示，有两个输入端和一个输出端。其中，输入端 signal[7:0] 为具有 8bit 位宽的传感器信号，输出端 alarm 为 1bit 位宽的报警信号。

对于包含 n 个独立传感器的多路报警电路，其总的输入端口位宽需扩展至 $8n$ bit，以适应每个传感器同时处理 8bit 数据；而报警信号输出端口则需要具备 n bit 位宽，以便分别对应各个传感器的状态输出。图 1-3 所示为多路报警电路的电路符号。

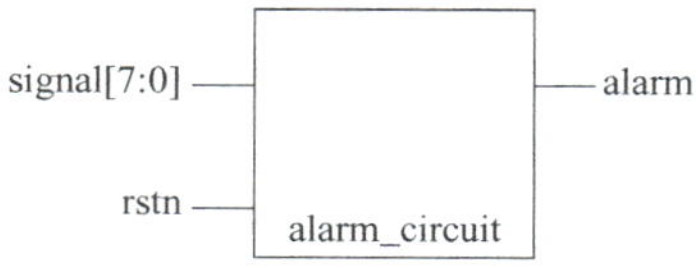

图 1-2　单路报警电路的电路符号

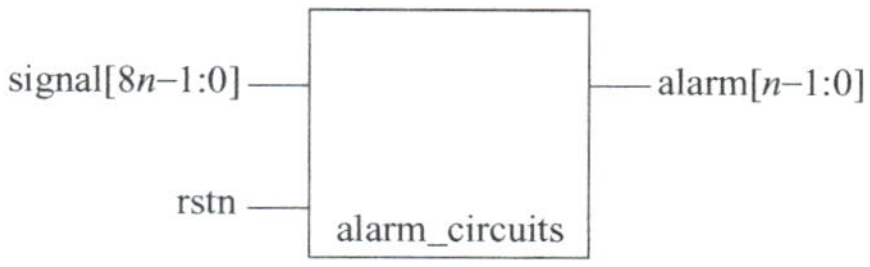

图 1-3　多路报警电路的电路符号

1.4　技术设计

1. 单路报警电路基本模块设计

模块（module）是硬件描述语言（Verilog HDL）的基本单元，用于描述设计的功能、结构及其与外部通信的端口。一个完整的模块主要由模块名、端口列表、端口定义、数据类型说明和逻辑功能描述五部分组成，如图 1-4 所示。在实际运用中，一个 Verilog HDL 模块并不需要具备所有的结构特征，基本的模块结构可满足大多数设计。通过模块

```
module 模块名(端口列表)

    端口定义:
    input       输入端口
    output      输出端口
    inout       输入输出端口

    数据类型说明:
    wire        线网型
    reg         寄存器型
    parameter   参数
    ……

    逻辑功能描述:
    实例化底层模块和基本门级元件
    连续赋值语句(assign)
    过程块结构(initial或always)
    ……

endmodule
```

图 1-4　Verilog HDL 模块基本结构

化设计，能够显著提升系统的组织性、仿真效率以及测试便利性。在此设计框架下，每个模块作为硬件电路上的独立逻辑实体存在，专注于实现特定的功能单元。这些模块不仅可以在执行过程中并行运行以提高处理速度和效率，还支持层次化的嵌套结构，即“模块实例化”。这种实例化过程指的是一个模块能够在另一个模块的上下文中被调用和集成，由此使得不同的功能模块得以灵活组合，构建出更为复杂且高度整合的系统架构。

其中，模块名是模块的唯一标识符；端口列表定义了本模块和其他模块进行通信连接的信号；端口定义根据数据流方向可以分为 input（输入端口）、output（输出端口）和 inout（双向，输入输出端口）三类；数据类型说明用于指定数据对象为 reg（寄存器型）、wire（线网型）等；逻辑功能描述是模块的核心，它定义了模块如何根据输入信号产生输出信号以及内部信号如何变化。逻辑功能描述通常使用以下几种构造：

1）连续赋值语句：使用 assign 关键字来描述线网型（wire）信号之间的简单关系。

2）过程块：使用 initial 或 always 关键字来描述在特定条件下执行的逻辑行为。

3）实例元件：在模块中实例化底级模块和基本门级元件（如与门、或门、非门等）。

4）逻辑运算符和表达式：使用逻辑运算符（如 &&、||、！）来构建逻辑表达式。

5）条件控制结构：使用 if...else、case 等条件控制结构来根据信号的值选择不同的逻辑路径。

6）任务（task）和函数（function）：定义和调用任务、函数，以提高代码可读性和可复用性。

在编写 Verilog HDL 逻辑功能描述时，需要清晰地定义模块的输入和输出，以及内部信号的行为。通过合理地使用上述构造，可以创建出高效、可维护且易于理解的 Verilog HDL 模块。

对于报警电路，单路报警电路基本模块可参考以下代码：

```
module alarm_circuit(signal,rstn,alarm);  //模块名与端口列表
   input rstn;                            //复位信号
   input [7:0] signal;                    //经A/D转化的传感器信号，位宽为8bit
   output alarm;
   wire signal,rstn;                      //数据类型说明
   reg  alarm;                            //报警输出，高电平有效
   //定义警戒电平的阈值（安全值）
   parameter max_val1 = 8'd125;           //假设最大值不超过125
   parameter min_val1 = 8'd50;            //假设最小值不低于50
   //逻辑功能描述代码
   ⋮
   //
endmodule
```

2. 报警电路的条件判断

为了实现报警信号的判断，可使用 Verilog HDL 提供的 if 语句。if 语句常用于条件判断，只可用于过程块（always 或 initial）中，基本语法格式见表 1-1。

在 Verilog HDL 中，if 语句的使用与 C 语言十分相似，用于根据信号或变量的值选择性地执行代码，以控制时序逻辑或初始化逻辑的行为。其中 else 子句是可选的，用于指

定条件为假时应该执行的代码。如果没有 else 子句，并且条件为假，那么 if 语句将不会执行任何操作。

表 1-1　if 语句的基本语法格式

if 语句的基法语法格式	if（条件 1） 　语句块 1；	if（条件 1） 　语句块 1； else 　语句块 2；	if（条件 1） 　语句块 1； 　else if（条件 2） 　语句块 2； 　⋮ 　else if（条件 *n*−1） 　语句块 *n*−1； 　else 语句块 *n*；

对于报警电路，为实现对传感器信号的区间检测，可参考以下代码：

```
  ⋮
if(signal >=max_val1 || signal <= min_val1)  //判断传感器信号是否超出安全值范围
  begin
      alarm =1;                                //报警信号置位
  end
else
  alarm = 0;
   ⋮
```

3. 单路报警电路的设计流程

图 1-5 所示为 Verilog HDL 设计流程，具体描述如下：

1）功能设计：首先制定设计规格书，确定设计电路的功能、接口和整体结构。

2）Verilog HDL 描述电路：使用文本编辑功能编写 Verilog HDL 代码，保存为“.v”文件。

3）程序编译：对硬件描述语言进行编译，编译结束会提示代码存在的问题。程序编译包括综合、适配、时序分析等步骤。综合是将 Verilog HDL 代码转换成门级网表的过程，即将高级描述转换为 FPGA/CPLD 可实现的低级电路描述。综合会根据指定的约束优化电路以满足速度、面积和功耗要求；适配是将综合后的门级网表放置到 FPGA 的具体逻辑块中，并确定信号的布线路径，这一步包括逻辑资源的分配和布线，并生成时序信息；时序分析是检查设计在实际物理布局中的性能，包括是否满足建立时间和保持时间等时序约束，如果时序分析未通过，需要根据提示进行相应调整。

4）功能仿真：对“.v”文件进行功能仿真，检查逻辑功能是否正确。正确则流程结束；错误则返回“Verilog HDL 描述电路”环节修改代码。

单路报警电路设计流程如图 1-6 所示。

4. 单路报警电路设计及仿真

（1）创建新项目

如图 1-7 所示，执行菜单命令“file”→“new project Wizard...”，弹出图 1-8 所示新建项目向导对话框。在此对话框中可以指定项目路径和项目名。在本项目中，项目名定义为“alarm_circuit”，单击“Next”按钮后出现图 1-9 所示项目模板类型对话框，选中“Empty project”并单击“Next”按钮后弹出图 1-10 所示“添加文件”对话框。如果设计包括其他设计文件，可以在“File name”中选择文件，或者单击“Add All”按钮加入该目录下所有文件。如需要添加用户自定义的库，可以单击“User Libraries”选择。本项目中可以不选择其他文件和库，因此，只需单击“Next”按钮，进入图 1-11 所示器件类型设置对话框。本项目限于电路仿真设计，对器件无特定要求，因此可以直接单击“Next”按钮，弹出第三方 EDA 工具选择对话框，如图 1-12 所示。

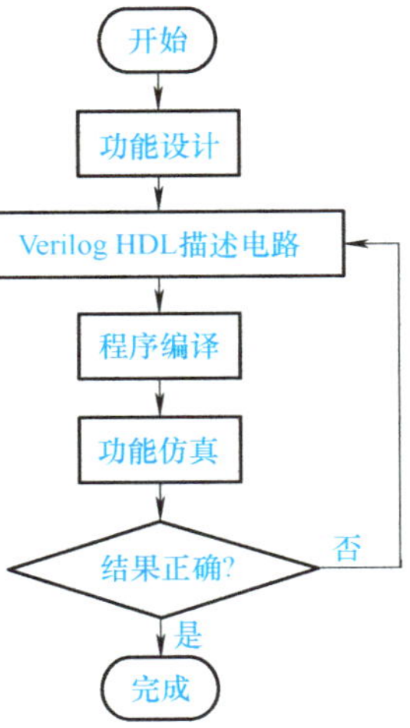

图 1-5　Verilog HDL 设计流程

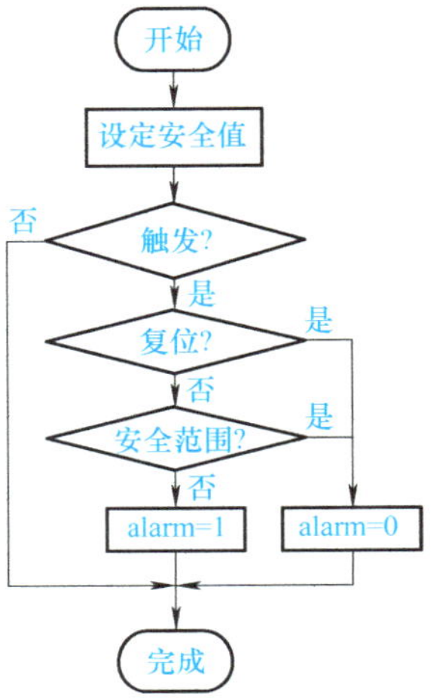

图 1-6　单路报警电路设计流程

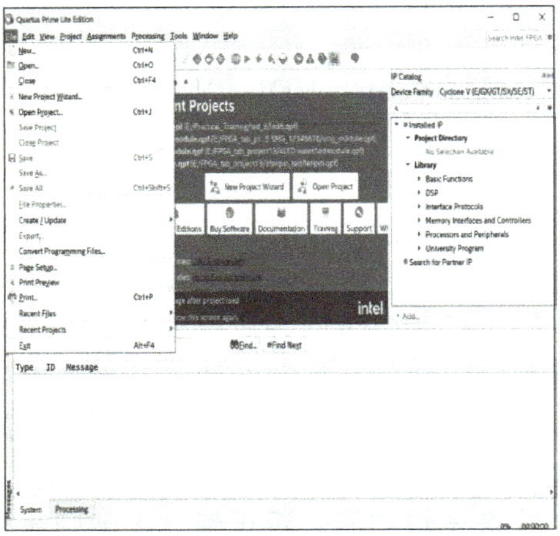

图 1-7　创建新项目

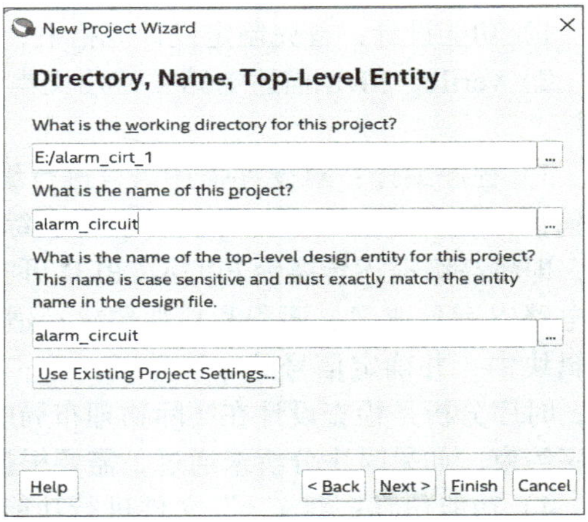

图 1-8　新建项目向导

在此对话框中可以选择第三方 EDA 工具，如 ModelSim、Synplify 等。本项目仿真使用 ModelSim-Altera，语言使用的是 Verilog HDL。然后单击“Next”按钮，弹出图 1-13 所示项目信息概要窗口，在本窗口可以看到项目创建过程中设置的多种信息，如发现错误可单击“Back”按钮进行修改。如确认无误，则可单击“Finish”按钮完成项目创建，并弹出图 1-14 所示新项目窗口。

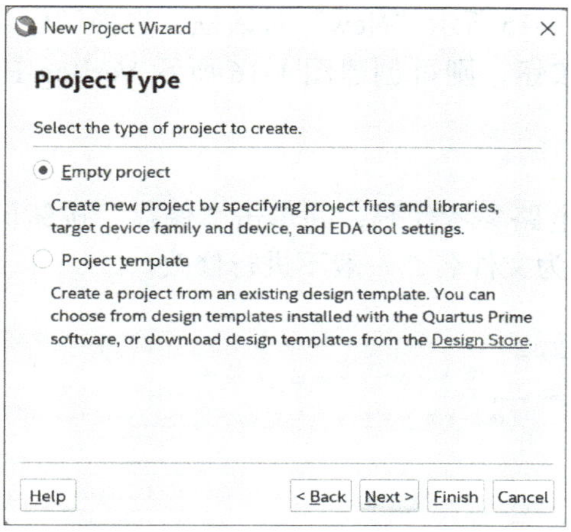

图 1-9　项目模板类型

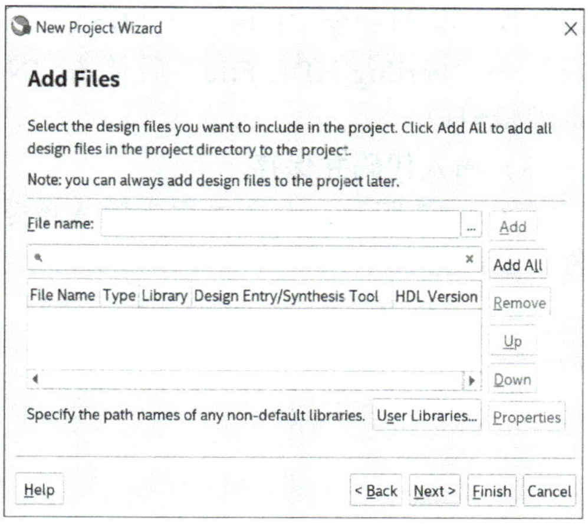

图 1-10　添加文件

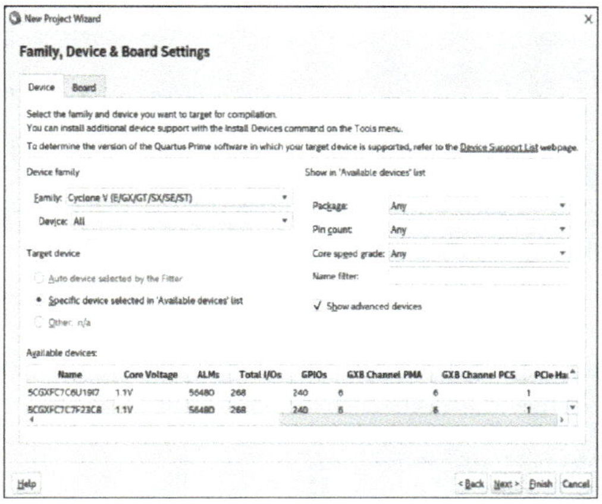

图 1-11　器件类型设置

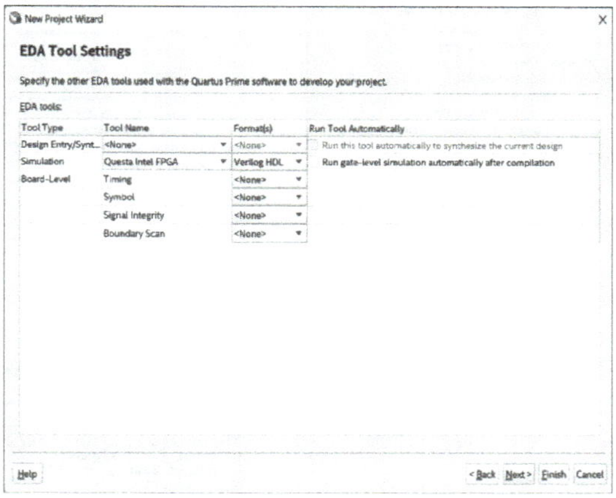

图 1-12　第三方 EDA 工具选择

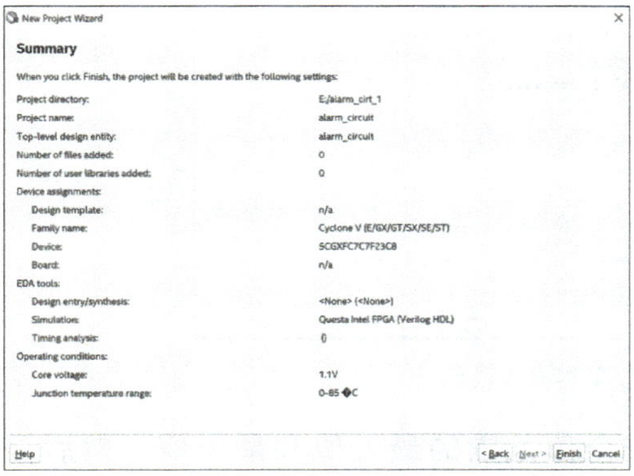

图 1-13　项目信息概要窗口

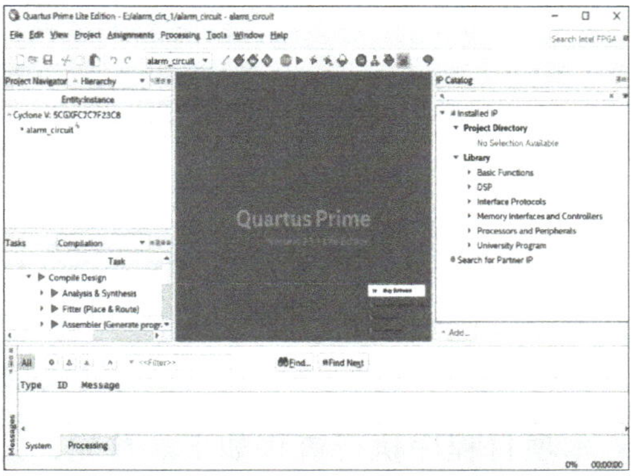

图 1-14　新项目窗口

（2）新建文件

本项目采用文本编辑方式进行设计，因此需要在新项目中创建可编辑文件。在新项目窗口中执行菜单命令“File”→“New”，弹出图 1-15 所示“New”对话框，选择“Design Files”→“Verilog HDL File”后单击“Next”按钮，则可创建图 1-16 所示 Verilog HDL 文本编辑窗口。

（3）输入代码并保存

如图 1-17 所示，在文本框中输入单路报警电路参考代码，并单击“保存”按钮保存文件。在此过程中，软件平台会自动将模块名作为文件名，一般不进行修改。

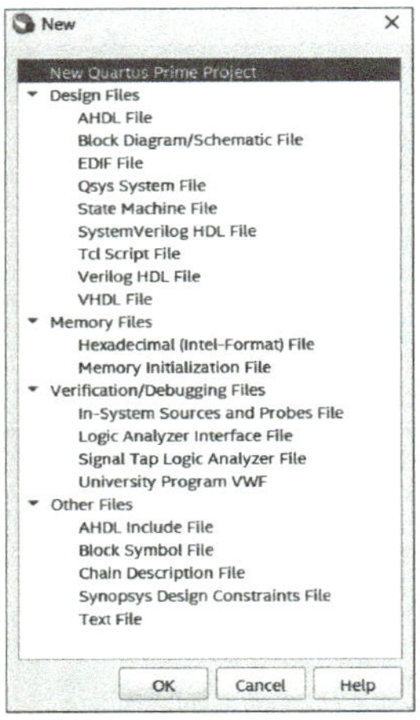

图 1-15 文件“New”对话框

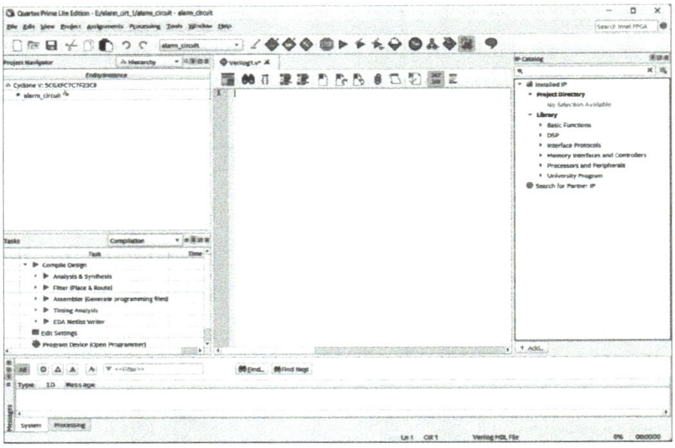

图 1-16 Verilog HDL 文本编辑窗口

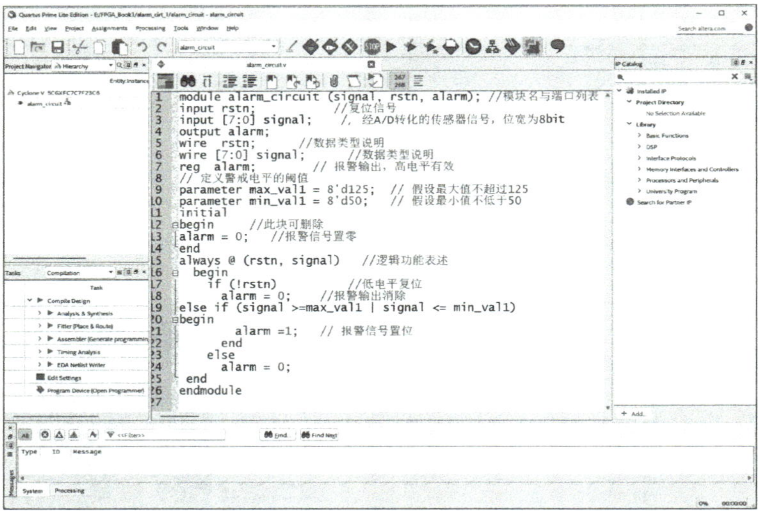

图 1-17 Verilog HDL 文本输入代码

本项目程序执行流程如下。首先，设定安全值范围的最大值和最小值。然后，当 signal 和 rstn 电平发生变化后，触发相关语句块执行。在执行过程中首先判断 rstn 电平值，如果为低电平，则系统复位；如果为高电平，则判断信号值是否超过安全值范围，如果超过安全值范围，则 alarm 赋值为 1；如果在安全值范围内，则 alarm 赋值为 0。最后，程序结束。

单路报警电路参考代码如下：

```
module alarm_circuit(signal,rstn,alarm);   //模块名与端口列表
    input rstn;                            //复位信号
    input [7:0] signal;                    //经A/D转化的传感器信号，位宽为8bit
    output alarm;
    wire signal,rstn;                      //数据类型说明
    reg  alarm;                            //报警输出，高电平有效
    //定义警戒电平的阈值
    parameter max_val1 = 8'd125;           //假设最大值不超过125
    parameter min_val1 = 8'd50;            //假设最小值不低于50
    initial
       begin                               //此块可删除
          alarm = 0;                       //报警信号置零
       end
    always @(rstn,signal)                  //逻辑功能表述
       begin
         if(!rstn)                         //低电平复位
            alarm = 0;                     //报警输出消除
         else if(signal >=max_val1 | signal <= min_val1)

            alarm =1;                      //报警信号置位


         else
          alarm = 0;
       end
endmodule
```

（4）编译代码

在完成代码输入后单击工具栏中的编译按钮“▶”，则软件开始检测程序中的格式错误等问题，完成编译后的界面如图 1-18 所示。

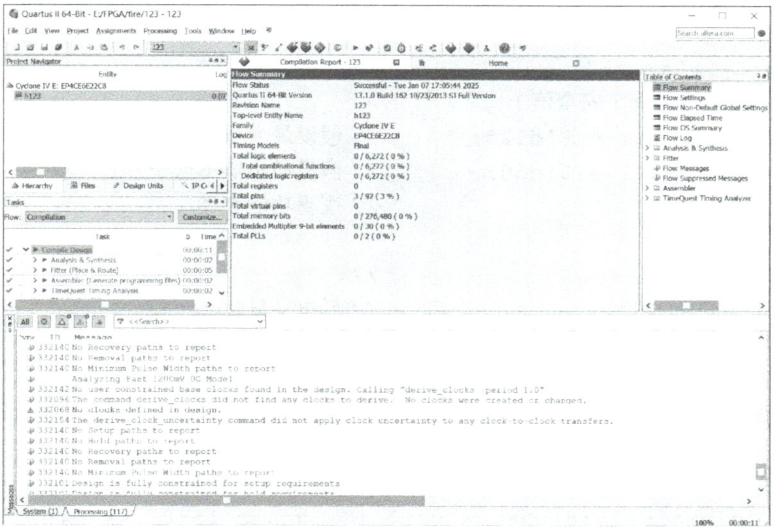

图 1-18　代码编译结果

使用 Simulation Waveform 进行时序仿真，输入信号为复位信号 rstn 和 8bit 传感器信号 signal，输出信号为 1bit 报警信号 alarm。当复位按键按下时，系统持续初始化，不进行检测。当复位按键失效（即为 1）时，由于 singal 信号的值为 255，超出安全值范围，报警信号 alarm 为高电平 1。当复位信号有效（即为 0）时，报警电路复位，alarm 为低电平 0。单路报警电路仿真结果如图 1-19 所示。

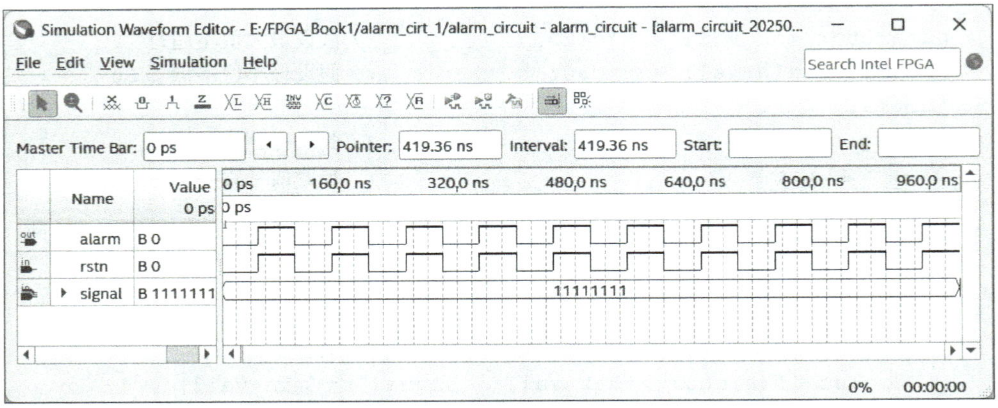

图 1-19　单路报警电路仿真结果

5. 多路报警电路设计

相较于单路报警电路，在多路报警电路设计中，假设每一路传感器信号的位宽为 8bit，共 4 路传感器。因此需要一个位宽为 32bit 的输入端，每连续 8bit 连接一个传感器，并参考单路传感器的报警判断程序，拓展为 4 路，则可形成 4 路报警电路设计，参考代码如下：

```
module alarms_circuit(signals,rstn,alarms);
input  [4*8-1:0] signals;
input      rstn;
output [3:0] alarms;
reg    [3:0] alarms;
//定义警戒电平的阈值（安全值）
parameter max_val1 = 8'd125;        //假设最大值不超过 125
parameter min_val1 = 8'd50;         //假设最小值不低于 50
always @(*)                          //逻辑功能表述
  begin
    if(!rstn)                        //
      alarms = 0;                    //低电平复位
    else
      begin
        if(signals[7:0] >=max_val1 | signals[7:0] <= min_val1)
          alarms[0] =1;              //报警信号置位
        else alarms[0] =0;
        if(signals[15:8] >=max_val1 | signals[15:8] <= min_val1)
          alarms[1] =1;              //报警信号置位
```

```
        else alarms[1] =0;
        if(signals[23:16] >=max_val1 | signals[23:16] <= min_val1)
          alarms[2] =1;                  //报警信号置位
        else alarms[2] =0;
        if(signals[31:24] >=max_val1 | signals[31:24] <= min_val1)
          alarms[3] =1;                  //报警信号置位
        else alarms[3] =0;
      end
    end
  endmodule
```

多路报警电路的仿真结果如图 1-20 所示。

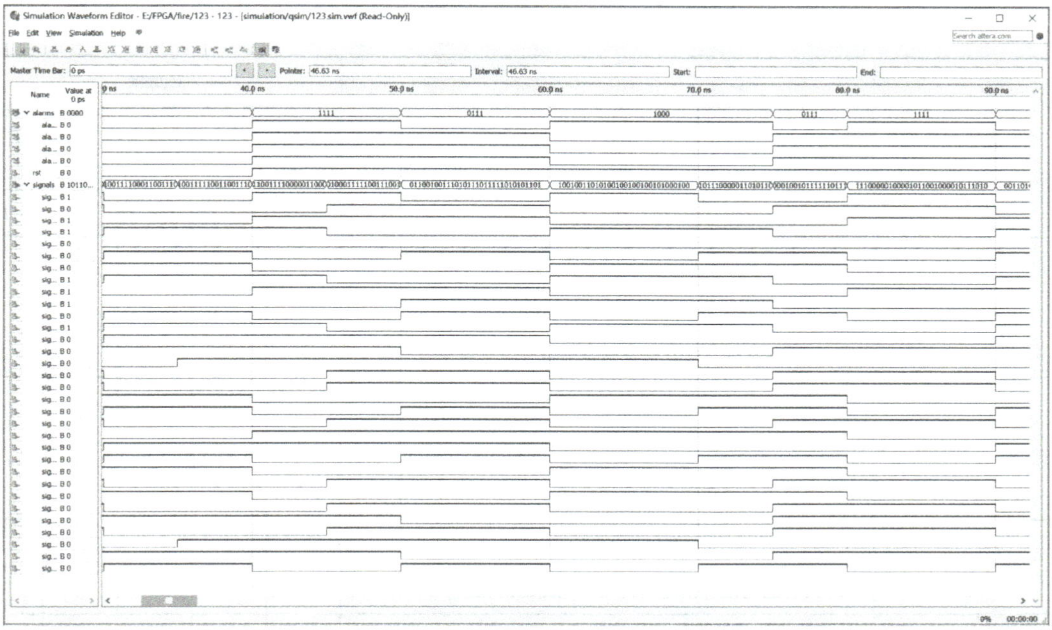

图 1-20　多路报警电路仿真结果

使用 Simulation Waveform 进行时序仿真，输入信号为复位信号 rstn 和 32bit 传感器信号 signals，输出信号为 4bit 报警信号 alarms。当复位按键按下时，系统持续初始化，不进行任何检测操作。当复位按键失效时，随机赋值给 signals，分析输出信号 alarms。通过计算每组信号的数值来判定环境的状态。当某传感器信号超过 125 时或低于 50（超出安全值范围）时，输出信号对应位为高电平，表示环境异常并进行报警；否则输出低电平，表示环境处于安全状态。

问题探究

1. Verilog HDL 中端口中数据类型的定义原则是什么？

在进行 FPGA 开发的过程中，input 端口只能是线网型数据类型；output 端口可以是线网型或寄存器型，inout 端口只能声明为线网型。端口位宽由 [M:N] 来定义，如果 M>N，则其为降序排列，[M] 是有效数据的最高位，[N] 是有效数据最低位，其等效位宽为 M−N+1；如果 M<N，则为升序排列，[M] 为有效数据最低位，[N] 是有效数据的最高位，其等效位宽为 N−M+1。例如语句 “reg[5:0]a1；” 表示定义了一个位宽为 6bit 的寄存器变量 a1。

2. 在使用 Verilog HDL 进行电路设计时，如何避免在使用 if 语句时产生锁存器？

在 Verilog HDL 中，为了避免在使用 if 或 case 语句时不必要地产生锁存器（也称为触发器），应该确保在所有的分支上都有一个清晰的赋值给输出信号，这样可以保证在所有的时钟边沿到来时，输出信号能够稳定地到达下一级电路。

学习反思

内容	观察点	达成度（按最优为 5、最差为 1，逐项对观察点达成情况进行自我评估，并在相应栏中打√）				
		5	4	3	2	1
知识目标	1. 掌握报警电路的工作原理及电路结构					
	2. 掌握 FPGA 的设计流程					
	3. 掌握 Verilog HDL 模块基本结构					
能力目标	1. 能搭建模块的基本架构					
	2. 能完成从创建项目到仿真的整个流程					
	3. 能应用判断语句实现报警功能					
素质目标	1. 具有模块化设计的工程思维					
	2. 具有运用硬件描述语言设计电路的工程素养					
学习态度	如学习的参与度、主动性、耐受力等					
学习方法	如工具使用、资源利用、策略运用等					
学习习惯	如学习的计划、调控、评价、反思等					

学习目标没有达成的原因分析

改进措施（针对上述观察点中的弱项，提出具体和可行的改进措施）

巩固练习

1. 本项目中 rstn 是低电平复位，如果要求高电平复位，请尝试修改程序。

2. 用 if...else 实现二选一数据选择器功能。

3. 已知有三个数 a、b、c，试用 if...else 语句选择其中的最大数，写出完整的代码并仿真实现。

*挑战进阶

1. 在报警系统中，往往需要记录一段时间内报警的次数，请通过一个计数器实现报警计数功能。

2. 在报警系统中，通常有多类传感器同时存在的应用场景，不同传感器会有不同的监测需求，请根据实际情况设计一款多路报警电路。

项目 2

表决器电路设计

学习目标

1. 了解表决器电路工作原理。

2. 掌握 Verilog HDL 模块化设计方法；能熟练使用 Quartus Prime 进行表决器电路的设计与仿真。

3. 建立模块化的硬件语言工程思维，培养发现问题、解决问题的能力。

应用场景

表决器电路是最为常见的一种信息采集、比较和判断的基本电路。表决器电路通常有一路或多路输入信号，并进行情况判断，当判定某种情况发生时，可通过数码管、显示屏、音频等方式发布信息。

项目描述

本项目要求基于 Verilog HDL 语言实现一个 7 人表决器，并进行功能仿真。具体要求如下：

1）用 7 个开关作为表决器的 7 个表决信号。

2）表决信号为逻辑“1”时，表示表决者“赞同”；表决信号为逻辑“0”时，表示表决者“不赞同”。

3）当表决器的 7 个表决信号中有 4 个以上（含 4 个）为“1”时，则表决器输出为“1”，表示表决“通过”；否则为“0”，表示表决“不通过”。

项目实施

2.1 本项目使用的软件资源

1）开发平台：Quartus Prime。

2）硬件语言：Verilog HDL。

2.2　技术分析

根据项目描述，为实现 7 人表决器电路设计，首先，需设置一个位宽为 7bit 的输入端，对应 7 个表决信号输入端；并设置一个位宽为 1bit 的输出端，对应表决结果的输出端；同时，为了对每个表决投票结果进行检测，需要设计一个变量，进行表决情况统计。

根据项目分析，表决器电路涉及三个关键技术：

1）搭建模块：在电路设计中，根据实际需求搭建模块，设置输入 / 输出端口及类型。

2）循环遍历各个表决信号输入端：在程序执行的过程中，需要完成各表决信号输入端“赞同”“不赞同”状态的判断与统计。

3）数据的关系运算：根据表决统计结果，使用关系运算符完成“通过”“不通过”结果的判断，并输出结果。

2.3　设计框架

本项目的 7 人表决器电路符号如图 2-1 所示，有一个输入端和一个输出端。其中，输入端 vote[6:0] 为 7bit 位宽的表决信号；输出端 pass 为 1bit 位宽的输出信号，高低电平分别表示“通过”与“不通过”。

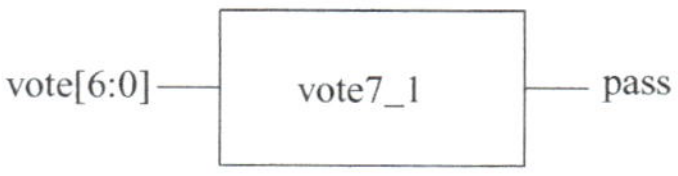

图 2-1　7 人表决器电路符号

表决器电路设计主要包括三个步骤：

1）完成基本程序模块设计，设置输入 / 输出端口数量、类型。

2）使用 always 语句实现信号状态检测，并通过循环语句完成每个表决信号输入端的状态判断。

3）使用条件判定语句完成“通过”“不通过”结果的判断，并输出结果。

2.4　技术设计

1. 表决器电路模块设计

根据项目描述，为实现 7 人表决器电路设计，首先应完成电路模块设计。设置一个位宽为 7bit 的输入端 vote，端口的每一位关联至对应的表决信号；设置 1bit 位宽的输出端 pass，用于输出表决结果；设置一个 3bit 寄存器型变量 sum，用于存储投“赞成”票的个数；设置一个寄存器型变量 i，用于在循环中实现对各投票端口的逐位判断；设置一个过程语句，用于实现表决器的主要逻辑功能。

7 人表决器电路模块部分代码如下：

```
module vote7_1(pass,vote);
  input  [6:0]  vote;          //7bit 线网类型输入端
  output      pass;            //输出端，表示投票结果是否通过
  reg       pass;              //寄存器型变量
  integer    i;                //声明一个用于循环计数的整型变量 i
  reg  [2:0]  sum;             //用于统计“赞成”票数的 3bit 寄存器型变量 sum
  always @(...)                //过程语句，逻辑功能实现部分
```

```
    begin
     ...
    end
endmodule
```

2. always 过程语句与触发事件控制

过程块（procedural block）使用 always 或 initial 关键字来描述在特定条件下执行的逻辑行为。always 块通常用于描述时序逻辑，如触发器，它在时钟边沿或信号变化时触发。initial 块用于描述在仿真开始时执行的一次性初始化操作。过程块内部可以使用各种 Verilog HDL 语句，包括条件语句（如 if...else、case）、循环语句（如 for、while）和时序控制语句（如 wait、@）。

触发事件包括电平触发事件与边沿触发事件，其中，电平触发事件指信号的电平发生变化时触发指定的行为发生，基本语法如下：

```
@(<电平触发事件>) 行为语句;
@(<电平触发事件1> or <电平触发事件2> or...or <电平触发事件n>) 行为语句;
```

其中，“or”可以用英文标点符号“,”代替，各电平触发事件优先级相同。

边沿触发事件为指定信号的边沿信号跳变时发生指定的行为，分为信号上升沿（$x\to1$ or $z\to1$ or $0\to1$）和下降沿（$x\to0$ or $z\to0$ or $1\to0$）控制，上升沿用关键词 posedge 关键字来描述，下降沿用 negedge 关键字描述。基本语法如下：

```
@(<边沿触发事件>) 行为语句;
@(<边沿触发事件1> or <边沿触发事件2> or ... or <边沿触发事件n>) 行为语句;
```

在本项目的设计中，由于 vote 某一位为高电平时表示其“赞同”，因此本设计中可使用电平触发事件，代码如下：

```
always @(vote)    //通过 vote 的电平状态触发过程语句
```

3. 循环语句

为了实现各投票端口的“赞成”票的统计，可使用循环语句完成。Verilog HDL 语言提供了 4 种循环语句，可用于控制语句的执行次数。

1）while：执行语句直到某个条件不满足。

2）for：执行给定的循环次数。

3）repeat：连续执行语句 N 次。

4）forever：连续执行某语句。

其中，for、while 和 repeat 是“可综合”的，但循环次数在编译的时候应该确定下来，动态改变循环次数的语句则不可综合；forever 语句是不可综合的，常用于产生各种仿真激励。基本语法格式如下：

```
//while 语句
while(循环控制条件表达式)
   begin
    语句块
```

```
    end
// for 循环语句
for(循环变量初值;循环条件;循环变量增量)
    begin
      语句块
    end
// repeat 循环语句
repeat(N)
    begin
      语句块
    end
// forever 循环语句
forever
    begin
      语句块
end
```

4.7 人表决器电路设计

图 2-2 所示为本项目设计流程，首先完成输入 / 输出端口设置，并通过输入端 vote 的电平变化触发 always 过程块执行；然后，在语句块中使用一个循环语句实现各表决信号的判断，并统计“赞成”票数 sum；其次，使用 if 语句判断“赞成”票数是否达到“通过”条件，如通过则 pass 置为 1，否则为 0；最后输出表决结果。

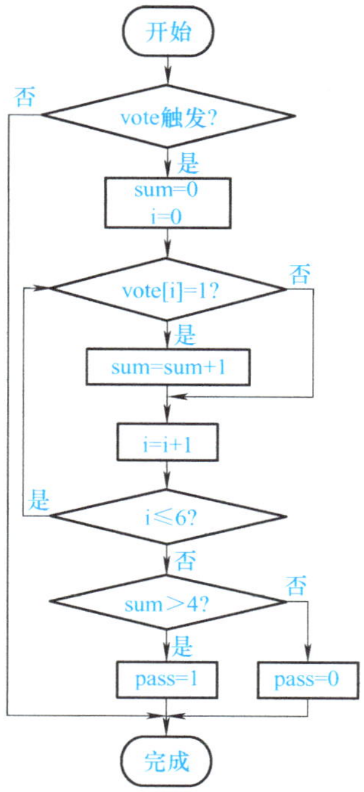

图 2-2　7 人表决器电路设计流程

根据设计流程，可实现 7 人表决器电路，参考代码如下：

```
module vote7_1(pass,vote);
input [6:0]  vote;                  // 7bit 线网型输入端
output     pass;                    // 输出端，表示投票结果是否通过
reg       pass;                     // 寄存器型变量 pass

integer    i;                       // 声明一个用于循环计数的整型变量 i
reg [2:0]  sum;                     // 用于统计赞成票数的 3bit 寄存器型变量 sum

always@(vote)
  begin
    sum=0;                          // 初始化 sum 为 0，准备累计赞成票
    for(i=0;i<=6;i=i+1)
        begin                       // 循环遍历 vote 的每一位状态
          if(vote[i])begin          // 如果当前位为 1（即有人投了赞成票）
            sum=sum+1;              // 累加 sum 的值
            end
        end                         // for 循环结束
    if(sum[2])begin                 // 票数大于等于 4 时，sum 的最高位为 1
      pass=1;                       // pass 置为 1，表示投票通过
      end
    else                            // 否则，票数小于 4，pass 为 0，未通过
      pass=0;
  end                               // always 语句块结束
endmodule
```

以上代码中，当“赞成”票数大于等于 4 时，sum 最高位必定为 1，因此可使用 if（sum[2]）语句判断票数是否大于等于 4。但此类判断方式适用的场景较特殊，为了增加判断基准的灵活性，可使用“if（sum>=4）”语句代替。

编译无误后进行功能仿真。仿真结果如图 2-3 所示，当“赞成”票数为 3 时，pass 为 0，表示“不通过”；当“赞成”票数为 5 时，pass 为 1，表示“通过”。这表明电路设计与仿真结果满足本项目设计要求。

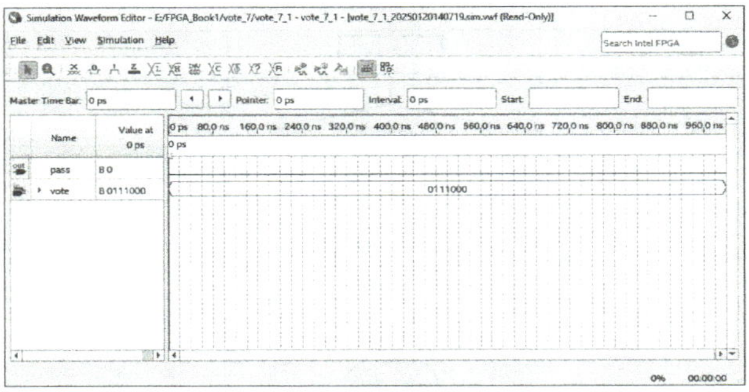

a) 3 人“赞成”的仿真结果

图 2-3　7 人表决器电路仿真结果

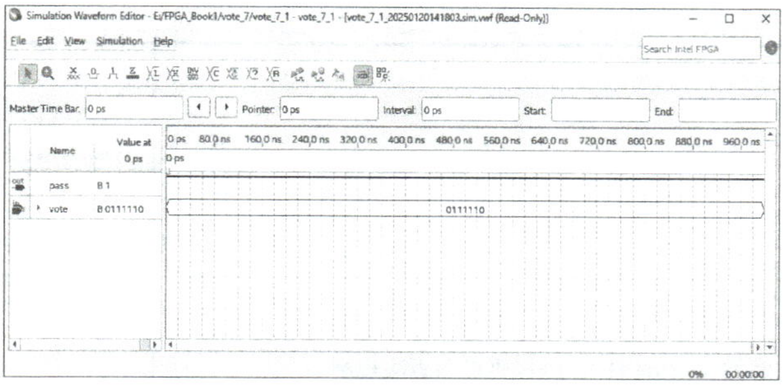

b) 5人“赞成”的仿真结果

图 2-3　7 人表决器电路仿真结果（续）

问题探究

1. 在使用 Verilog HDL 进行电路设计时，电平触发与边沿触发可以混用吗？

在一个模块内可以包含有多个 always 过程块，每个过程块可以使用其所需的电平触发或边沿触发，但不能在单个 always 过程块中同时使用电平触发和边沿触发。

2. Verilog HDL 中循环语句内的循环次数是否可以根据触发条件灵活变化？该循环语句执行时所需时间是否与循环执行次数相关？

Verilog HDL 中的循环语句有四种：for、while、repeat 和 forever。但硬件描述语言和软件编程语言不同，Verilog HDL 的循环语句主要用于生成硬件结构或者在仿真时生成测试向量。关键点在于，Verilog HDL 中的循环在综合时通常是静态展开的，也就是说循环次数必须在综合时确定，不能像软件那样在运行时动态改变。比如，在可综合的代码中，使用 for 循环时，循环变量通常被定义为常量，这样综合工具才能展开循环。如果试图在循环内部通过条件语句改变循环次数，比如用 if 语句修改循环变量的值，这在综合时可能会出现问题，因为硬件需要确定的结构。而仿真时，这样的动态改变可能可以运行，但综合工具可能不支持，导致不可预测的结果。

在仿真中，Verilog HDL 是事件驱动的，每个循环迭代在零仿真时间内执行，所有语句在同一个时间步完成。因此，无论循环多少次，仿真时间不会增加，但仿真所需的计算时间会增加。而在实际硬件中，循环被综合成并行的结构，执行时间取决于关键路径的延迟，而不是循环次数。因此，执行时间（在硬件中）可能与循环次数无关，但资源使用量会增加。可能有同学会误认为 Verilog HDL 循环像软件那样顺序执行，但实际上在硬件中循环被展开成多个重复的硬件模块，所以执行时间不随循环次数线性增加。需要明确区分仿真时间和物理时间，以及综合后的硬件行为。

因此，循环次数在可综合代码中必须固定，触发条件不能动态改变循环次数；仿真时循环可能在同一个时间步完成，执行时间不增加，但实际计算时间会增加。硬件中的执行时间不依赖循环次数，而是关键路径。

学习反思

内容	观察点	达成度（按最优为 5、最差为 1，逐项对观察点达成情况进行自我评估，并在相应栏中打√）				
		5	4	3	2	1
知识目标	1. 掌握表决器电路的工作原理及电路结构					
	2. 掌握 Verilog HDL 语言要素和语法规则					
	3. 掌握多种循环语句的使用					
能力目标	1. 能正确进行端口定义					
	2. 能根据流程熟练进行代码编译					
	3. 能根据流程熟练进行代码仿真					
素质目标	1. 具有逻辑化的工程思维					
	2. 具有运用不同方式完成同一设计目标的工程素养					
学习态度	如学习的参与度、主动性、耐受力等					
学习方法	如工具使用、资源利用、策略运用等					
学习习惯	如学习的计划、调控、评价、反思等					

学习目标没有达成的原因分析

改进措施 （针对上述观察点中的弱项，提出具体和可行的改进措施）

巩固练习

1. 请用 while 语句实现 15 人表决器电路设计。

2. 如果投票人数为 11 人，当“赞成”票数大于等于 6 时表示“通过”，请设计程序并进行仿真。

3. 如果每个投票器上有一个高电平点亮的指示灯，点亮表示“请投票”，在完成投票后，指示灯关闭，请设计程序实现此功能。

*挑战进阶

1. 如需在 30s 内完成投票工作，请设计程序实现此功能。

2. 如果投票系统需要统计“赞成”“不赞成”“弃权”“未投票”等投票状态的数量，请设计程序实现此功能。

项目 3

心率检测电路设计

学习目标

1. 掌握计数器的设计方法及应用。
2. 掌握模块中多 always 语句并行执行的特点。
3. 掌握边沿检测的概念以及上升沿和下降沿检测的应用。
4. 掌握 VWF 文件的编辑方法。

应用场景

根据世界卫生组织和各国健康部门的统计，心血管疾病是全球范围的首要致死原因之一，明显高于肿瘤及其他疾病，每年，约 1800 万人丧命于心血管疾病，约占全球死亡总数的 31%。在医院问诊时，医生通常检查心血管疾病患者的 4 种生命体征：心率、血压、呼吸率和体温。因此对于心血管疾病高风险人群，长期持续监测心率可建立预防的第一道防线。通过连续准确的心电监测和分析，及时发现心脏活动异常表现，为患者赢得宝贵的就诊和干预时间。

针对以上场景，本项目旨在设计一个心率检测电路，在发出启动检测信号后，检测 1min 内心率的大小，当检测出的心率过高或过低时发出警报。本项目在 Quartus Prime 中对代码进行仿真验证。

项目描述

本项目要求采用 Verilog HDL 编程实现心率检测电路设计，并进行功能仿真。具体要求如下：

1）设定 start 信号为启动检测信号，pulse 信号为脉搏输入信号，outcome 信号为心率检测输出信号。

2）检测到 start 信号后，启动检测，并设定 1min 的测量时间。

3）对 pulse 信号上升沿进行检测，每检测到一次上升沿，outcome 信号加一。

4）检测结束后，将 outcome 的值与正常值范围进行比较，若在正常值范围之外，启动过高或过低报警。

项目实施

3.1　本项目使用的软件资源

1）开发平台：Quartus Prime。

2）硬件描述语言：Verilog HDL。

3.2　技术分析

在整个设计中涉及以下三项关键技术：

1）检测到 start 信号启动检测后，设定 1min 的测量心率时间。

在设计中，对外部输入的时钟信号进行计数。如果外部输入的时钟信号频率为 50MHz，即周期为 0.02μs，则在程序中设计一个计数器，计数到 3000000000（$60 \times 50 \times 10^6$）时，正好是 1min。在程序中定义一个变量 en 和一个计数变量 count，初始化时 en 为低电平，count 为 0。当监测到 start 信号时，en 置高电平，并启动 count 对 clk 上升沿进行计数，计数到 3000000000 时，en 置低电平，同时 count 清零。通过以上流程，en 产生高电平的时间为 1min。

2）在 1min 时间内测量心率大小。由前面的分析可知，检测到 start 信号启动检测后，产生一个持续时间为 1min 的高电平 en 信号，因此定义一个计数变量 outcome，只要在 en 高电平期间，对外部输入的脉搏信号 pulse 上升沿进行检测，每检测到一次上升沿，outcome 加 1，当 en 恢复到低电平时，outcome 计数也停止，即得到了心率检测结果。

3）在检测结束后，对心率检测结果进行分析，并对正常值范围外的检测结果报警。由前面分析可知，outcome 计数停止后即为检测结果，成人正常心率为 60 ～ 100 次 /min。因此当 outcome 大于 100 或小于 60 时，都属于异常心率。但是报警判断必须等检测结束才能进行，不能在测量过程中判断，即不能在 en 为高电平期间判断。因此，在程序中需要判断 en 是否为低电平，当 en 恢复成低电平时，才对测量结果 outcome 进行判断分析。

3.3　设计框架

本项目要求设计的心率检测电路符号如图 3-1 所示，有三个输入端和三个输出端。其中，输入端 clk 为时钟信号；start 为启动检测信号，高电平有效；pulse 为脉搏输入信号。输出端 outcome[9:0] 为心率检测结果；high 和 low 分别表示心率过快和过慢的报警信号，高电平有效。

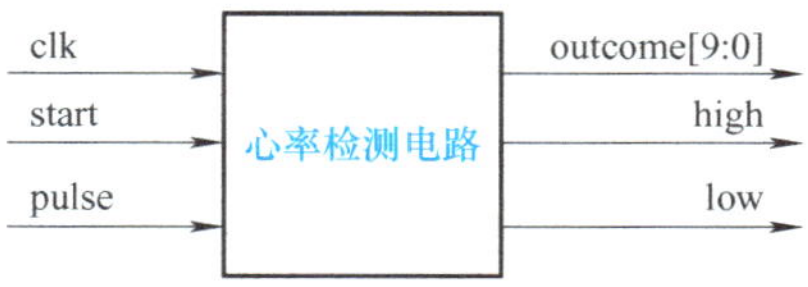

图 3-1　心率检测电路符号

输入 / 输出端口描述如下：

1）clk：时钟信号，用于产生 1min 的定时检测时间。

2）start：启动检测信号，高电平有效。在实际电路中，可以外接一个高电平有效的按键。

3）pulse：脉搏输入信号。

4）outcome：心率检测结果。

5）high：心率过高报警信号，高电平报警，实际电路中可以使用蜂鸣器或 LED 指示灯。

6）low：心率过低报警信号，高电平报警，实际电路中可以使用蜂鸣器或 LED 指示灯。

通过前面的分析，心率检测电路中主要包括三个关键技术，它们之间的关系如图 3-2 所示。

1）产生测量时间：输入信号为 clk 和 start，当检测到 start 信号启动检测后，产生一个持续时间为 1min 的高电平 en 信号。

2）测量心率：输入信号为 en 和 pulse，在 en 持续为高电平期间，对 pulse 脉冲计数，计数结束后，输出 outcome 信号。

3）报警电路：输入信号为 outcome 和 en。当检测结束，即 en 恢复低电平时，才对 outcome 进行分析判断，否则将引起误报警。将 outcome 的值对照正常心率范围，输出心率过高报警信号 high 和心率过低报警信号 low。

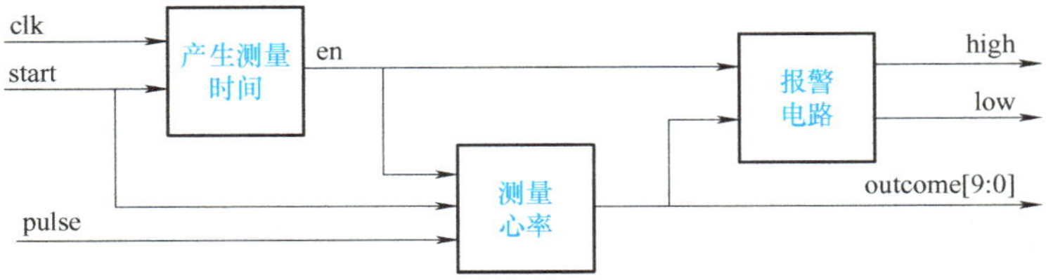

图 3-2　心率检测电路设计框架

3.4 技术设计

1. 产生测量时间

图 3-3 所示为产生测量时间模块。在此模块中，需要产生一个 1min 的高电平 en 信号。可以设计一个计数器来实现。计数器的计数对象是外部时钟信号 clk，假设外部时钟频率为 f_{IN}，则周期为 $\frac{1}{f_{IN}}$，要实现 1min（即 60s）的定时时间，只要计数 $60f_{IN}$ 个 clk 脉冲即可。因此当检测到 start 信号启动检测时，即将 en 置高电平，同时启动计数器计数，计数到 $60f_{IN}$ 时，en 恢复低电平。

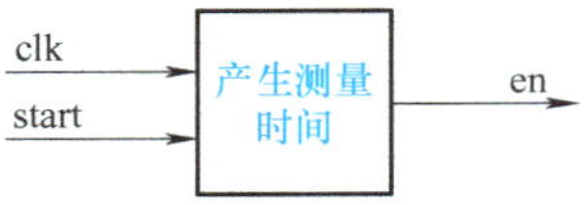

图 3-3　产生测量时间模块

计数是一项基本运算。计数器是实现这种运算的逻辑电路，是数字系统中使用较多的基本逻辑器件。它不仅能记录输入时钟脉冲的个数，还可以实现分频、定时、产生节拍脉冲和脉冲序列等。例如，计算机中的时序发生器、分频器、指令计数器等都要使用计数器。计数器的种类很多，按时钟脉冲输入方式的不同，可分为同步计数器和异步计数器；按进位体制的不同，可分为二进制计数器和非二进制计数器；按计数过程中数字增减趋势的不同，可分为加计数器、减计数器和可逆计数器。

产生测量时间模块设计流程如图 3-4 所示。

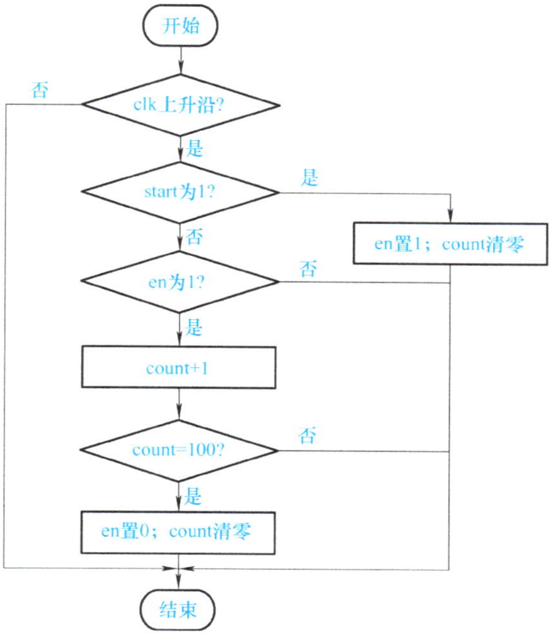

图 3-4　产生测量时间模块设计流程

参考代码如下：

```
always @(posedge clk)
begin
 if(start)
   begin
     en<=1;                    //当检测到 start 信号高电平时,en 置高电平
     count<=0;                 //当检测到 start 信号高电平时,count 清零
   end
 else
   if(en)
      begin count<=count+1;    //当检测到 start 信号启动检测后,en 置高电平,才开始计数
       if(count==100)          //这里为了方便观察仿真效果,设定计数到 100 即结束计时
                               //实际情况中,需要根据 clk 的值确定计数最大值(本项目
                               //应为 3000000000)
                begin
                  count<=0;         //count 清零,以便下一次启动重新测量
                    en<=0;          //en 置为低电平,计时完成
                end
           end
   end
```

对以上代码进行仿真，仿真结果如图 3-5 所示，同时为了观察内部变量 count 的计数情况，也将 count 作为观测节点。由图可知，当 start 发出正脉冲时，en 变为高电平，之后 count 开始计数，通过放大图 3-6 可知，count 计数到 100 时，en 恢复低电平，且 count 计数值清零。

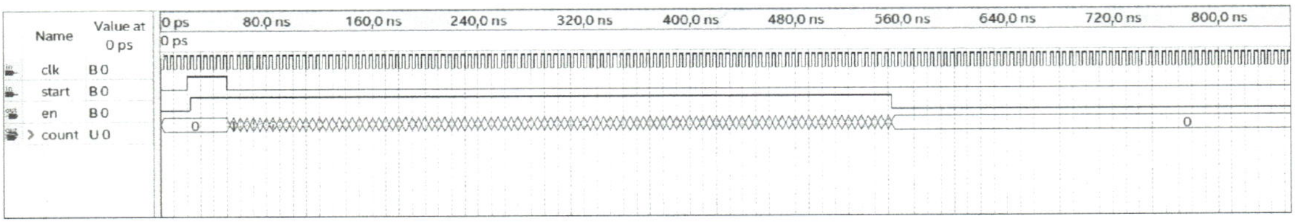

图 3-5　产生测量时间的仿真结果

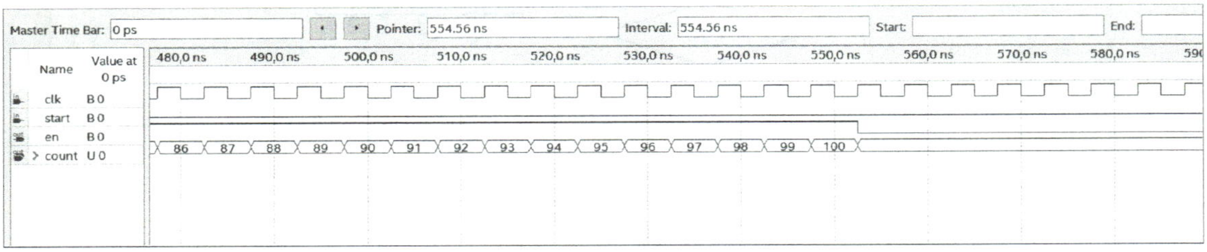

图 3-6　count 计数情况

2. 测量心率

测量心率模块如图 3-7 所示，可以观察到有三个输入端和一个输出端，其中输入端 en 信号来源于前面产生测量时间模块的输出，主要功能是控制测量的时间。pulse 为脉搏输入信号，由于本项目仅限仿真实现，因此 pulse 用一个时钟信号作为输入。在实际应用中，测量到的脉搏信号不是标准的方波，因此在测试之前需要对脉搏输入信号进行处理。输出端 outcome 信号用于保存测量的结果，位宽设置为 10bit。

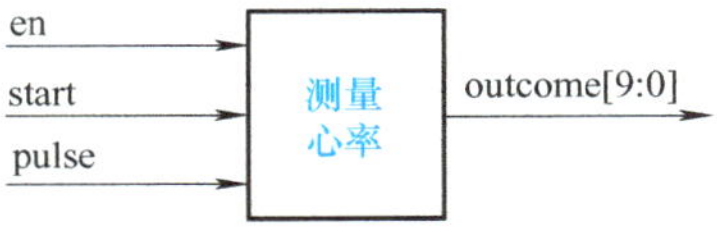

图 3-7　测量心率模块

这里仍然使用一个计数器实现心率的测量，只是计数器加一有一个前提，就是 en 使能信号必须是高电平。另外增加 start 信号的目的在于重新测量时清除原有的测量记录。测量心率模块设计流程如图 3-8 所示。

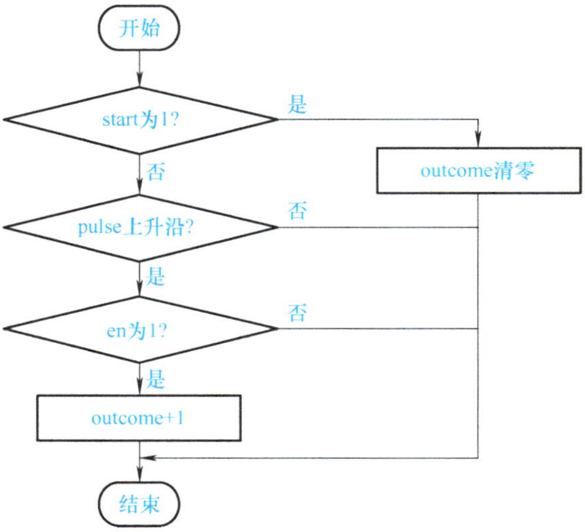

图 3-8　测量心率模块设计流程

参考代码如下：

```
always @(posedge pulse or posedge start)
begin
  if(start)outcome=0;                  //对前一次的测量结果清零
  else
     if(en)outcome=outcome+1;          //在 en 为高电平时，才测量心率
end
```

对以上代码进行仿真，仿真结果如图 3-9 所示。将 en 设置为一段时间的高电平，高电平的时间用于模拟测量时间，pulse 输入一个时钟信号，start 设置为一个正脉冲。分析仿真结果，当启动检测信号 start 有效后，outcome 开始计数，每检测到 pulse 上升沿，计数加一，当 en 高电平时间结束后，outcome 停止计数，测量完成，最后的 79 即为测量到的心率值。

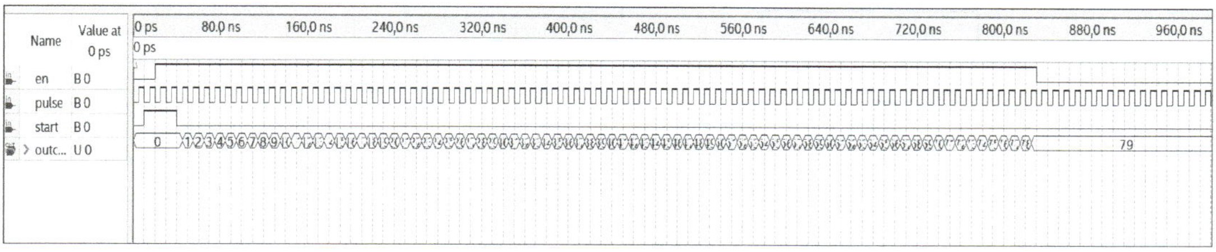

图 3-9　测量心率仿真结果

3. 报警电路

报警电路的主要作用在于对测量的结果进行分析，并给出心率过高或过低的报警。如图 3-10 所示，该模块有三个输入端和两个输出端。其中输入端 outcome 信号来源于心率测量模块的输出。en 信号用于启动报警分析，只有当测量完成时，才会对测量结果进行分析，在测量过程中无须分析。测量结束时，en 恢复成低电平，因此用 en 的下降沿作为报警分析的触发信号。除此之外，为了清除上一次的分析结果，当重新检测到 start 信号时，清除报警电路之前的报警分析结果。

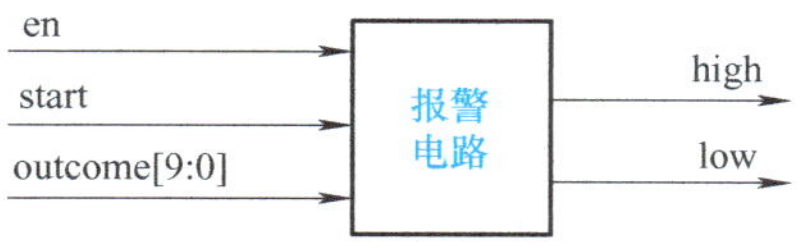

图 3-10　报警电路模块

在程序设计中，需要将 outcome 与正常的心率值进行比较，从而得出结论。正常的心率范围为 60 ～ 100，因此检测结果低于 60 时，触发心率过低报警信号 low，即 low 信号输出一高电平；当检测结果高于 100 时，触发心率过高报警信号 high，即 high 信号输出一高电平。在实际电路设计中，可以用 low 和 high 分别控制一个高电平点亮的 LED 灯，用于心率异常报警。

该模块的设计流程如图 3-11 所示。

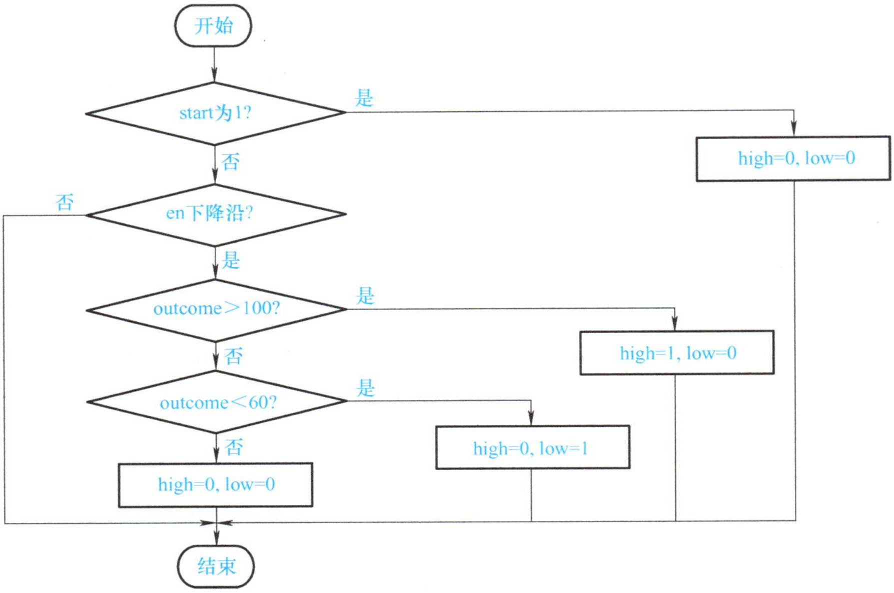

图 3-11　报警电路模块设计流程

该模块的参考代码如下：

```
always @(negedge en or posedge start)        //检测 en 的下降沿和 start 的上升沿
begin
if(start)begin high=0;low=0;end              //检测到 start 信号后，清除上一次
                                             //的报警状态
else
  begin
   if(outcome>100)begin high=1;low=0;end            //心率过高报警
   else if(outcome<60)begin high=0;low=1;end        //心率过低报警
         else begin high=0;low=0;end                //正常心率
  end
end
```

对上述代码进行仿真，结果如图 3-12 所示。其中图 3-12a 为心率检测结果在正常值范围内的情况，此时 low 和 high 输出都是低电平；图 3-12b 为心率检测结果（54）低于 60 的情况，此时 low 输出高电平，high 输出低电平；图 3-12c 为心率检测结果（145）高于 100 的情况，此时 high 输出高电平，low 输出低电平；图 3-12d 为检测到 start 信号启动新的检测时，清除之前的报警信号。

4. 模块整合

将产生测量时间模块、测量心率模块和报警电路模块进行整合，最终得到完整程序如下：

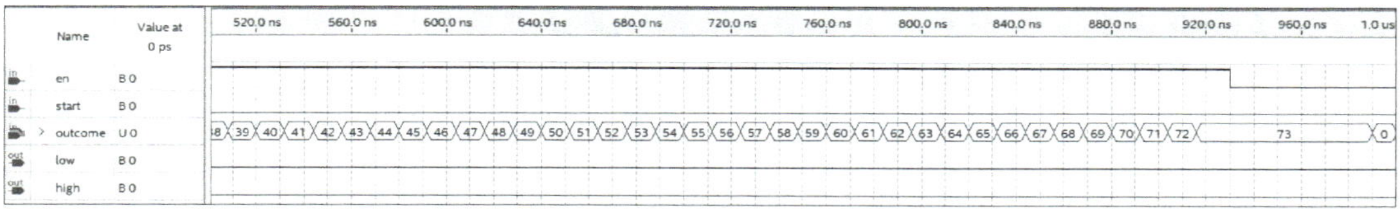

a)

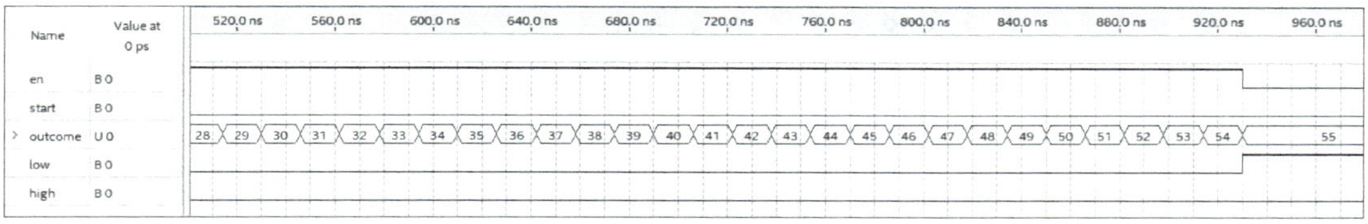

b)

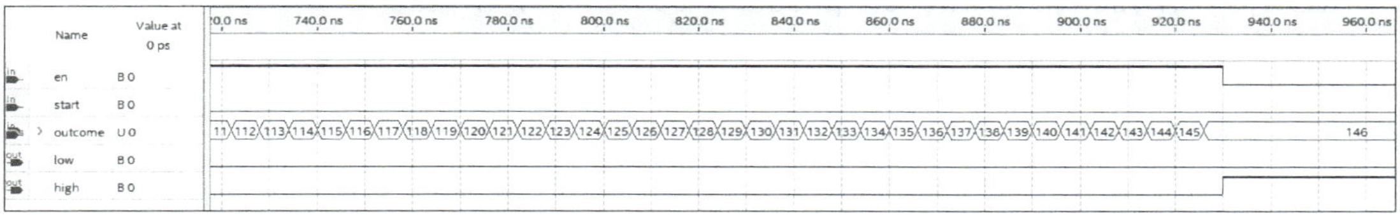

c)

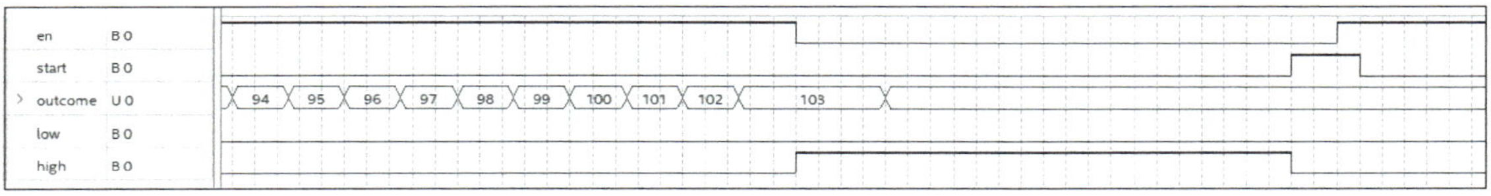

d)

图 3-12　报警电路模块仿真结果

```
module pulse_measure(clk,start,pulse,outcome,high,low);//
input clk,start,pulse;
output high,low;
output [9:0]outcome;

reg  [9:0]outcome;
reg high,low;

reg en=0;
reg[10:0]count;

always @(posedge clk)//模拟产生测量时间
begin
 if(start)
   begin
      en<=1;
      count<=0;
    end
 else
```

```
    if(en)
       begin count<=count+1;
               if(count==100)
                     begin
                       count<=0;
                         en<=0;
                     end
                   //else count<=count;
           end
     //else count<=count;
end

always @(posedge pulse or posedge start)  //心率测量
begin
  if(start)outcome=0;
  else
    if(en)outcome=outcome+1;
end

always @(negedge en or posedge start)     //报警电路
begin
if(start)begin high=0;low=0;end
else
  begin
   if(outcome>100)begin high=1;low=0;end
   else if(outcome<50)begin high=0;low=1;end
        else begin high=0;low=0;end
  end
end
endmodule
```

在完整程序中，共有三个 always 语句。在 Verilog HDL 程序中，一个模块中可有多个 always 语句，每个 always 语句只要有相应的触发事件产生，对应的语句就执行，与各个 always 语句书写的前后顺序无关，它们之间是并行运行的。

对完整的程序进行仿真，结果如图 3-13 所示，图中共启动了三次检测，分别模拟了心率过低、心率正常和心率过高的情况。通过对输出信号进行分析，该程序满足了预期的设计目的。

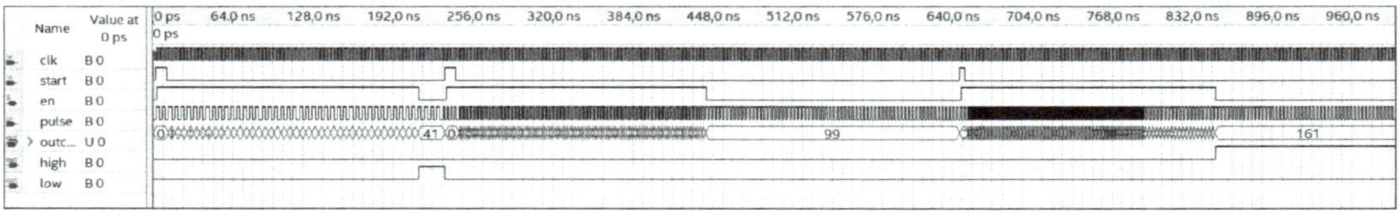

图 3-13　心率检测电路仿真结果

问题探究

如果在检测过程中，重新启动 start 信号，对检测结果有没有影响？

如果正在处于测量过程中，当重新启动检测后，在心率测量模块中对之前测量的 outcome 清零，在报警电路模块中也同时对 low 和 high 信号复位，除此之外，在产生测量时间模块中，对 en 重新置高电平（尽管此时 en 仍然是高电平），计数器 count 也清零了，检测时间也重新在此刻开始计时，因此检测时间仍然不变，对检测结果没有影响。

学习反思

<table>
<tr><th rowspan="2">内容</th><th rowspan="2">观察点</th><th colspan="5">达成度
（按最优为 5、最差为 1，逐项对观察点达成情况进行自我评估，并在相应栏中打√）</th></tr>
<tr><th>5</th><th>4</th><th>3</th><th>2</th><th>1</th></tr>
<tr><td rowspan="3">知识目标</td><td>1. 掌握计数器的工作原理及电路结构</td><td rowspan="3"></td><td rowspan="3"></td><td rowspan="3"></td><td rowspan="3"></td><td rowspan="3"></td></tr>
<tr><td>2. 掌握 Verilog HDL 语言要素和语法规则</td></tr>
<tr><td>3. 掌握计数器的不同设计方法</td></tr>
<tr><td rowspan="3">能力目标</td><td>1. 能用不同方式设计计数器</td><td rowspan="3"></td><td rowspan="3"></td><td rowspan="3"></td><td rowspan="3"></td><td rowspan="3"></td></tr>
<tr><td>2. 能用多 always 语句进行并行执行</td></tr>
<tr><td>3. 能用判断语句实现心率检测</td></tr>
<tr><td rowspan="2">素质目标</td><td>1. 具有应用理论解决实际问题的能力</td><td></td><td></td><td></td><td></td><td></td></tr>
<tr><td>2. 具有多任务并行的系统思维</td><td></td><td></td><td></td><td></td><td></td></tr>
<tr><td>学习态度</td><td>如学习的参与度、主动性、耐受力等</td><td></td><td></td><td></td><td></td><td></td></tr>
<tr><td>学习方法</td><td>如工具使用、资源利用、策略运用等</td><td></td><td></td><td></td><td></td><td></td></tr>
<tr><td>学习习惯</td><td>如学习的计划、调控、评价、反思等</td><td></td><td></td><td></td><td></td><td></td></tr>
<tr><td colspan="7">学习目标没有达成的原因分析</td></tr>
<tr><td colspan="7"></td></tr>
<tr><td colspan="7">改进措施
（针对上述观察点中的弱项，提出具体和可行的改进措施）</td></tr>
<tr><td colspan="7"></td></tr>
</table>

巩固练习

1. 设计一个同步二十四进制 BCD 码计数器，并仿真实现。

2. 设计一个异步清零的模 12 可逆计数器，并仿真实现。

3. 以下程序包含两个 always，如下：

```
module non_blocking(reg_c,reg_d,data,clk);
output reg_c,reg_d;
input clk,data;
reg reg_c,reg_d;
always @(posedge clk)
begin
    reg_c=data;
end
always @(posedge clk)
begin
    reg_d=reg_c;
end
endmodule
```

reg_c 和 reg_d 的结果是否相同？

*挑战进阶

实际应用中，需要查询之前的心率检测结果，因此需要将之前的检测结果存储起来，并随时能够访问，该如何实现？

项目 4

跑马灯电路设计

学习目标

1. 了解跑马灯控制的工作原理及电路结构。

2. 能正确使用计数器、分频器对跑马灯的显示速度进行控制，能灵活运用 Verilog HDL 的 case 语句对跑马灯的显示模式进行控制，能熟练应用开发板验证跑马灯的运行情况。

3. 建立层次化设计的工程思维，培养综合运用软硬件资源的工程素养。

应用场景

跑马灯系统是一种常见的信息展示工具，广泛应用于广告宣传、交通导向、新闻资讯、告示通知、景区导览等场景。通常由一系列 LED 或者灯光图案组成，在特定的时间间隔内轮流亮起，从而形成连续滚动的视觉效果。通过跑马灯系统，人们可以方便地获取所需信息，提高工作效率和生活质量。未来，随着科技的不断发展，跑马灯系统将会有更多的应用场景出现，为人们的生活带来更多便利。

项目描述

本项目使用 FPGA 开发板控制 8 个 LED 实现跑马灯电路设计，显示效果如下：

1）电路板上电后，最右侧的 D0 点亮，其他灯处于熄灭状态。

2）D0 点亮 1s 后熄灭，同时 D1 点亮，以此类推，从右到左逐个点亮，直到 D7 点亮。

3）D7 点亮 1s 后熄灭，同时 D6 点亮，以此类推，从左到右逐个点亮，直到 D0 点亮。

4）重复步骤 2）～步骤 3）。

在以上步骤运行过程中，若复位键按下，8 个 LED 全灭，复位键释放后，从 2）开始执行。

项目实施

4.1 本项目使用的软、硬件资源

1）开发平台：Quartus Prime。

2）硬件描述语言：Verilog HDL。

3）FPGA 芯片：采用 Altera Cyclone IV E 系列的 EP4CE6E22C8 芯片，该芯片有 6000 多个逻辑单元和 92 个可用 IO 口。

4）开发板资源：采用 Intel EP4CE6 开发板，如图 4-1 所示，提供 5V 直流电，为 FPGA 等元件提供所需的各种电压，并可向外输出 5V、3.3V 电压；配有 EPCS4 配置芯片、JTAG 下载端口和 50MHz 有源晶振，FPGA 所有引脚均通过 2.54mm 标准排针引出。

5）LED 模块：LED 模块包括 8 个 LED，每个 LED 串联 1 个限流电阻，LED 低电平点亮。LED 模块共有 9 个引脚，其中 1 个公共端和 8 个 LED 控制端，如图 4-2 所示。

图 4-1　Intel EP4CE6 开发板

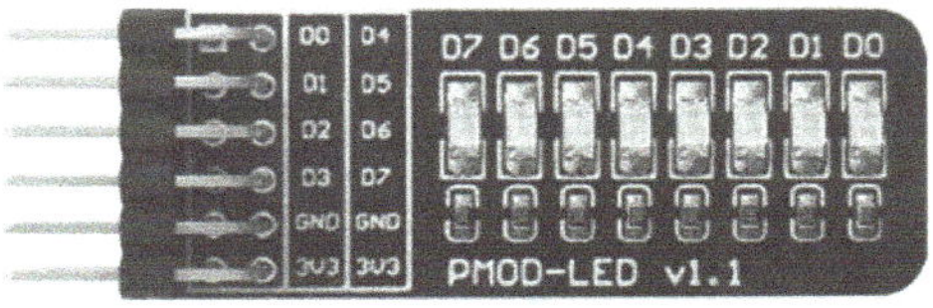

图 4-2　LED 模块

FPGA 通过 8 个 IO 引脚与 LED 模块连接，引脚分配见表 4-1。

表 4-1　FPGA 与 LED 模块引脚分配

信号	FPGA 引脚	说明
clk	23	系统时钟
rst	88	系统复位按键
D0	71	低电平点亮
D1	72	低电平点亮
D2	73	低电平点亮
D3	74	低电平点亮
D4	75	低电平点亮
D5	76	低电平点亮
D6	77	低电平点亮
D7	80	低电平点亮

4.2　技术分析

根据项目描述，8 个 LED 灯循环点亮，点亮的流水状态如图 4-3 所示。

根据状态图分析可知，跑马灯电路设计有两个关键技术：

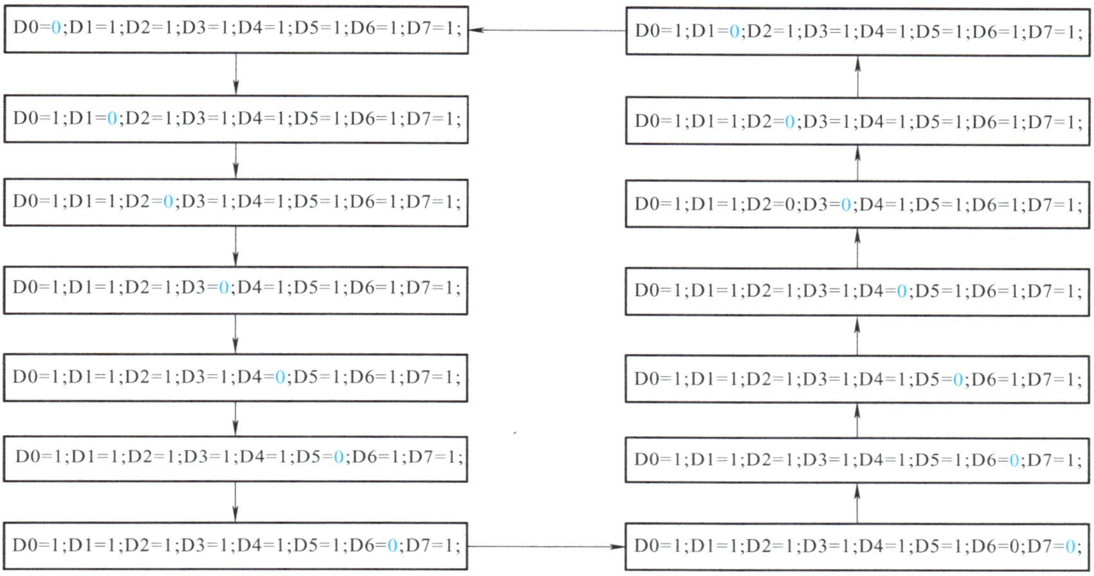

图 4-3　跑马灯的流水状态

1）流水节奏控制。每个 LED 点亮 1s 的节奏可以通过分频器来实现。已知开发板外部输入的时钟频率是 50MHz，设计一个分频系数为 50000000 的分频器即可以实现。

2）LED 显示模式控制。需要为 FPGA 和 LED 连接的 8 个 IO 口赋予高低电平，并每隔 1s 改变一次输出状态。由于每次状态只有 1 个 LED 点亮，且外接的 LED 模块是低电平点亮，因此输出的 8 个 LED 控制端中只有一个是低电平，其余都是高电平。

4.3　设计框架

跑马灯电路符号如图 4-4 所示，有两个输入端和一个输出端。其中，输入端 clk 为时钟信号，频率是 50MHz；rst 为复位信号，低电平有效；输出端 D[7:0] 分别对应 8 个 LED 的控制信号。

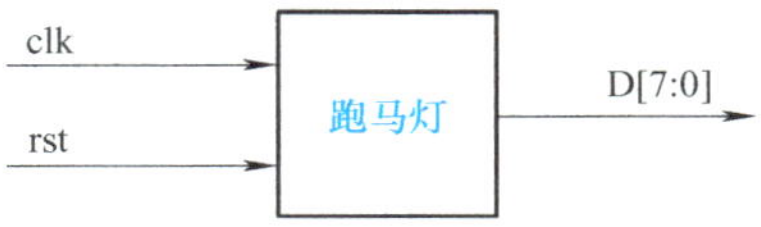

图 4-4　跑马灯电路符号

跑马灯的硬件模块主要包括两个部分：

1）分频器模块，用于控制跑马灯的间隔时间。

2）跑马灯控制模块，完成 8 个 LED 的循环流水显示过程。

硬件设计框架如图 4-5 所示，首先外部输入 50MHz 的时钟信号，经过分频器模块分频得到频率为 1Hz 的信号 clk_1hz。此 clk_1hz 信号又作为跑马灯控制模块的触发信号，控制 8 个 LED 的状态切换。

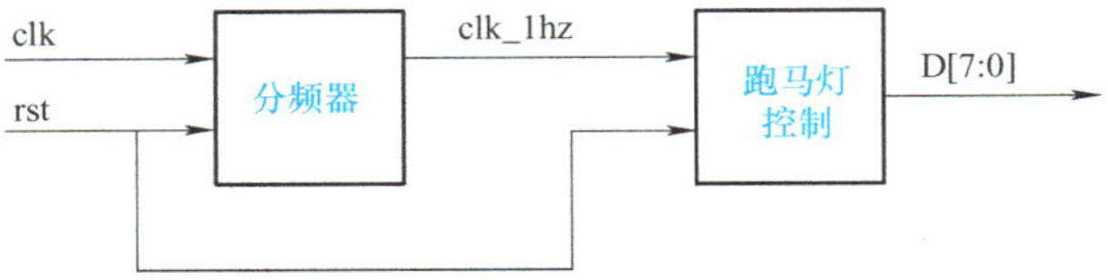

图 4-5　跑马灯电路硬件设计框架

4.4 技术设计

1. 分频器模块设计

分频器是一种数字模块，其主要作用是将高频信号转换为低频信号，使得信号处理和分析更加方便。分频器广泛应用于无线通信、雷达系统、音频处理等领域。

设计方法：假设输入信号频率为f_{in}，输出信号频率为f_{out}，令 $M=\dfrac{f_{in}}{f_{out}}$，称为分频系数。根据 M 的取值情况，可分为 2^N 分频、偶数分频、奇数分频。对于 $M=2^N$ 分频器设计，只要将多位并行输出的某一位作为输出分频信号即可实现，如最低位输出的是二分频信号，次低位是四分频信号，以此类推。对于 $M\neq 2^N$ 的偶数分频器设计，当输出分频信号占空比为 1 时，只需在计数值每次增加到（$M/2$）-1 处设置输出信号翻转即可实现；当占空比不为 1 时，根据实际情况进行翻转。

对于前两种分频器，通常采用计数器来实现，根据占空比要求，当计数值计数到某一数值时，让输出分频信号取反。

技术要求：在本项目设计中，要求跑马灯的每个状态维持 1s，而开发板提供的是 50MHz 的有源晶振。因此，在设计中需要设计一个分频器，输入信号是 50MHz，输出信号是 clk_1hz=1 Hz，占空比为 50%，分频系数为 50000000。

根据技术要求，采用 $M\neq 2^N$ 的偶数分频器的设计方法。使用计数器实现分频功能，当计数值达到（50000000/2−1）时，让输出信号 clk_1hz 进行翻转，即可得到频率为 1Hz、占空比为 50% 的分频信号，因此需要在程序中定义一个位宽为 25bit 的计数变量 cnt[24:0]，分频器模块符号如图 4-6 所示。

分频器模块设计流程如图 4-7 所示。首先判断时钟信号 clk 上升沿是否出现，如出现上升沿，进一步判断计数变量 cnt 是否达到 24999999，如果是，cnt 清零，并将输出信号 clk_1hz 取反，否则 cnt 加 1。

参考代码如下：

```
module div(clk,rst,clk_1hz);
input clk,rst;
output clk_1hz;
reg clk_1hz;
reg [24:0]cnt;// 定义 cnt 位宽为 25bit，但是不局限于 25bit
always @(posedge clk or negedge rst)
       begin
         if(!rst)cnt<=0;
         else
```

```
        begin
          if(cnt==24999999)
          begin
            clk_1hz<=～clk_1hz;
            //clk_1hz 取反，产生占空比 50% 的时钟信号
            cnt<=0;
           end
           else
        begin cnt<=cnt+1;end
      end
   end
endmodule
```

图 4-6　分频器模块符号

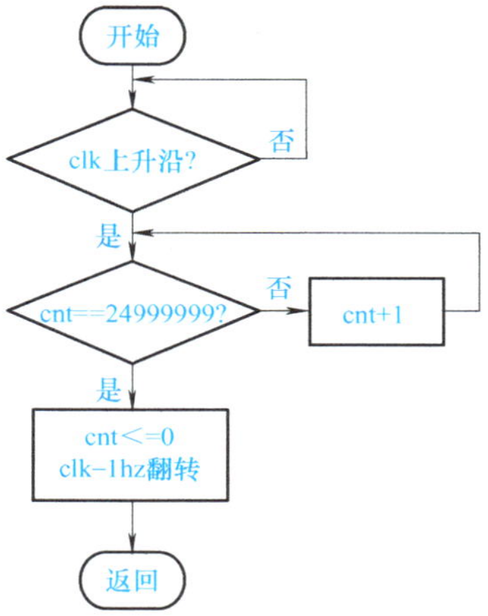

图 4-7　分频器模块设计流程

代码编译无误后，在平台上对分频器进行仿真，由于项目中时钟分频系数较大，在软件中仿真不易实现，因此仿真时将分频系数改为 10，便于观察分频结果。仿真结果如图 4-8 所示。其中 rst 为低电平复位信号，在仿真中设其为高电平。

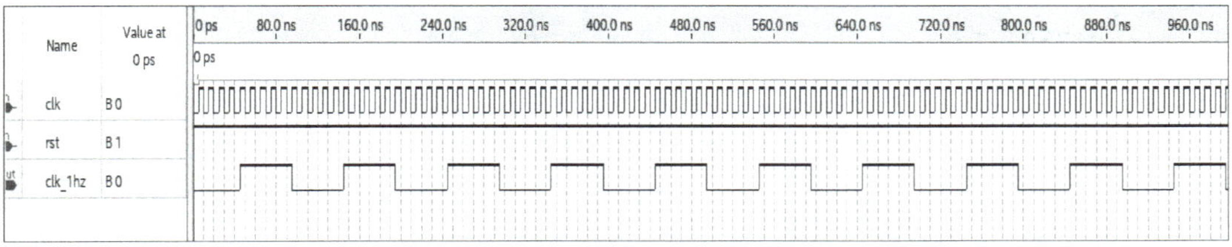

图 4-8　分频器（10 分频）仿真结果

2. 跑马灯控制模块设计

技术要求：在本模块中实现 8 个 LED 的循环流水控制。由图 4-3 可知，8 个 LED 从 D0 开始点亮，循环一周后再回到最初状态，总共有 14 个状态，可以定义一个变量在 0 ～ 13 之间循环加 1。14 个不同的状态可以用条件语句 case 语句实现，Verilog HDL 语

言提供的 case 语句可以直接处理多分支选择。case 语句通常用于微处理器的指令译码，它的一般形式如下：

```
case（表达式）
<case 分支项>:
default:
endcase
```

case 语句的使用规则如下：

1）case 括号内的表达式称为控制表达式，case 分支项中的表达式称为分支表达式。控制表达式通常表示为控制信号的某些位，分支表达式则用这些控制信号的具体状态值来表示，因此分支表达式又可以称为常量表达式。

2）当控制表达式的值与分支表达式的值相等时，执行分支表达式后面的语句。如果所有的分支表达式的值都没有与控制表达式的值相匹配的，执行 default 后面的语句。

3）每一个 case 分支项的分支表达式的值必须互不相同，否则就会出现矛盾现象（对于表达式的同一个值，有多种执行方案）。

4）执行完 case 分支项后的语句，则跳出该 case 语句结构，终止 case 语句的执行。

5）在用 case 语句表达式进行比较的过程中，只有当信号的对应位的值能明确进行比较时，比较才能成功，因此要详细说明 case 分项的分支表达式的值。

6）case 语句表达式的值位宽必须相等，只有这样控制表达式和分支表达式才能进行对应位的比较。一个常见的错误是用 'bx、'bz 来替代 n'bx、n'bz，这样写是不对的，因为信号 x、z 的默认宽度是机器的字节宽度，通常是 32bit（此处 n 是 case 控制表达式的位宽）。

图 4-9　跑马灯控制模块符号

跑马灯控制模块符号如图 4-9 所示。

参考代码如下：

```
module led_control(clk_1hz,rst,D);
    input clk_1hz,rst;
    output[7:0] D;

    reg[7:0] D;
    reg[3:0]i;
    always@(posedge clk_1hz or negedge rst)
    begin
       if(!rst)D<= 8’b11111111;                //rst 低电平复位，复位状态 LED 全灭
       else
         begin
             i<=i+1;                           //i 的值每 1s 加 1
             if(i==13)                         //i 用来指示 14 个状态
             begin i<=0;end
             case(i)                           //case 用于实现多种状态的转换
             0:D<=8'b11111110;                 //数字“0”代表十进制
             1:D<=8'b11111101;
```

```
                2:D<=8'b11111011;
                3:D<=8'b11110111;
                4:D<=8'b11101111;
                5:D<=8'b11011111;
                6:D<=8'b10111111;
                7:D<=8'b01111111;
                8:D<=8'b10111111;
                9:D<=8'b11011111;
                10:D<=8'b11101111;
                11:D<=8'b11110111;
                12:D<=8'b11111011;
                13:D<=8'b11111101;
                default:D<=8'b11111111;
                endcase
            end
        end
endmodule
```

跑马灯控制模块仿真结果如图 4-10 所示。

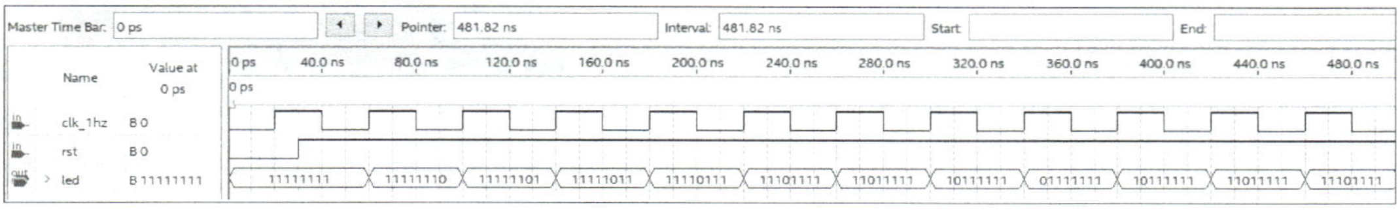

图 4-10　跑马灯控制模块仿真结果

3. 模块整合

如图 4-5 所示，在顶层设计中，将分频器模块和跑马灯控制模块连接，可实现跑马灯电路整体设计。在端口定义中，clk 和 rst 为输入端，其中 clk 为外部输入的 50MHz 的时钟信号，rst 为外部输入的低电平复位信号，D 为输出端，控制 8 个 LED 的状态。顶层设计代码参考如下：

```
module runled(clk,rst,D);
    input clk,rst;
    output[7:0] D;
    wire clk,rst;
    wire [7:0]D;
    wire clk_1hz;
    div X0(clk,rst,clk_1hz);                  //调用分频器模块
    led_control X1(clk_1hz,rst,D);            //调用跑马灯控制模块
endmodule
```

4. 板级验证

本项目在电路仿真的基础上增加板级验证，可直观展示跑马灯运行结果，同时为后续软硬件综合数字系统设计奠定基础。

板级验证流程如图 4-11 所示。

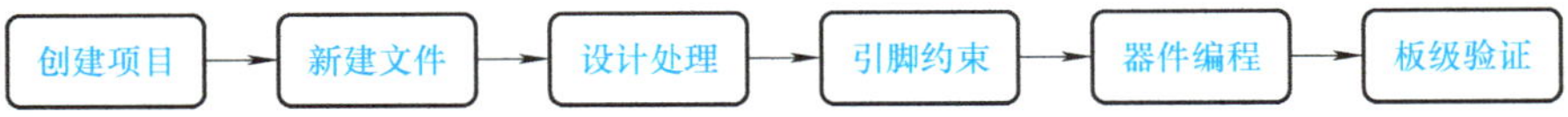

图 4-11　板级验证流程

（1）创建项目

按照新建项目的向导步骤，选定路径，并确定项目名称和顶层设计实体名为“runled”，如图 4-12 所示。另外在创建项目的过程中，一定要选择和开发板一致的器件 EP4CE6E22C8，如图 4-13 所示。项目创建好之后的界面如图 4-14 所示。

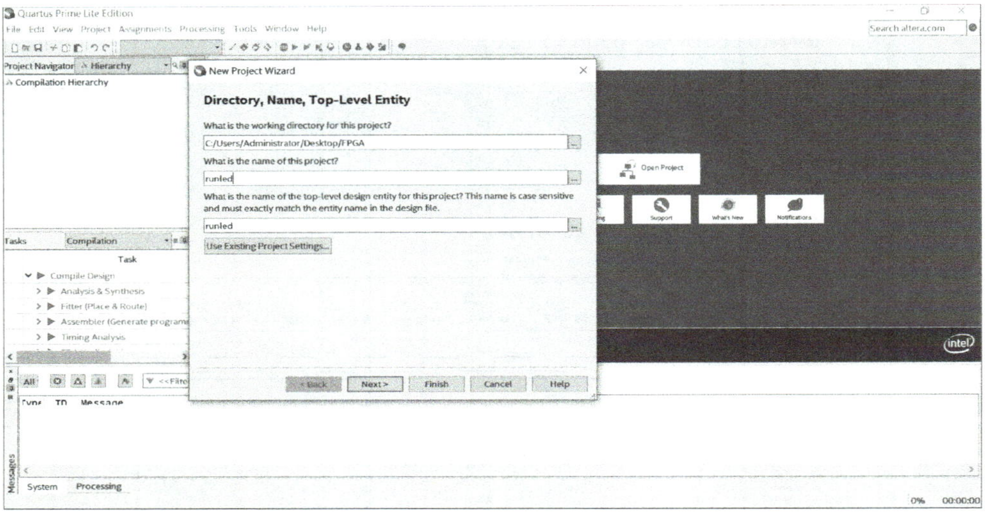

图 4-12　确定项目路径和名称

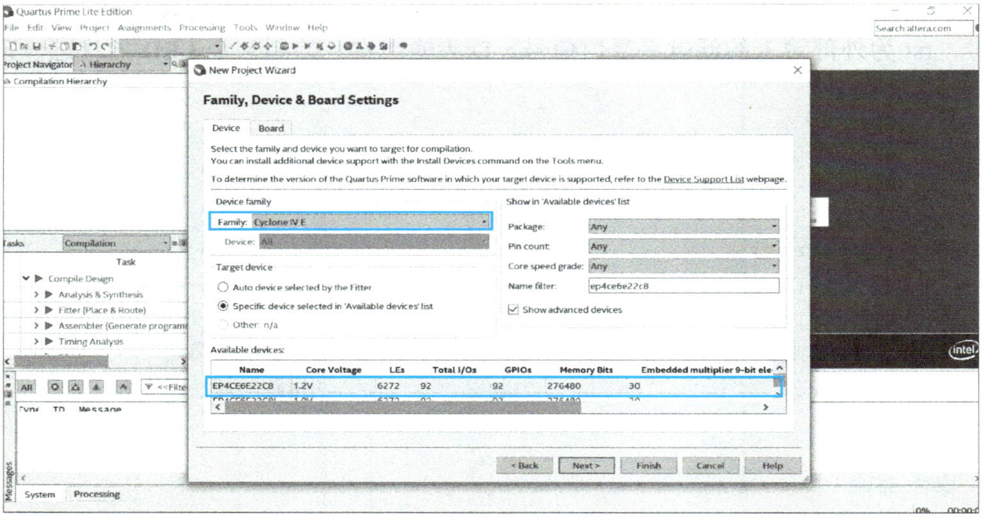

图 4-13　选择器件 EP4CE6E22C8

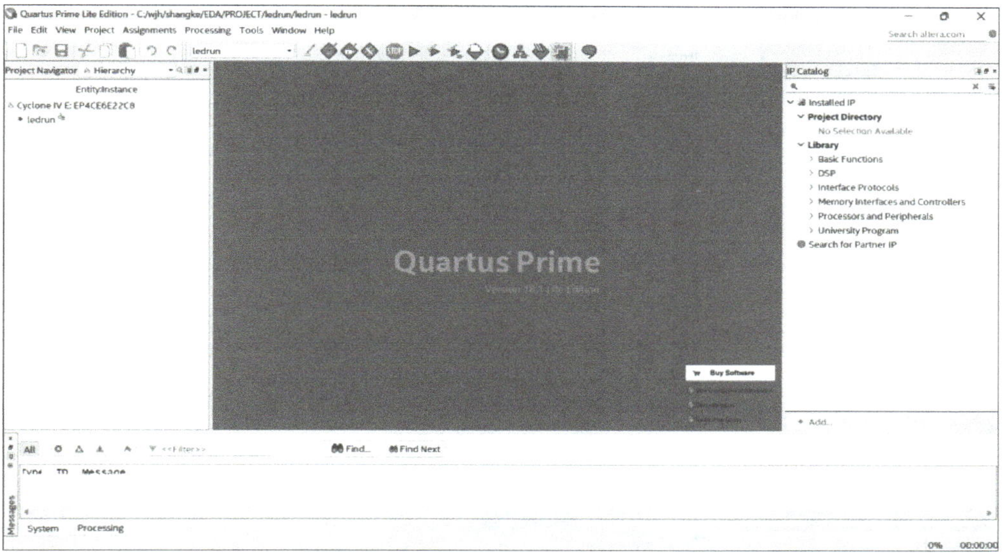

图 4-14　创建项目

（2）新建文件

新建文件，在弹出的对话框中选择新建文件的类型为“Verilog HDL File”，如图 4-15 所示。分别创建跑马灯的顶层模块 runled.v、跑马灯控制模块 led_control.v 和分频器模块 div.v，编辑代码并保存，如图 4-16 所示。

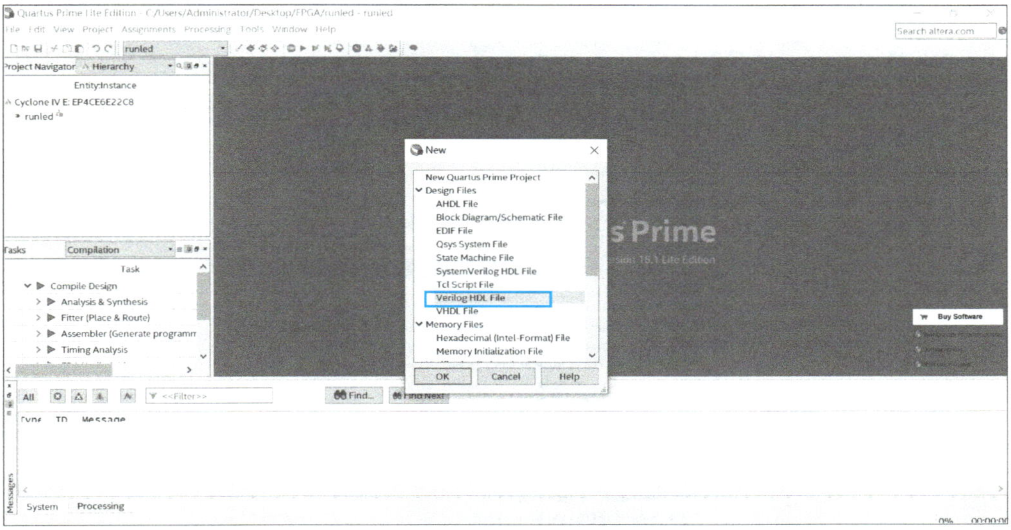

图 4-15　选择新建文件的类型

（3）设计处理

如图 4-17 所示，在“Project Navigator”右侧下拉菜单中选择“Files”，选择“runled.v”并单击鼠标右键，在弹出的选项中选择“Set as Top-level Entity”，设其为顶层实体再进行编译处理，项目编译过程如图 4-18 所示。

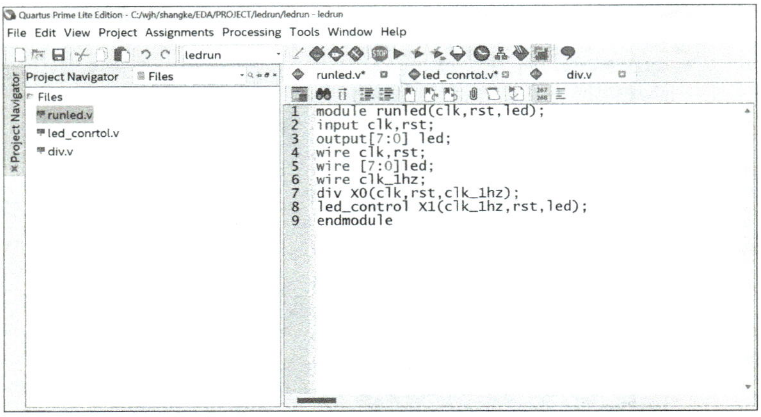

图 4-16　新建文件

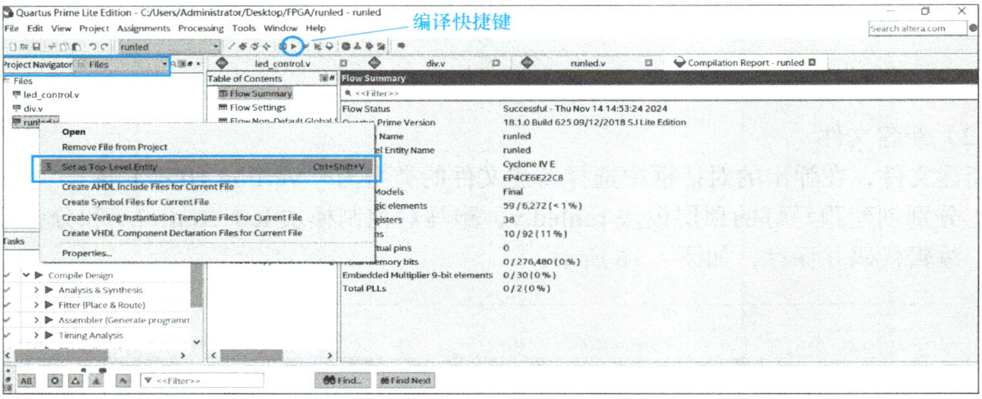

图 4-17　设置顶层实体

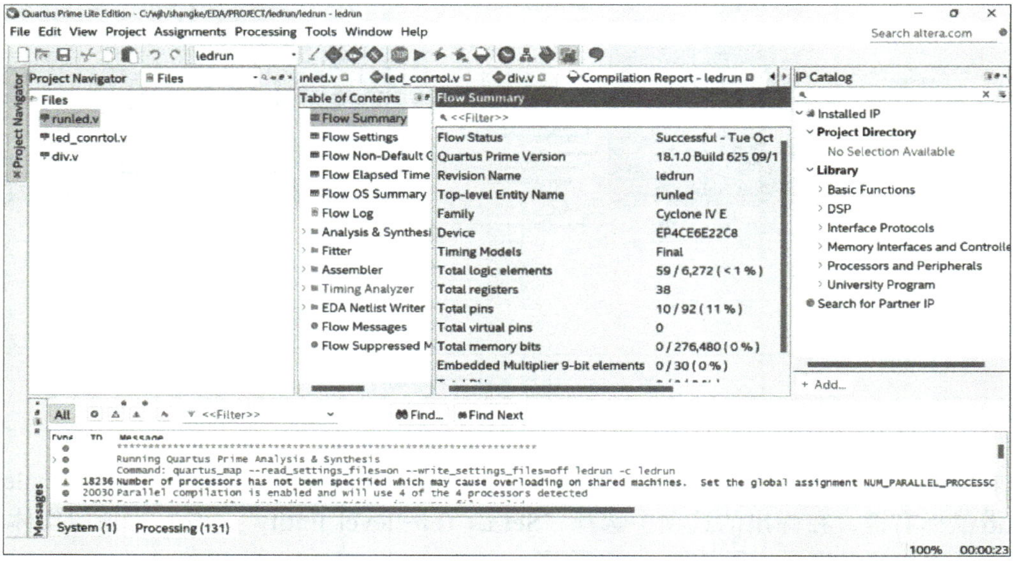

图 4-18　项目编译过程

（4）引脚约束

执行菜单命令“Assignments”→“Pin Planner”，如图 4-19 所示，进入“Pin Planner”（引脚约束）界面，界面下方列出了所有程序中使用的引脚，如图 4-20 所示。根据项目需求，对 8 个 LED 的控制信号 D[7:0]、时钟信号 clk 以及复位信号 rst 进行引脚约束，约束关系见表 4-1。根据表 4-1，在图 4-20 中引脚右侧的“Location”列，输入引脚编号。

另外在图 4-20 中，“I/O Standard”列用来设定 I/O 电平等级，默认值是 2.5V，图中 Bank 是一组物理位置和特性相近的 I/O 的总称，如果硬件设置了 Bank 电压为 2.5V，那么作为输出时 Bank 能驱动 2.5V 的外设，作为输入时可以接收 2.5V 或 3.3V 的电压。另外，不同 Bank 可以支持不同的 I/O 标准，但是同一 Bank 的电压最好采用同一标准。引脚约束完成界面如图 4-21 所示，关闭引脚约束界面，返回主界面，并重新编译。

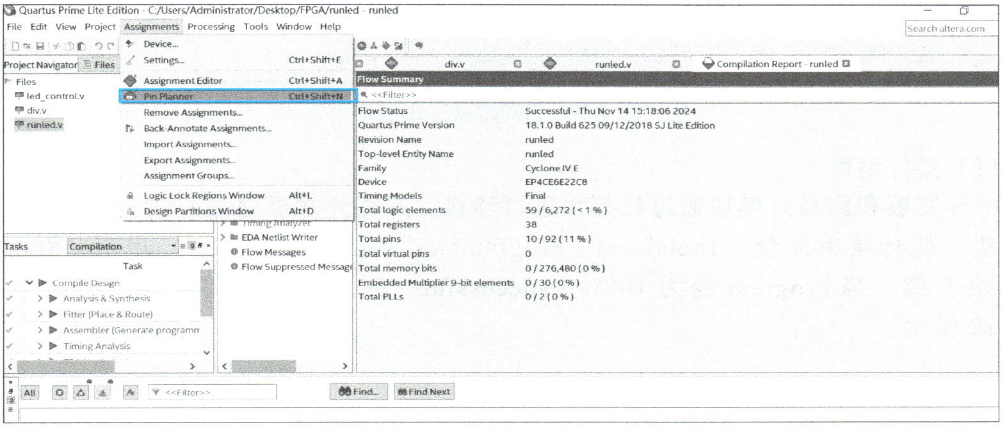

图 4-19　选择“Pin Planner”

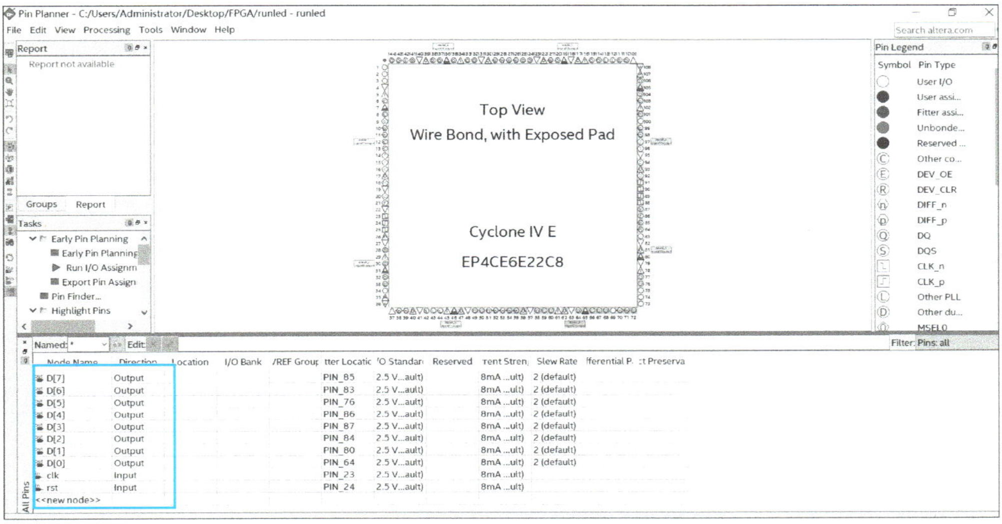

图 4-20　进入引脚约束界面

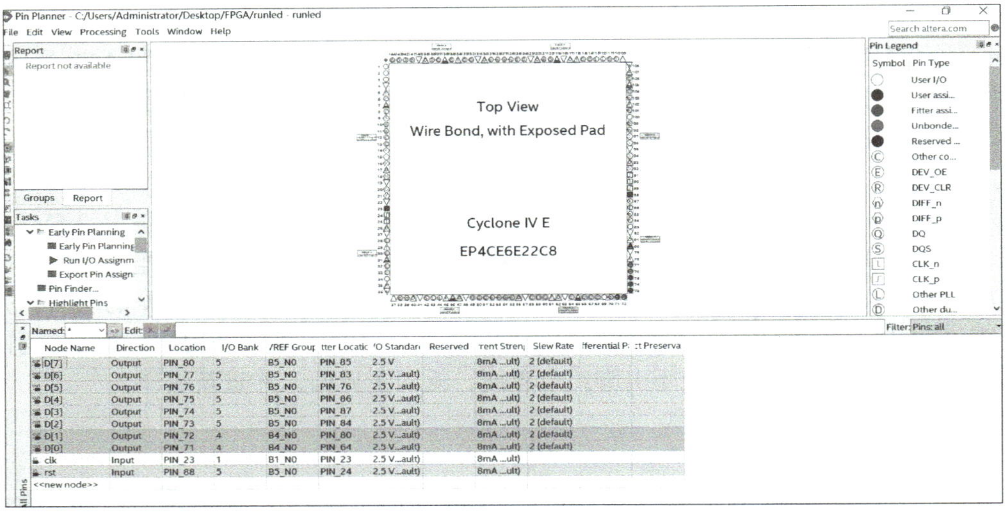

图 4-21　引脚约束完成界面

（5）器件编程

将开发板和跑马灯模块通过杜邦线进行连接，并将开发板通过 USB–Blaster 连接至计算机，执行菜单命令“Tools”→“Programmer”，打开下载窗口。单击“Start”按钮开始下载。当 Progress 变为 100%（successful）时，说明程序已经下载成功，如图 4-22 所示。

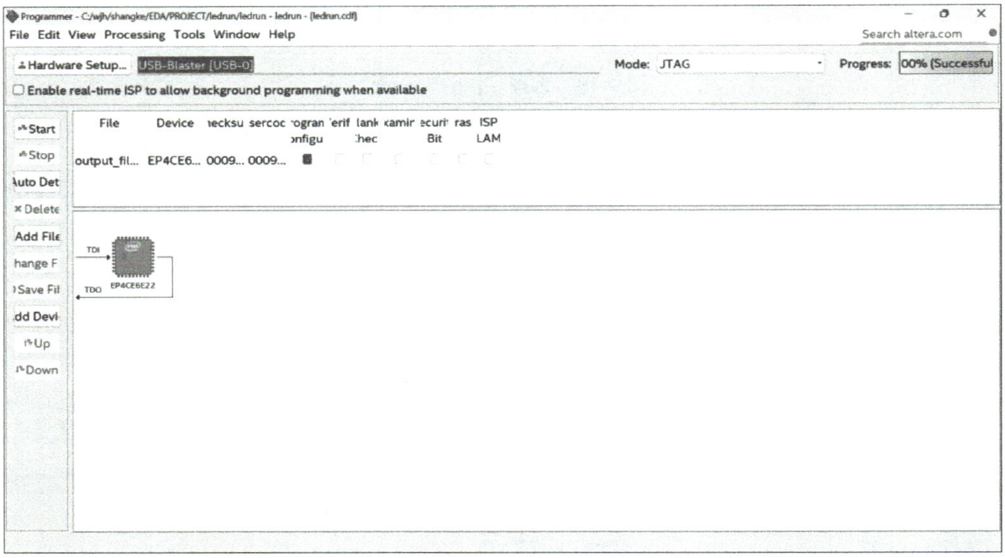

图 4-22　程序下载成功

（6）板级验证

程序下载完成后，直接开始运行，如图 4-23 所示。观察 8 个 LED 的显示结果是否与设计要求一致，如果不一致，检查代码是否有误，或检查引脚约束过程中是否出错。

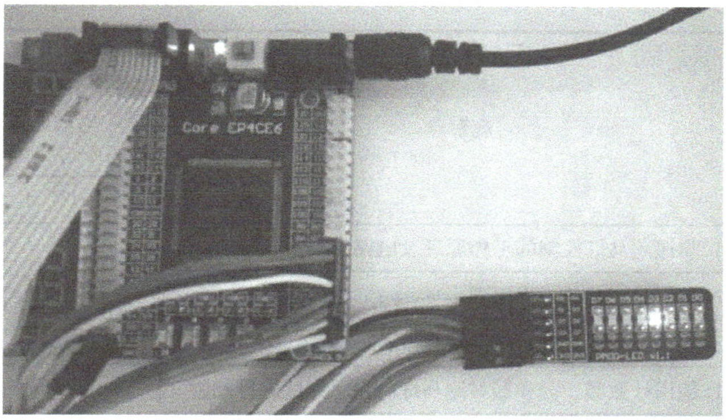

图 4-23　程序运行

问题探究

1. case 语句中的 default 语句可以删除吗？

在进行 FPGA 开发的过程中，经常会在编译程序时发现有 warning 提示生成了 Latch，与期望输出纯组合逻辑电路（没有时钟控制端）的目的相矛盾，但综合出的结果却是“组合逻辑电路 + 锁存器（触发器）”。这说明在 Verilog HDL 代码中有保持不变的情况，这种“保持输出不变”的行为意味着需要记住当前的状态，由于组合逻辑中的门电路是无法储存状态的，此时代码综合后就会产生锁存器（Latch），来存储产生的状态，这就是组合逻辑中产生 Latch 的主要原因。如果在 case 语句中没有使用 default 语句，且在分支语句中没有将所有的匹配情况列出来，那么当 case 语句后的表达式没有找到匹配项时，输出信号就会保持原来的值，从而在综合后产生 Latch。

2. 为什么本项目过程语句 always 的敏感信号列表为 posedge clk or negedge rst？

在同步时序逻辑电路中，触发器状态的变化仅仅发生在时钟脉冲的上升沿或下降沿。Verilog HDL 提供了 posedge（上升沿）与 negedge（下降沿）两个关键字来进行描述。在程序中将时钟信号 clk 上升沿和复位信号 rst 下降沿作为敏感事件，当其中任意一个事件发生时，都将触发 always 中的语句执行。由于 rst 是低电平有效，只有当出现 rst 下降沿到达时，程序才执行复位或者清零功能。

3. 在分频器程序中，经分析分频器系数应该为 50000000，为什么需要在程序中判断出现（cnt==24999999）时将输出信号 clk_1hz 翻转？

在分频器的程序设计中，通过计数器实现分频产生 1Hz 的时钟信号，即周期为 1s 的时钟信号，如果占空比为 50%，则一个周期中包括 0.5s 的高电平和 0.5s 的低电平。主控芯片的时钟频率是 50MHz，即周期为 $\frac{1}{50}\mu s$，当计数到 25000000 个脉冲正好是 0.5s，因此计数值 cnt 从 0 计数到（25000000−1）即 24999999 时，即实现了 0.5s 的计时，然后将输出信号 clk_1hz 取反，即 clk_1hz 输出了 0.5s 的高电平或低电平。

学习反思

内容	观察点	达成度（按最优为 5、最差为 1，逐项对观察点达成情况进行自我评估，并在相应栏中打√）				
		5	4	3	2	1
知识目标	1. 掌握跑马灯控制的工作原理及电路结构					
	2. 掌握分频器的工作原理					
	3. 掌握 Verilog HDL 语言要素和语法规则					
能力目标	1. 能用计数器、分频器对跑马灯的显示速度进行控制					
	2. 能用 case 语句对跑马灯的显示模式进行控制					
	3. 能用开发板验证跑马灯的工作过程					
素质目标	1. 具有层次化设计的工程思维					
	2. 具有综合运用软硬件资源的工程素养					
学习态度	如学习的参与度、主动性、耐受力等					
学习方法	如工具使用、资源利用、策略运用等					
学习习惯	如学习的计划、调控、评价、反思等					
学习目标没有达成的原因分析						
改进措施（针对上述观察点中的弱项，提出具体和可行的改进措施）						

巩固练习

1. 如果跑马灯的显示速度从 1s 调为 *T*s，请设计一个分频器。

2. 如果 LED 由低电平点亮改为高电平点亮，请设计控制程序。

3. 如果 LED 的数量由 8 个改为 4 个，请设计控制程序。

*挑战进阶

在本项目中给出了 8 个 LED 循环流水控制，但是在实际应用中，为了达到绚丽多彩的显示效果，LED 的显示模式不局限于循环流水，有时 LED 的数量也不止 8 个。请试着编写以下两种情况的跑马灯程序。

1. 假设有 16 个 LED，尝试实现从中间到两边，再从两边回到中间的流水显示。

2. 观察生活中的跑马灯实例，尝试设计一款用于景区且兼具指示功能和美观功能的跑马灯。

项目 5

秒表电路设计

学习目标

1. 掌握共阴极数码管和共阳极数码管的电路原理。
2. 掌握用移位寄存器实现按键消抖的原理和程序设计。
3. 掌握数码管动态扫描显示的原理。
4. 掌握利用 JTAG 接口编程串行配置器件的方法（掉电后配置不丢失）。

应用场景

秒表是一种用来计算时间间隔的计时工具。它具备开启、停止和重置功能，能够精确测量时间，广泛应用于各个领域，包括运动比赛、科学实验、个人训练和工业生产等。例如，运动比赛中，如田径、游泳、自行车或轮滑等比赛中，秒表能够准确记录选手完成比赛所需的时间。裁判员可以通过触发按钮开始计时，再次触发按钮停止计时，从而得到每位选手的成绩。再如，在科学实验中，科研人员使用秒表准确记录实验过程所需的时间，从而掌握实验的持续时间和各个步骤的时序关系。

项目描述

本项目要求使用 FPGA 控制两个数码管，显示 00 ～ 99s 的计时。具体要求如下：

1）设置两个按键，一个按键用来复位，另一个按键用来实现计时开始、暂停和清零三种模式的切换。

2）FPGA 开发板上电后，两个数码管显示“00”。

3）第一次按下按键，启动秒计时，数码管显示在“00”～“99”之间循环。

4）第二次按下按键，秒计时暂停。

5）第三次按下按键，秒计时清零，数码管显示“00”。

6）之后每次按下按键，重复步骤 3）～步骤 5）的过程。

另外，复位键按下后，数码管回到步骤 2）的状态。

项目实施

5.1　本项目使用的软、硬件资源

1）开发平台：Quartus Prime。

2）硬件描述语言：Verilog HDL。

3）FPGA 芯片：采用 Altera Cyclone IV E 系列的 EP4CE6E22C8 芯片。

4）开发板资源：采用 Intel EP4CE6 开发板。

数码管作为常见显示器件，使用频率非常高，开发板上共有 8 个共阳极数码管，由 2 个四位一体的数码管构成。数码管段选共用 8 段控制信号，当段选信号为低电平时，对应的显示段被点亮。当位选信号控制驱动晶体管的基极为低电平时，对应的数码管被点亮。由于位选信号需要的驱动电流较大，因此采用了 PNP 晶体管 S8550 驱动。R10、R20、R21 和 R25 是保护限流电阻（100Ω）。

本项目只使用了两个数码管，对应图 5-1 中 LED3 和 LED4。

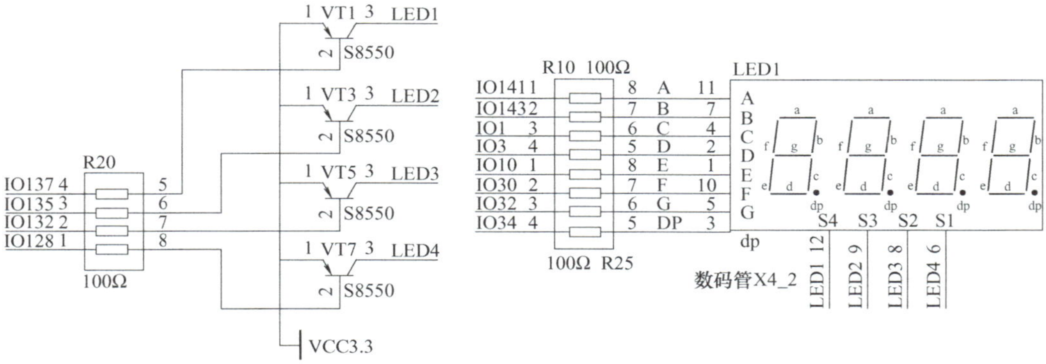

图 5-1　开发板八位数码管电路（图中只画出部分）

开发板上有 4 个按键输入，每个按键都直接由 FPGA 芯片上的一个引脚来识别，当有按键按下时，对应的引脚为逻辑低电平，没有按键按下时为逻辑高电平，如图 5-2 所示，本设计使用 K1 作为按键输入，对应 FPGA 的 59 引脚。FPGA 开发板的复位电路如图 5-3 所示。

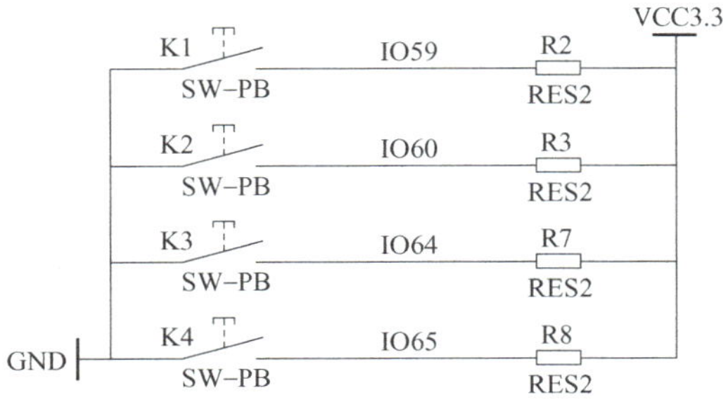

图 5-2　板载 4 个按键输入

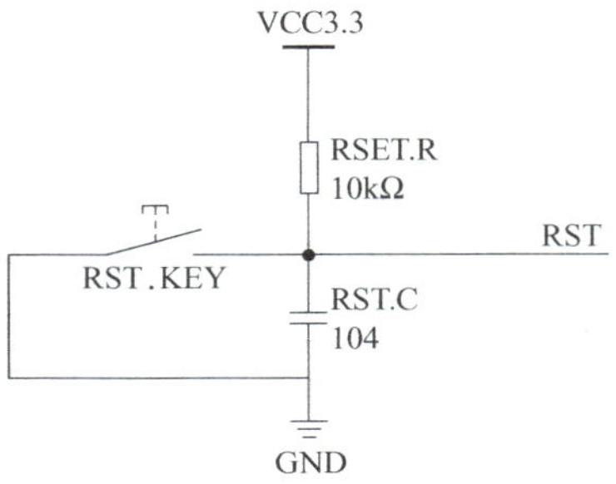

图 5-3　复位电路

外部时钟信号 clk、复位信号 rst、数码管的 8 个段选信号和 2 个位选信号、按键与 FPGA 芯片的 IO 连接关系见表 5-1。

表 5-1　FPGA 与信号引脚分配

信号	FPGA 引脚		说明
数码管段选	A	141	低电平点亮
	B	143	
	C	1	
	D	3	
	E	10	
	F	30	
	G	32	
	DP	34	
数码管位选	LED3	132	对应最右侧的两个数码管，低电平时，选中相应的数码管
	LED4	128	
外部时钟 clk	23		50MHz
复位 rst	88		低电平复位
按键 key	59		按键按下为低电平

5.2 数码管动态显示原理

开发板所有数码管的同名段选线并联在一起，通过控制位选信号（位码）来控制数码管的点亮。数码管采用动态扫描显示，所谓动态扫描显示就是逐位轮流点亮每个数码管，即每个数码管的位选被轮流选中，多个数码管共用一组段选信号（段码），字形码仅对位选被选中的数码管有效。对于每个数码管来说，每隔一段时间点亮一次（每个数码管点亮的间隔不要超过 20ms），利用发光二极管的余晖和人眼视觉暂留作用，使人感觉好像各位数码管同时都在显示。数码管的亮度既与导通电流有关，又与点亮时间和间隔时间的比例有关。如果数码管的位数不大于 8bit，位选端只需要一个 8bit I/O 口进行动态扫描，而段选端也只要一个 8bit I/O 口即可，如图 5-4 所示。

动态扫描显示是最为广泛的一种显示方式，多个数码管共用段选信号，通过位选线（公共端）逐位分时进行扫描显示（任意时刻只有一个数码管点亮）。其优点是占用硬件资源少，如果有 n 位数码管，采用动态显示只需要（n+8）个 I/O 口控制线，功耗小，缺点是软件工作量大。

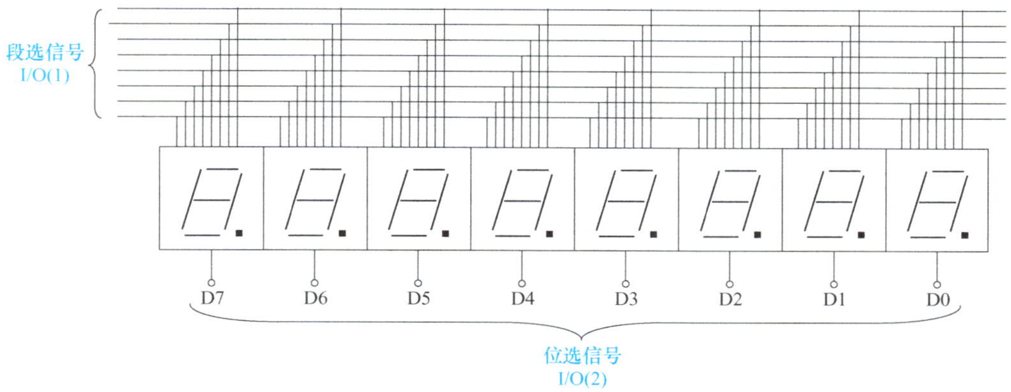

图 5-4　8 位数码管动态扫描显示

5.3　技术分析

根据项目描述，本项目涉及以下几个关键技术：

1）分频技术：产生 1s 的时钟信号，用于秒计时。

2）按键消抖技术：识别按键，输出稳定的负脉冲。

3）功能切换：秒计时在启动、暂停和清零三种功能之间切换。

4）数码管显示：根据前述数码管动态扫描显示原理，由于本项目只有两个数码管，因此只要两个数码管轮流显示，且每个数码管点亮的时间在 10ms 左右，即可达到稳定的显示效果。

5.4　设计框架

秒表电路符号如图 5-5 所示，有三个输入端和三个输出端。其中，输入端 clk 为时钟信号，频率是 50MHz；rst 为复位信号，低电平有效；输出端 seg[7:0] 为数码管显示的段码信号，shi_wei 和 ge_wei 分别对应两位数码管显示十位和个位的位选信号。

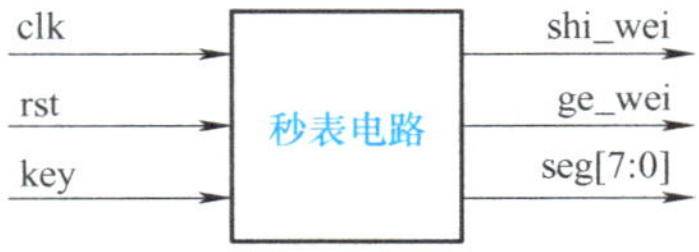

图 5-5　秒表电路符号

项目主要包括以下几个模块：

1）分频器模块：通过对外部输入的时钟信号 clk 分频，得到频率为 1Hz 的时钟信号。

2）按键消抖模块：由于按键的机械结构特殊性，当按键 key 按下时，IO 口的电平不稳定，通过按键消抖模块可以得到稳定的负脉冲信号。

3）功能切换模块：通过不断判断按键消抖模块得到的按键有效信号，秒计时在启动、暂停和清零三种功能之间按顺序循环切换。

4）数码管显示译码模块：对功能切换模块输出的秒计时结果，用两位数码管显示出来。

5.5 技术设计

1. 分频器模块设计

图 5-6 分频器模块符号

技术要求：在本项目中要求秒计时，因此必须要有一个频率为 1Hz 的时钟信号，通过对外部输入 50MHz 的 clk 进行分频，得到一个周期为 1s 的 clk_1s 信号。具体的实现方法在项目 4 中已经介绍过，在这里不再赘述，分频器模块符号如图 5-6 所示。

参考代码如下：

```
module div_1Hz(clk,rst,clk_1s);
input clk,rst;
output clk_1s;
reg[30:0]count_1s;
always @(posedge clk or negedge rst)
begin
 if(!rst)count_1s=0;
 else
  if(count_1s==24999999)
   begin count_1s<=0;clk_1s<= ~ clk_1s;end
  else
   count_1s<=count_1s+1'b1;
end
endmodule
```

2. 按键消抖模块设计

在本项目设计中，需要解决的一个难点是按键消抖，在这里使用移位寄存器的方法来实现按键消抖。图 5-7 所示电路可以消除按键 key 的抖动，按键的抖动一般在 5ms 左右，输入的 cclk 时钟信号频率必须足够低，一般可选 190Hz，经过三个周期即可消除抖动，从而在输出端 outp 得到稳定的负脉冲信号。

按键消抖模块符号如图 5-8 所示，有三个输入端和一个输出端。其中 clk 为外部输入的 50MHz 的时钟信号，rst 为低电平有效的复位信号，key 为消抖前的按键输入信号。

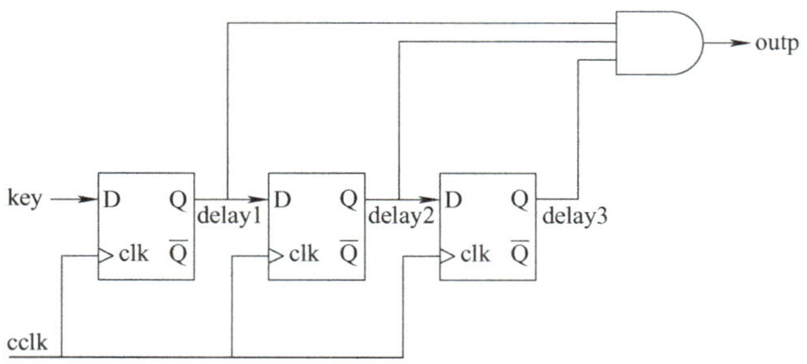

图 5-7 消除按键抖动电路原理图

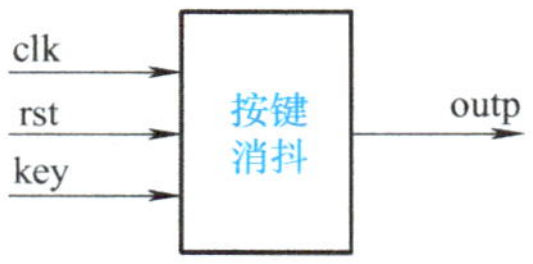

图 5-8 按键消抖模块符号

outp 为消抖之后的输出。根据按键的电路原理，key 按键按下去是低电平，经过消抖以后可在输出端 outp 得到一个稳定的负脉冲信号，只要识别到 outp 信号出现下降沿，即可判断按键 key 已被按下。

按键消抖模块参考程序如下：

```
module xiaodou(clk,rst,key,outp);

input clk,rst,key;
output outp;
wire outp;

wire clkk;
reg[17:0]q;
assign clkk = q[17];                        //产生消抖用的时钟信号 clkk
always@(posedge clk)
   begin  q<=q+1;  end

reg  delay1;
reg  delay2;
reg  delay3;
always@(posedge clkk or negedge rst)        //用移位寄存器实现消抖
  begin
     if(!rst)begin delay1<=1'b0;delay2<=1'b0;delay3<=1'b0;end
     else   begin  delay1<= ~ key;delay2<=delay1; delay3<=delay2; end
  end

assign outp= ~ (delay1&delay2&delay3);      //通过连续赋值获取消抖后的输出
endmodule
```

3. 功能切换模块设计

功能切换模块符号如图 5-9 所示，有三个输入端和一个输出端。其中 rst 为外部输入的低电平有效的复位信号，clk_1s 来自分频器模块的输出信号，outp 是按键消抖模块经过消抖后的输出信号（稳定的负脉冲信号）。输出端 count 是秒计时的输出，取值范围为 00 ～ 99。

图 5-9　功能切换模块符号

在功能切换模块程序设计中，关键是要实现功能的切换，即通过一个按键实现启动－暂停－清零三种模式的顺序切换。在程序中设置一个 mode 变量，初值为 0，当按键第一次按下时，mode 加 1（变为 1），则启动一个计数器 count，对 1Hz 的时钟信号进行计数，只要按键不再次按下，计数器将一直处于 0 ～ 99 的循环计数中；当按键第二次按下时，count 计数停止，即实现了秒计时暂停的功能；当按键第三次按下时，将 count 清零，即实现了秒计时清零的功能。至此，已经完成了一次完整的“启动－暂停－清零”三种模式的顺序切换。当按键第四次按下时，需要回到“启动”的功能状态，只要将 mode 的值再次设为 1，就可以实现“启动－暂停－清零”三种模式的循环切换。在后面的数码管显示译码模块中，只要将 count 的十位和个位用两位数码管显示出来即可。参考程序如下：

```
module mode_switch(outp,rst,clk_1s,count);
input outp,rst,clk_1s;
output[7:0]count;
reg [7:0]count;

reg [1:0]mode=2'b00;                              //控制秒表模式：1-启动 2-暂停 3-清零
always @(negedge outp or negedge rst)             //识别按键，切换 mode 的值
begin
  if(!rst)mode=1;                                 //复位时，mode 为 1，即启动秒计时
  else
    if(mode<3)mode=mode+1;
    else mode=1;
end
always @(posedge clk_1s)
begin
  case(mode)
  2'b01:begin if(count==99)count<=0;else count<=count+1'b1;end //秒计时启动
  2'b10:begin count<=count;end                                 //秒计时暂停
  2'b11:begin count<=0;end                                     //秒计时清零
  endcase
end
endmodule
```

功能切换模块仿真结果如图 5-10 所示，可以清楚地看到，当 outp 出现下降沿的时候，count 的输出在“计数 – 暂停 – 清零”三种状态中顺序切换。

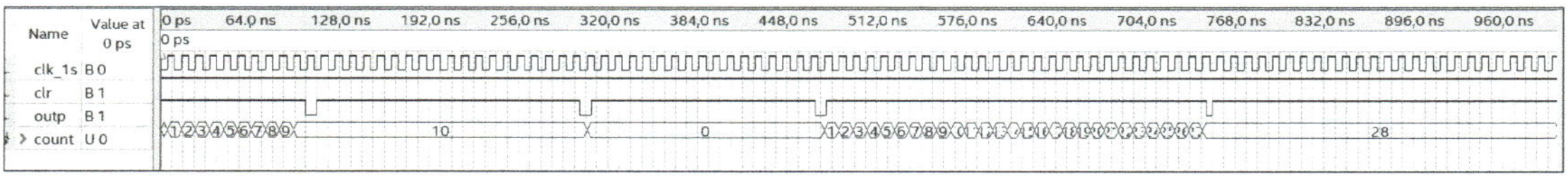

图 5-10　功能切换模块仿真结果

4. 数码管显示译码模块设计

数码管显示译码模块符号如图 5-11 所示，有三个输入端和三个输出端。其中 clk 和 rst 分别为外部输入的 50MHz 的时钟信号和低电平有效的复位信号；count 为功能切换模块的秒计时输出，取值范围为 0 ～ 99；shi_wei 和 ge_wei 分别是两位数码管的位选信号，低电平选中；seg[7:0] 为数码管的段选信号。

图 5-11　数码管显示译码模块符号

在数码管显示译码模块程序设计中，关键在于将功能切换模块输出的 count 计数器的值分为十位和个位，用开发板上的 2 个数码管显示出来，因此在程序设计中有三个核心程序块：

1）需要将 count 的十位和个位分别提取，可以用算术运算符的整除符号“/”和取余

符号“%”来实现；由于 count 的取值范围为 00 ～ 99，因此可以分别使用“count/10”和“count%10”的语句来提取十位和个位。

2）将 count 的个位或十位通过译码转变为数码管的段码信号，将要译码的数字通过 case 语句来实现译码。

3）由数码管动态扫描显示的原理可知，在程序设计中需要将两位数码管轮流选中，轮流赋值的周期（即动态扫描周期）控制在 20ms 左右。在程序中设计一个位宽为 20bit 位宽的计数变量 cnt20ms，该计数变量对外部输入的 50MHz 时钟进行计数，一次溢出的时间是（$2^{20}-1$）/50000000s，时间近似为 20ms。因此，在程序中，当 cnt20ms[19] 取值为“0”时选中个位数码管显示，取值为“1”时选中十位数码管显示，即可符合动态扫描显示的要求。

参考代码如下：

```
module decode(clk,rst,count,shi_wei,ge_wei,seg);
inputclk,rst;
input[7:0]count;
output shi_wei,ge_wei;
output[7:0]seg;
reg shi_wei,ge_wei;
reg[7:0]seg;
reg[3:0] data;// 要译码的数字 :0 ～ 9
// 控制位切换计数器 cnt20ms，一次溢出的时间近似 20ms
reg[19:0] cnt20ms;
always @(posedge clk or negedge rst)
begin
  if(!rst)cnt20ms=0;
  else cnt20ms<=cnt20ms+1;
end
// 完成数码管动态扫描，轮流选中个位和十位数码管分别显示
always
begin
  case(cnt20ms[19])
  1'b0:begin shi_wei=1;ge_wei=0;data[3:0]<=count/10;end//
  1'b1:begin shi_wei=0;ge_wei=1;data[3:0]<=count%10;end//
    default:begin shi_wei='bx;ge_wei='bx;data[3:0]<='bx;end
  endcase
end
// 完成共阳极数码管的译码
always
begin
  case(data[3:0])
  4'b0000:seg[7:0]<=～8'b11111100;
  4'b0001:seg[7:0]<=～8'b01100000;
  4'b0010:seg[7:0]<=～8'b11011010;
  4'b0011:seg[7:0]<=～8'b11110010;
```

```
    4'b0100:seg[7:0]<=~8'b01100110;
    4'b0101:seg[7:0]<=~8'b10110110;
    4'b0110:seg[7:0]<=~8'b10111110;
    4'b0111:seg[7:0]<=~8'b11100000;
    4'b1000:seg[7:0]<=~8'b11111110;
    4'b1001:seg[7:0]<=~8'b11110110;
    4'b1010:seg[7:0]<=~8'b11101110;
    4'b1011:seg[7:0]<=~8'b00111110;
    4'b1100:seg[7:0]<=~8'b10011100;
    4'b1101:seg[7:0]<=~8'b01111010;
    4'b1110:seg[7:0]<=~8'b10011110;
    4'b1111:seg[7:0]<=~8'b10001110;
    default:seg[7:0]<='bx;
    endcase
   end
 endmodule
```

对以上程序进行仿真，为了能够清楚地看到仿真效果，在仿真时将 cnt20ms 的位宽设为了 4bit，数码管显示译码模块仿真结果如图 5-12 所示。从图中可以看到，当 count 为 1 时，即要求在数码管十位显示“0”，个位显示“1”，ge_wei 和 shi_wei 轮流为低电平，即轮流选中数码管的个位和十位。当 ge_wei 为低电平时，seg 输出“10011111”(即数字“1”的段码)；当 shi_wei 为低电平时，seg 输出“00000011”(即数字“0”的段码)。

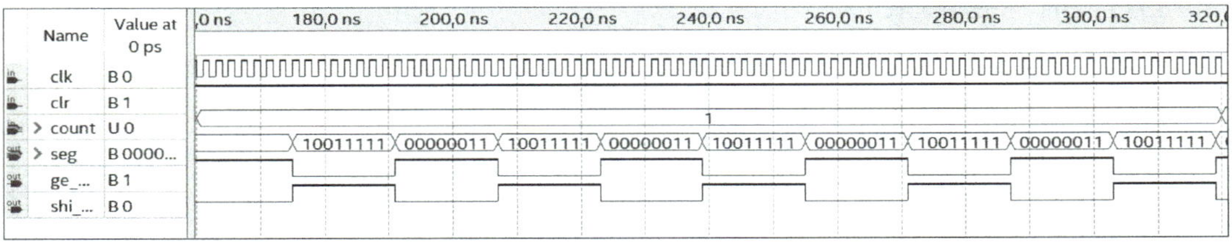

图 5-12　数码管显示译码模块仿真结果

5. 模块整合

将分频器模块、按键消抖模块、功能切换模块和数码管显示译码模块进行整合，形成图 5-13 所示的秒表电路设计整体框架。

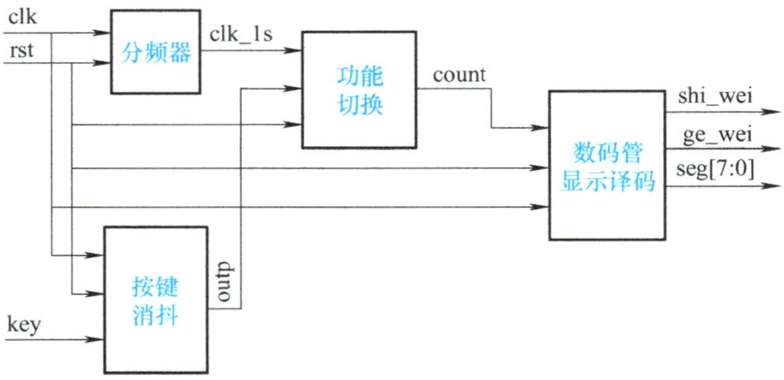

图 5-13　秒表电路设计整体框架

在整体框架中，有三个输入端和三个输出端，根据模块之间的关系，设计顶层程序如下：

```
module miaobiao(clk,rst,key,shi_wei,ge_wei,seg);
input clk,rst,key;
output[7:0]seg;
output shi_wei,ge_wei;
wire clk_1s;
wire outp;
wire[7:0]count;

div_1Hz      x0(clk,rst,clk_1s);                          // 调用分频器模块
xiaodou      x1(clk,rst,key,outp);                        // 调用按键消抖模块
mode_switch  x2(outp,rst,clk_1s,count);                   // 调用功能切换模块
decode       x3(clk,rst,count,shi_wei,ge_wei,seg); // 调用数码管显示译码模块

endmodule
```

6. 板级验证

秒表电路设计的板级验证流程与项目 4 类似，具体如下：

1）创建项目并输入设计文件：按照新建项目的向导步骤，选定路径，创建秒表电路设计项目 miaobiao；分别创建秒表电路设计的分频器模块 div_1Hz.v、按键消抖模块 xiaodou.v、功能切换模块 mode_switch.v、数码管显示译码模块 decode.v 和顶层模块 miaobiao.v，输入代码并保存，如图 5-14 所示。

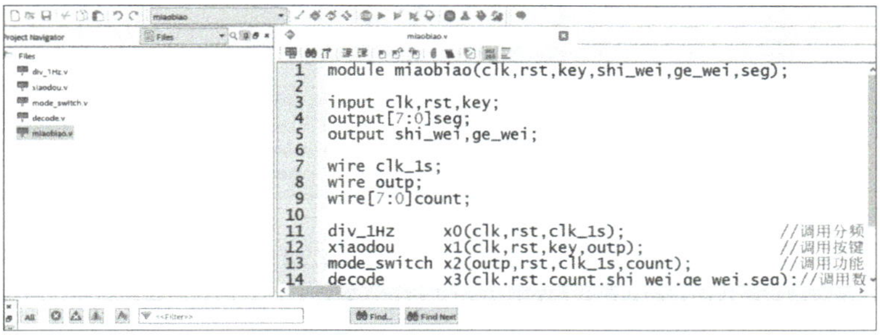

图 5-14 创建项目和新建设计文件

2）设计处理：将 miaobiao.v 文件设为顶层，对项目进行编译处理，如图 5-15 所示。

3）引脚约束：根据项目需求，对两个数码管的位选信号 shi_wei、ge_wei 和段码信号 seg、按键输入信号 key、时钟信号 clk 以及复位信号 rst 进行引脚约束，如图 5-16 所示，约束关系见表 5-1。

引脚约束完成后，关闭窗口，并重新编译。

4）器件编程：将开发板通过 USB–Blaster 连接至计算机，执行菜单命令 “File” → “convert” → “programming files”，选择生成文件类型为 “JTAG Indirect Configuration File（.jic）” 和存储配置芯片型号 “EPCS4”，如图 5-17 所示。

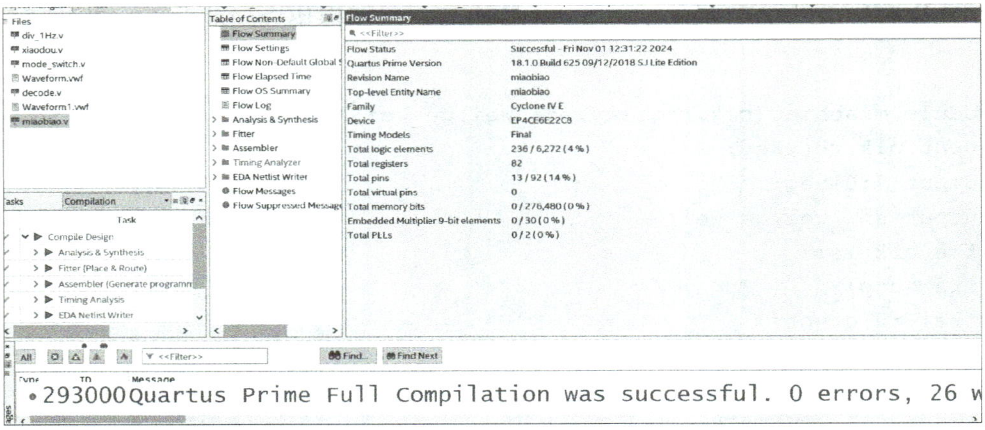

图 5-15　编译项目

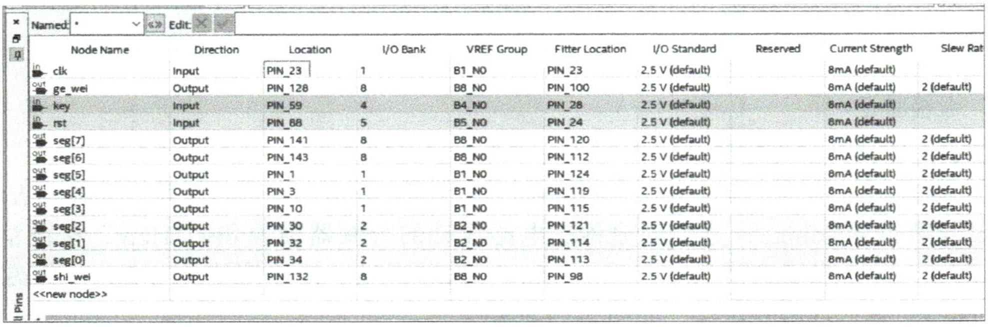

图 5-16　秒表电路的引脚约束

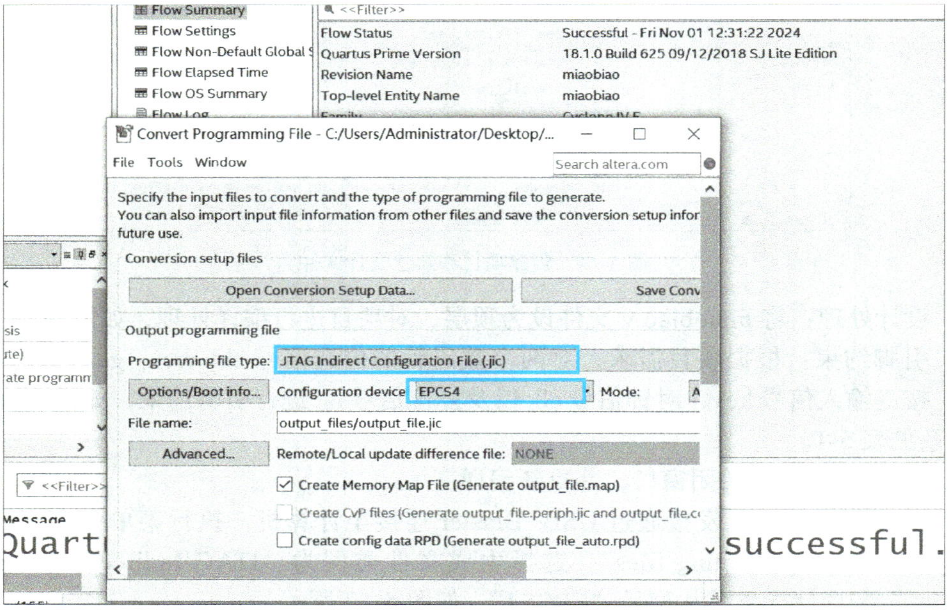

图 5-17　选择生成文件类型和存储配置芯片型号

接下来添加器件，如图 5-18 所示，先单击选中“Flash Loader”，再单击“ADD Device...”。

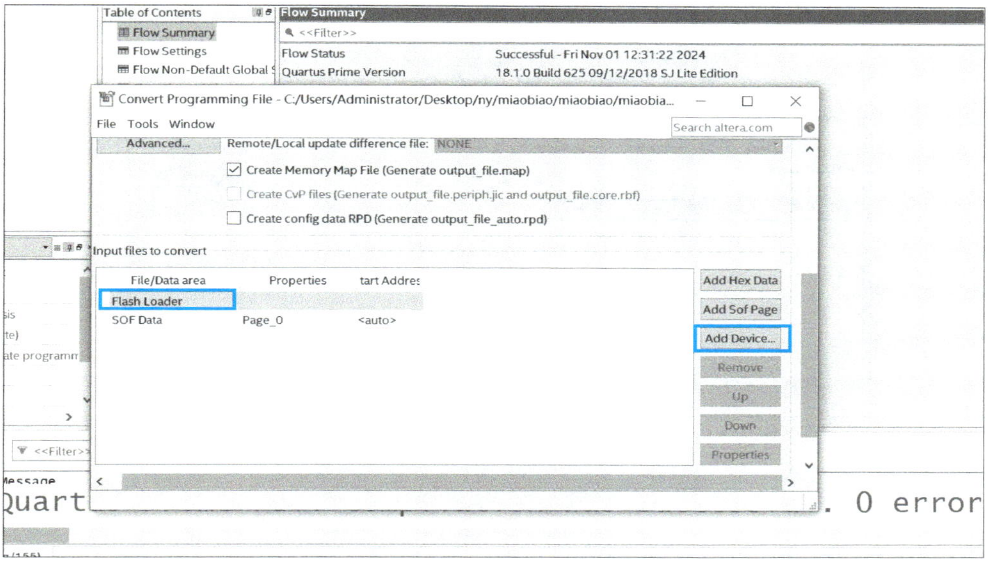

图 5-18　添加器件

弹出的对话框如图 5-19 所示，在“Device family”勾选“Cyclone IV E”，“Device name”勾选“EP4CE6”，单击“OK”按钮。

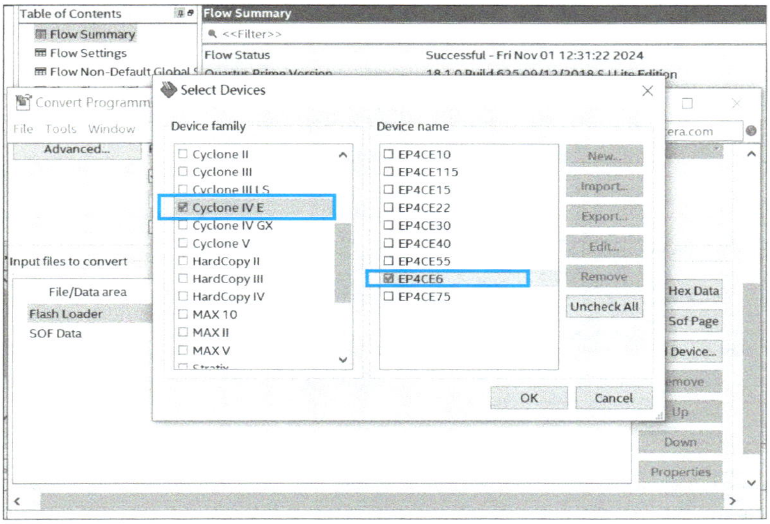

图 5-19　选择器件

接下来，单击“SOF Data”，再单击“Add File...”，如图 5-20 所示。

在弹出的对话框中，选中“miaobiao.sof”文件，如图 5-21 所示。

设置好的界面如图 5-22 所示。单击“Generate”按钮，几秒钟后会提示成功，在项目文件夹下生成新的 JIC 文件。

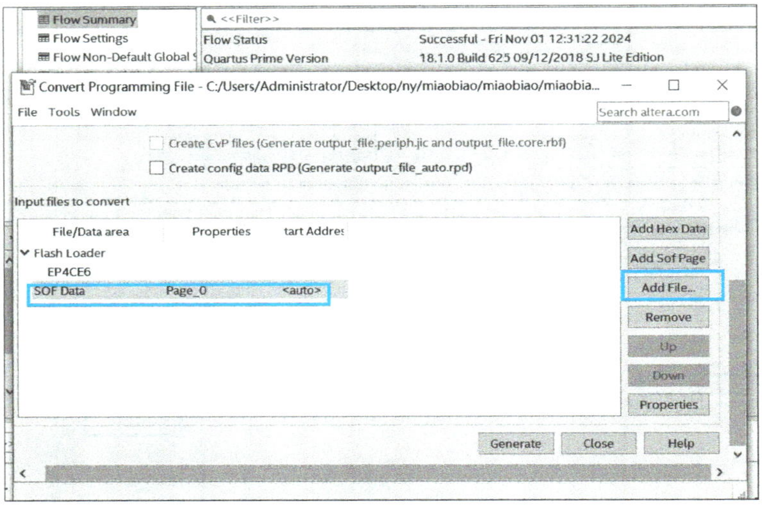

图 5-20　选择添加文件

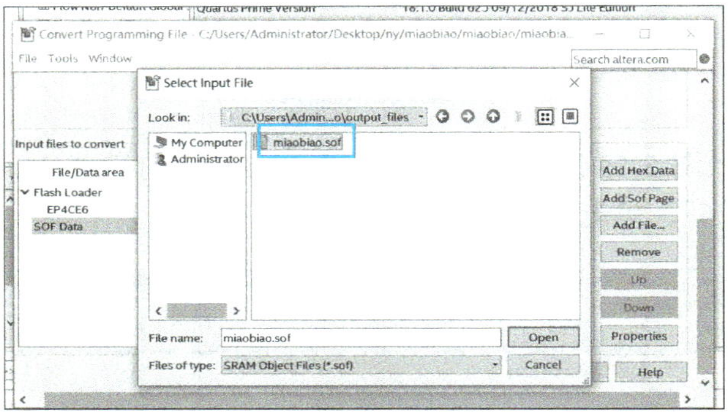

图 5-21　选中“miaobiao.sof ”文件

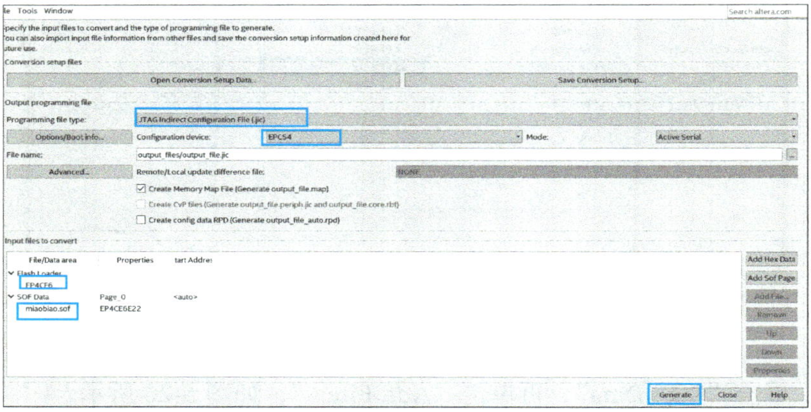

图 5-22　设置完成界面

打开编程工具，先删除原有的下载文件，再添加新的文件，如图 5-23 所示，选择 miaobiao.jic 文件。

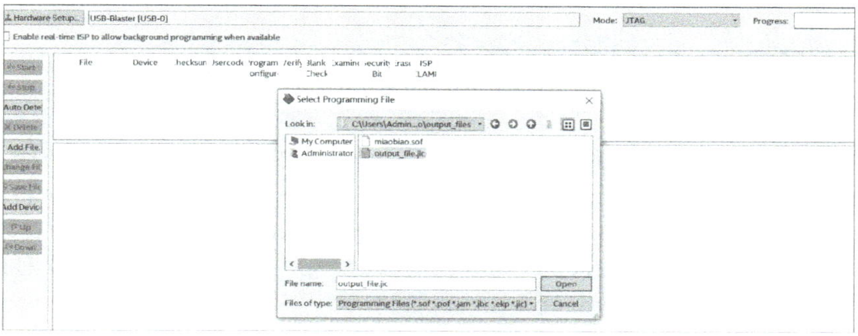

图 5-23　选择下载文件

勾选图 5-24 中的几处复选框，再单击“Start”按钮，速度相对之前下载的 sof 文件会慢很多。

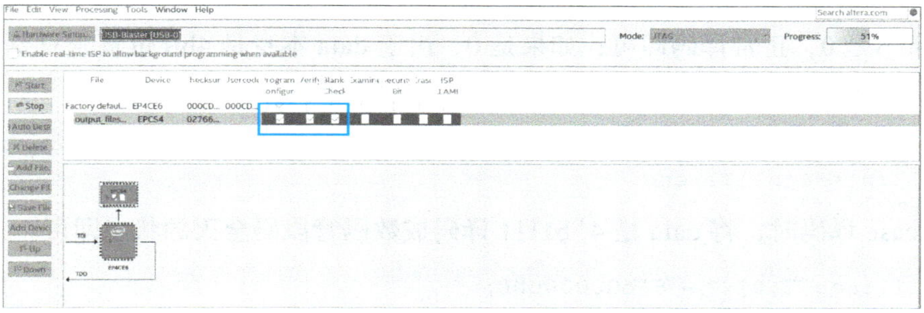

图 5-24　下载文件

5）板级验证：先关闭开发板电源，再重新打开电源，即可验证秒表电路功能，通过以上方式下载程序，保证断电程序也不会丢失。

问题探究

1. 如果在本项目的基础上，要求按键按下第三次时继续计时，第四次才是清零，程序该如何设计？

在程序设计中，主要是通过功能切换模块程序的设计，实现秒表功能的切换，原来的设计是有三种模式，通过 mode 的三个不同值 1、2、3，再利用 case 语句实现分支。通过对问题分析，为了实现多一个功能，mode 取值为四个，即 1、2、3、4，再结合 case 语句即可实现，修改的代码如下：

```
reg [2:0]mode=3'b000;        //控制秒表模式：1-启动 2-暂停 3-继续计时 4-清零
always @(negedge outp or negedge rst)//识别按键，切换 mode 的值
begin
  if(!rst)mode=1;            //复位时，mode 为 1，即启动秒计时
  else
    if(mode<4)mode=mode+1;
    else mode=1;
end
```

```
always @(posedge clk_1s)
begin
  case(mode)
  3'b001:begin if(count==99)count<=0;else count<=count+1'b1;end   //秒计时启动
  3'b010:begin count<=count;end                                   //秒计时暂停
  3'b011:begin if(count==99)count<=0;else count<=count+1'b1;end   //继续计时
  3'b100:begin count<=0;end                                       //秒计时清零
  default:begin count<=0;end
  endcase
end
```

2. 如果要实现秒计时结果十位是“0”时不显示，程序如何实现？

由秒表电路的程序可知，控制显示主要通过数码管显示译码模块 decode.v 实现，如果要求秒计时结果十位是“0”时不显示，可以在译码之前先做一个判断，判断十位是否为 0，如果不是 0，正常译码即可；如果是 0，由于 data 本身是 4bit 位宽，只要给 data 附一个特殊值（0 ～ 9 之外的值），如赋值 4’b1111，代码如下：

```
1'b0:begin shi_wei=0;ge_wei=1;data[3:0]<=count/10;if(count/10==0)
data[3:0]<=4'b1111;end
```

在用 case 译码时，将 data 是 4’b1111 译码成数码管段码全灭的状态即可。

```
4'b1111:seg[7:0]<= ~ 8'b00000000;
```

学习反思

内容	观察点	达成度（按最优为 5、最差为 1，逐项对观察点达成情况进行自我评估，并在相应栏中打√）				
		5	4	3	2	1
知识目标	1. 掌握秒表的工作原理及电路结构					
	2. 掌握移位寄存器实现按键消抖的原理					
	3. 掌握数码管动态显示的原理					
能力目标	1. 能通过编程实现数码管动态扫描显示					
	2. 能通过编程实现按键消抖					
	3. 能使用 JTAG 接口对串行配置器进行编程					
	4. 能用开发板验证秒表的工作过程					
素质目标	1. 具有层次化设计的工程思维					
	2. 具有综合运用软硬件资源的工程素养					
学习态度	如学习的参与度、主动性、耐受力等					
学习方法	如工具使用、资源利用、策略运用等					
学习习惯	如学习的计划、调控、评价、反思等					

（续）

学习目标没有达成的原因分析
改进措施 （针对上述观察点中的弱项，提出具体和可行的改进措施）

巩固练习

1. 用一个按键实现 0 ～ 99 循环计数，并用两位数码管显示计数结果。

2. 用四位数码管稳定显示学号后四位。

*挑战进阶

在秒表应用中，秒计时的精度常常要求精确到 0.1s，实现 00.0 ～ 99.9s 的秒计时功能。在这种情况下，原来的程序设计的框架还能不能用？程序该如何设计？

项目 6 数字钟电路设计

学习目标

1. 了解数字钟的工作原理及电路结构。
2. 能正确使用计数器、分频器进行数字钟的秒计时。
3. 能正确运用数码管动态显示原理实现数字钟的时分秒显示。
4. 能灵活运用 Verilog HDL 的 case 语句或 if 语句对数字钟的显示模式进行控制。
5. 能熟练应用开发软件和开发板实现数字钟的软、硬件调试。
6. 建立数字钟层次化设计的工程思维，培养综合运用软、硬件资源的工程素养。

应用场景

数字钟是一种用数字电路技术实现时、分、秒计时的装置，与机械式时钟相比，具有更高的准确性和直观性，且无机械装置，具有更长的使用寿命，因此得到了广泛的应用。

随着人们生活环境的不断改善和提升，我们在许多场合都可以看到数字钟。数字钟因其较高的准确性而被广泛应用于需要准确指示时间的场合，如办公室、学校、家庭及车站、码头、剧院等公共场所；同时，由于其稳定性好，可适用于需要长时间稳定运行的设备，如服务器、路由器等。

数字钟已成为人们日常生活中必不可少的必需品，给人们的生活、学习、工作和娱乐带来了极大的方便。

项目描述

本项目使用 FPGA 控制 8 个数码管实现数字钟电路设计，具体要求如下：

1）用 8 个数码管显示时、分、秒和间隔。

2）FPGA 开发板上电后，所有数码管显示“0”。

3）时、分、秒分别用两个数码管显示，其中，小时采用 24 进制，分和秒采用 60 进制，时、分、秒之间用短横线（–）隔开，如 15 时 30 分 59 秒的显示效果为“15–30–59”，如图 6-1 所示。

4）设置三个按键进行校时，在任意时刻按下按键，可以修改当前时、分、秒对应的数字。

另外，设置一个按键进行复位，在一个 24h 计时周期内，任意时刻按下复位按键，数码管全灭，松开复位按键后，数字钟从初始状态“00-00-00”重新开始计时。

图 6-1　数字钟显示效果示例

项目实施

6.1　本项目使用的软、硬件资源

1）开发平台：Quartus Prime。

2）硬件描述语言：Verilog HDL。

3）FPGA 芯片：采用 Altera Cyclone IV E 系列的 EP4CE6E22C8 芯片。

4）开发板资源：采用 Intel EP4CE6 开发板。

5）开发板有 4 个输入按键和 1 个复位按键，每个按键分别由 FPGA 芯片上的一个引脚直接识别，当有按键被按下时，对应的引脚为逻辑低电平；当没有按键被按下时，对应的引脚为逻辑高电平。数字钟设计用到其中 3 个用户按键和 1 个复位按键。

数字钟的引脚分配见表 6-1。

表 6-1　数字钟的引脚分配

硬件模块	FPGA 引脚	说明
clk	23	系统时钟
rst	88	系统复位按键
Key_Hour	59	调节小时初始值
Key_Minute	60	调节分钟初始值
Key_Second	64	调节秒初始值
SMG_Data[0]A	141	段码 A：低电平点亮
SMG_Data[1]B	143	段码 B：低电平点亮
SMG_Data[2]C	1	段码 C：低电平点亮
SMG_Data[3]D	3	段码 D：低电平点亮
SMG_Data[4]E	10	段码 E：低电平点亮
SMG_Data[5]F	30	段码 F：低电平点亮
SMG_Data[6]G	32	段码 G：低电平点亮
SMG_Data[7]DP	34	段码 DP：低电平点亮

（续）

硬件模块	FPGA 引脚	说明
Scan_Sig[7]SEG1	43	位选（从左到右）1：低电平选中
Scan_Sig[6]SEG 2	46	位选（从左到右）2：低电平选中
Scan_Sig[5]SEG 3	50	位选（从左到右）3：低电平选中
Scan_Sig[4]SEG 4	52	位选（从左到右）4：低电平选中
Scan_Sig[3]SEG 5	137	位选（从左到右）5：低电平选中
Scan_Sig[2]SEG 6	135	位选（从左到右）6：低电平选中
Scan_Sig[1]SEG 7	132	位选（从左到右）7：低电平选中
Scan_Sig[0]SEG8	128	位选（从左到右）8：低电平选中

6.2 技术分析

本项目设计有三个关键技术。

1）按键模块设计。如前所述，该按键模块所用开关为机械弹性开关，当机械触点断开或闭合时，由于机械触点的弹性作用，开关在闭合时不会立刻稳定接通，在断开时也不会立刻断开，而是在闭合及断开的瞬间均伴随有一连串的抖动，该抖动是随机且不可测的。这种抖动使得在开关被按下过程中会检测到多次高低电平的变化，以致一次按键动作可能会被误认为多次按键动作。因此，在 Verilog HDL 中加入延时计数器函数，待信号变化频率平稳且持续 20ms 后再采样，以消除抖动。

2）计时模块设计。该模块通过分频器来实现。已知开发板外部输入的时钟频率是 50MHz，需要设计一个分频系数为 50000000 的分频器，以实现 1s 的计时控制。当秒的数值从“00”计到“59”时，分钟数值加 1，同时进行秒清零，开始新一轮秒计数；当分钟的数值从“00”计到“59”时，小时数值加 1，同时进行分钟清零，开始新一轮分钟计数；当小时的数值从“00”计到“23”时，同时分钟和秒均显示“59”时，时、分、秒显示全部清零，回到数字钟的初始状态“00-00-00”，开始新一轮计时。

3）数码管显示模块设计。该模块的功能主要是将数字钟计时的时、分、秒数值清晰稳定地显示出来。主要分为三部分来处理：数码管的动态扫描，时、分、秒的数值计算及数码管的译码显示。将数字钟需要显示的数字（0～9）和间隔符号（–）译码成 8 段段码，控制数码管进行对应的显示。数码管译码真值表见表 6-2。

表 6-2　数码管译码真值表

rNumber	SMG_Data[7:0]
0	1100_0000
1	1111_1001
2	1010_0100
3	1011_0000
4	1001_1001

（续）

rNumber	SMG_Data[7:0]
5	1001_0010
6	1000_0010
7	1111_1000
8	1000_0000
9	1001_0000
—	1011_1111

6.3　设计框架

本项目要求设计的数字钟电路符号如图 6-2 所示，有 5 个输入端和两个输出端。其中，输入端 clk 为时钟信号，频率是 50MHz；rst 为复位信号，低电平有效；三个按键 Key_Second、Key_Minute 和 Key_Hour 分别用来实时调整当前的秒、分和时。输出信号 Scan_Sig 和 SMG_Data 分别对应数码管的位码和段码。

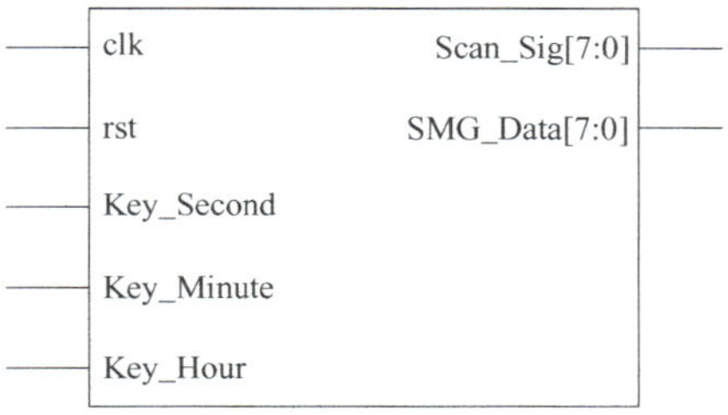

图 6-2　数字钟电路符号

数字钟的硬件设计框架如图 6-3 所示，主要包括以下 3 个部分：

1）按键模块，三个按键分别控制时、分、秒的计时初始值。

2）计时模块，用于控制数字钟的计时单位。

3）数码管显示模块，用 8 个数码管显示时、分、秒及中间的分隔符。

以上三个模块共用外部时钟信号和复位信号，同步工作。

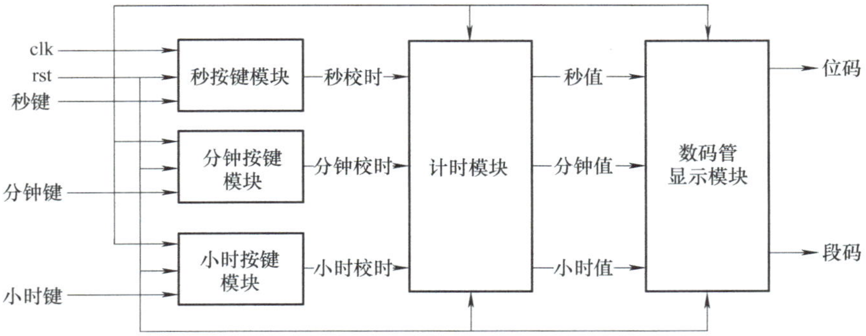

图 6-3　数字钟硬件设计框架

6.4 技术设计

1. 按键模块设计

技术要求：在本模块中，用 3 个按键分别控制时、分、秒的计数初始值的设定。

设计按键时，首要考虑的是信号的稳定性，软件消抖的过程是必不可少的。所设计的模块一定会用到时序电路，所以时钟信号 clk 和复位信号 rst 作为输入端，另一个输入端是按键的输入 key，还要实现对 key 信号进行去抖动，输出去抖动后得到稳定的信号 key_value。按键模块符号如图 6-4 所示。

按键模块程序设计流程如图 6-5 所示。开始时，首先判断 rst 信号或 clk 信号是否出现。如果 rst 信号有效，则初始化数据；如果 clk 信号到来而没有复位，则判断按键是否出现低电平。当满足按键前一状态为高电平且当前状态为低电平时，设置消抖等待时间；当不满足该条件时，判断消抖等待时间是否结束。如果消抖等待时间未结束，则计数器减 1。如果消抖等待时钟结束，则输出当前按键状态。

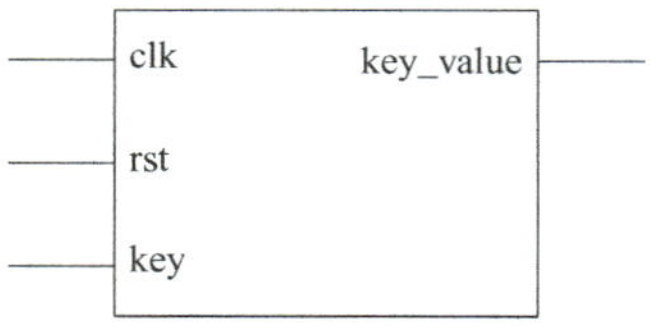

图 6-4 按键模块符号

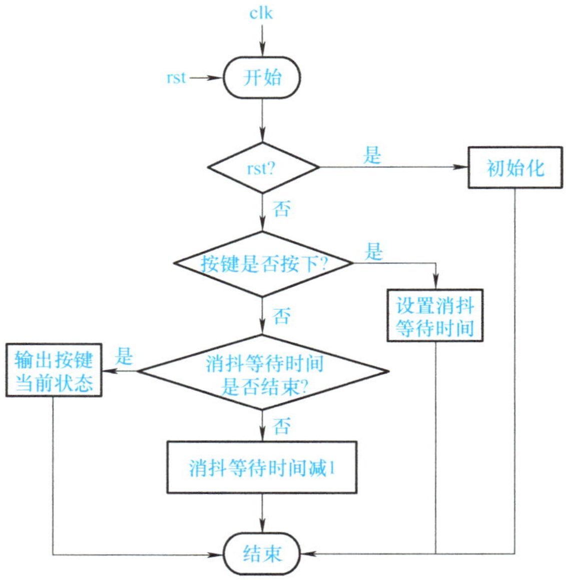

图 6-5 按键模块程序设计流程

按键模块的参考代码如下：

```
module key_debounce(
    input   wire    clk,
    input   wire    rst,
    input   wire    key,
    output  reg     flag,
    output  reg     key_value
);
parameter           DELAY = 20'd1000_000;          //按键消抖延时常数
reg         delay_cnt       [19:0];
```

```
reg          key_reg;                          // 存储按键状态

always@(posedge clk or negedge rst)begin
    if(!rst)begin
            delay_cnt <= 20'd0;
            key_reg <= 1'b1;                   // 初始值为高电平
    end
    else begin
            key_reg <= key;                    // 读取按键值
            if(key_reg ==1 && key == 0)begin  // 按键前一状态为高电平且当前状态为
                                               // 低电平
                    delay_cnt <= DELAY;        // 延时 20ms
            end
            else begin
                    if(delay_cnt > 20'd0)begin
                            delay_cnt <= delay_cnt - 20'd1;
                    end
                    else begin
                            delay_cnt <= 20'd0;              end
            end
    end
end
always@(posedge clk or negedge rst)begin
    if(!rst)begin
            flag <= 1'b0;
            key_value <= 1'b1;
    end
    else if(delay_cnt == 1'd1)begin
            flag <= 1'b1;
            key_value <= key;                  // 延时时间到，将 key 值取出来
    end
    else begin
            flag <= 1'b0;
            key_value <= key_value;
    end
end
endmodule
```

2. 计时模块设计

技术要求：完成数字钟的小时、分钟、秒计时，计时到“23-59-59”后清零。

利用分频器原理对频率为 50MHz 的外部时钟进行分频，得到一个 1Hz 的信号，作为数字钟的计时单位。在程序设计中，首先定义一个位宽为 26bit 的计数器，当计数到 49999999，即 1s 时间到，得到数字钟的秒计时单位。当秒计数到 59 时，进行秒清零，开始新一轮计数，同时分钟计数加 1；当分钟计数到 59 时，进行分钟清零，开始新一轮计数，同时小时计数加 1，最后计数到 23 时 59 分 59 秒时，秒、分、时计数全部清零，回

到初始状态 00 时 00 分 00 秒。计时模块符号如图 6-6 所示。

输入端中的 jm、jf、js 分别为秒、分、时的按键校时输入信号。在程序设计中，秒计时信号 second、分钟计时信号 minute 和小时计时信号 hour 除了进行前面描述的正常计时之外，还受到 jm、jf、js 的控制，jm、jf、js 每输入一个有效信号，second、minute 和 hour 都会加 1，从而实现按键校时功能。

程序设计流程分四部分，分别是产生秒信号流程、00 ～ 59s 计时流程、00 ～ 59min 计时流程、00 ～ 23h 计时流程，如图 6-7 ～图 6-10 所示。

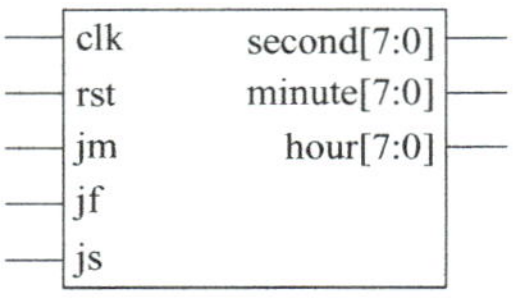

图 6-6　计时模块符号

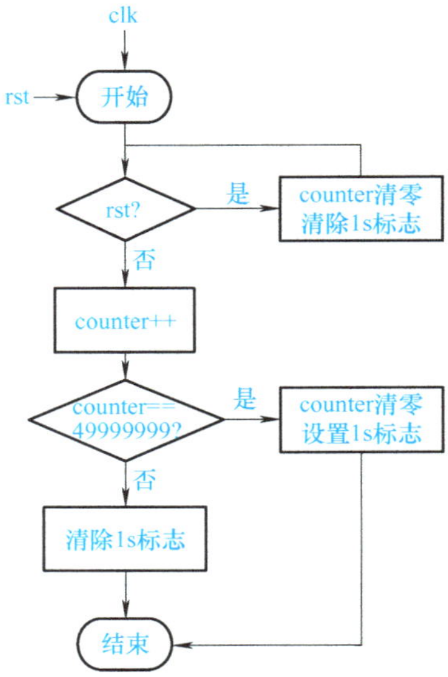

图 6-7　产生秒信号流程

产生秒信号参考代码如下：

```
module clockTime24(clk,rst,jm,jf,js,second,minute,hour);
input clk;
input rst;
input jm,jf,js;   //jm、jf、js 分别为秒、分、时的按键校时输入信号
output reg second[7:0];
output reg minute[7:0];
output reg hour[7:0];

reg secondEn;
reg  MinuteEn;
reg  HourEn;
reg  DateEn;
reg[25:0] counter;

parameter T1S = 26'd49999999;

always @(posedge clk or negedge rst)        //产生秒信号
```

```
begin
  if(!rst)
  begin
   counter<=26'd0;secondEn<=1'b0;
  end
  else
  begin
    counter<=counter+1'b1;
    if(counter==T1S)
    begin
      counter<=0;
      secondEn<=1'b1;
    end
    else
      secondEn<=1'b0;
  end
end
```

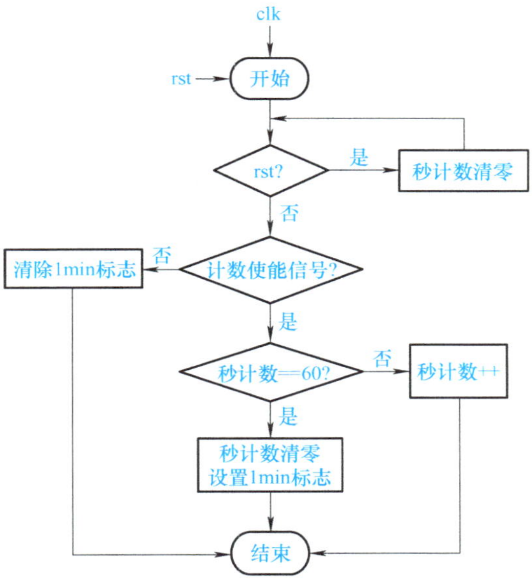

图 6-8　00 ～ 59s 计时流程

秒计时参考代码如下：

```
always @(posedge clk or negedge rst)          //60s 计时
  begin
    if(!rst)second=8'd0;
       else
         begin
         if(secondEn || jm)                     //秒计数使能
          begin
          if(second=='h59)second=8'd0;
```

```
            else  second=second+1'b1;
            if(second[3:0]==4'ha)
              begin
              second[3:0]=4'd0;
              second[7:4]=second[7:4]+1'b1;
              end
             if(second=='h00)MinuteEn=1'b1;
            end
           else MinuteEn=1'b0;
          end
      end
```

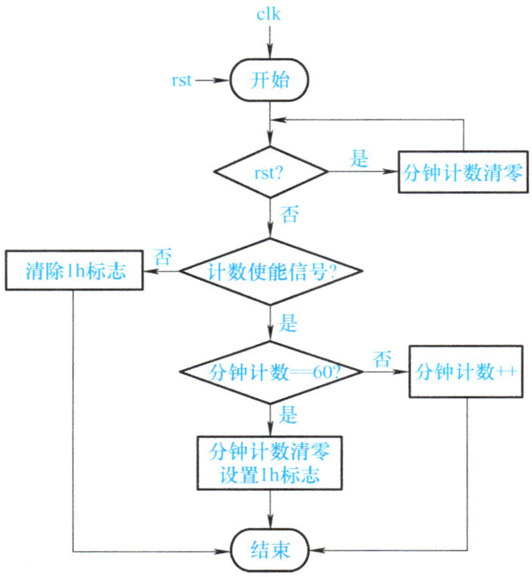

图 6-9　00 ～ 59min 计时流程

分钟计时参考代码如下：

```
always @(posedge clk or negedge rst)        //60min 计时
  begin
    if(!rst)minute=8'd0;
       else
         begin
         if(MinuteEn || jf)                 //分钟计时使能
          begin
          if(minute=='h59)minute=8'd0;
          else  minute=minute+1'b1;
          if(minute[3:0]==4'ha)
            begin
            minute[3:0]=4'd0;
            minute[7:4]=minute[7:4]+1'b1;
```

```
            end
          if(minute=='h00)HourEn=1'b1;
        end
       else HourEn=1'b0;
     end
  end
```

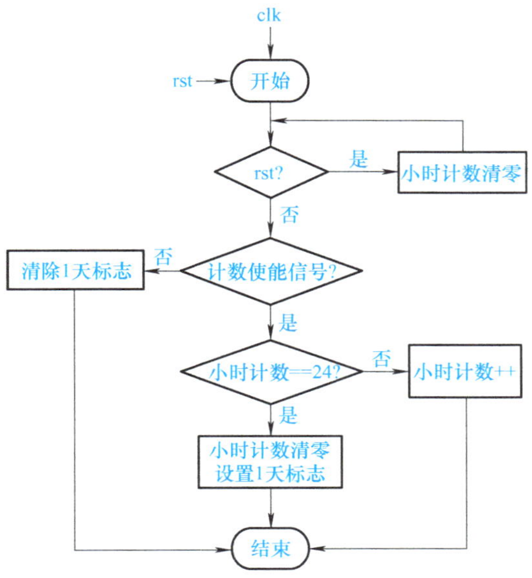

图 6-10　00 ～ 23h 计时流程

小时计时参考代码如下：

```
always @(posedge clk or negedge rst)          //24h 计时
  begin
    if(!rst)hour=8'd0;
       else
         begin
         if(HourEn || js)                          //小时计时使能
          begin
          if(hour=='h23)hour=8'd0;
          else  hour=hour+1'b1;
          if(hour[3:0]==4'ha)
              begin
              hour[3:0]=4'd0;
              hour[7:4]=hour[7:4]+1'b1;
              end
            if(hour=='h00)DateEn=1'b1;
          end
         else DateEn=1'b0;
        end
   end
endmodule
```

3. 数码管显示模块设计

技术要求：该模块的主要功能是将计时得到的时、分、秒的数值用 8 个数码管显示出来，数码管的第一位和第二位显示小时的十位和个位，第三位显示小时和分钟之间的分隔符“–”；第四位和第五位显示分钟的十位和个位，第六位显示分钟和秒之间的分隔符“–”；第七位和第八位显示秒的十位和个位。8 位数码管采用动态扫描显示。

在程序中定义一个 16bit（大于或等于 16bit 都满足计数要求）的计数器 C1，对开发板外部输入的 50MHz 时钟进行计数，用该计数器控制数码管动态显示的扫描周期。首先，选中第一位数码管（相应的位选信号端送低电平），同时将小时的十位数值通过译码器译码显示；当计数器 C1 计数到 49999，即计时 1ms 时，切换到显示小时的个位，即选中第二位数码管（相应的位选信号端送低电平），同时将小时的十位数值通过译码器译码显示；依次类推，轮换点亮所有数码管，直至第八位数码管也完成显示，当数码管全部显示了一遍后，再次轮流显示。8 位数码管全部显示一遍的周期为 8ms，符合数码管动态扫描周期控制在 20ms 之内的要求。数码管显示模块符号如图 6-11 所示。

数码管显示流程如图 6-12 所示。当复位信号的下降沿到来时，则清空段码和位码，当时钟上升沿到来且复位信号无效时，计数器开始计时。当计时达到 1ms 时，将段码值和位码值送入。

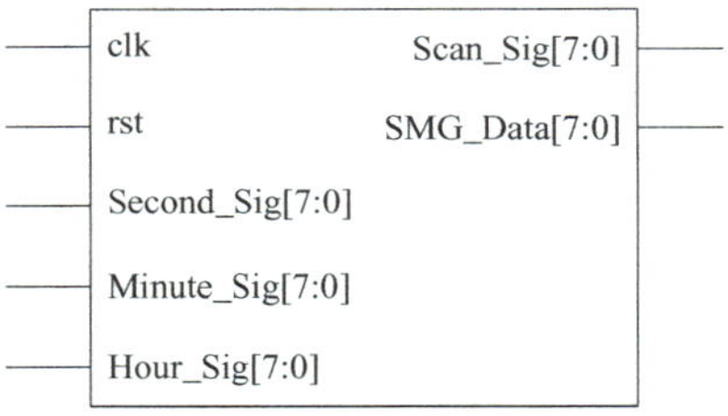

图 6-11　数码管显示模块符号

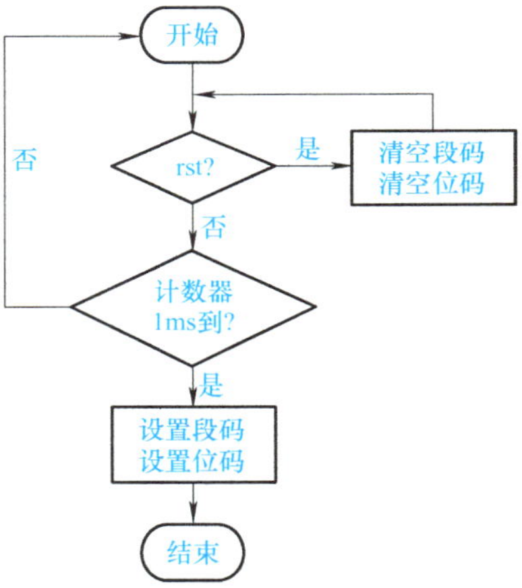

图 6-12　数码管显示流程

数码管显示模块的参考代码如下：

```
module smg_control_module
(input clk,input rst,input Second_Sig[7:0],input Minute_Sig[7:0],input
Hour_Sig[7:0],output Scan_Sig[7:0],output SMG_Data[7:0]);
parameter TIMS = 16'd49999;
reg [15:0]C1;
always @(posedge clk or negedge rst)
  if(!rst)
     C1<=16'd0;
  else if(C1 == TIMS)
     C1 <=16'd0;
```

```
   else
     C1 <= C1 +1'b1;
 reg i[3:0];
 reg rNumber[3:0];
 reg rScan[7:0];
 always @(posedge clk or negedge rst)       //动态扫描显示
   if(!rst)
     begin   i<=4'd0; rNumber <= 4'd0;rScan<= 8'b11111111;end
   else
     case(i)
       0: if(C1 == TIMS)i<=i+1'b1;
          else begin rNumber <= Hour_Sig[7:4]; rScan<= 8'b01111111; end
       1: if(C1 == TIMS)i<=i+1'b1;
          else begin rNumber <= Hour_Sig[3:0]; rScan<= 8'b10111111; end
       2: if(C1 == TIMS)i<=i+1'b1;
          else begin rNumber <= 4'd10;      rScan<= 8'b11011111; end
       3: if(C1 == TIMS)i<=i+1'b1;
          else begin rNumber <= Minute_Sig[7:4]; rScan<= 8'b11101111; end
       4: if(C1 == TIMS)i<=i+1'b1;
          else begin rNumber <= Minute_Sig[3:0]; rScan<= 8'b11110111; end
       5: if(C1 == TIMS)i<=i+1'b1;
          else begin rNumber <= 4'd10;      rScan<= 8'b11111011; end
       6: if(C1 == TIMS)i<=i+1'b1;
          else begin rNumber <= Second_Sig[7:4];rScan<= 8'b11111101; end
       7: if(C1 == TIMS)i<=4'd0;
          else begin rNumber <= Second_Sig[3:0];rScan<= 8'b11111110; end
     endcase

 reg rSMG[7:0];
 always @(posedge clk or negedge rst)
   begin
   if(!rst) rSMG <= 8'b1100_0000;          //display0
   else
     case(rNumber)                         //显示数字译码
       4'd0:rSMG <= 8'b1100_0000;
       4'd1:rSMG <= 8'b1111_1001;
       4'd2:rSMG <= 8'b1010_0100;
       4'd3:rSMG <= 8'b1011_0000;
       4'd4:rSMG <= 8'b1001_1001;
       4'd5:rSMG <= 8'b1001_0010;
       4'd6:rSMG <= 8'b1000_0010;
       4'd7:rSMG <= 8'b1111_1000;
       4'd8:rSMG <= 8'b1000_0000;
       4'd9:rSMG <= 8'b1001_0000;
       4'ha:rSMG <= 8'b1011_1111;          //分隔符'-'
```

```
    default:rSMG <= 8'b1100_0000;
   endcase
 end
assign SMG_Data = rSMG;
assign Scan_Sig = rScan;
endmodule
```

4. 模块整合

在顶层设计中，将计时模块、按键模块和数码管显示模块进行连接，得到整体设计。顶层设计参考程序如下：

```
module
clock24_chapter6(clk,rst,Key_Second,Key_Minute,Key_Hour,Scan_Sig,SMG_Data);
input clk,rst,Key_Second,Key_Minute,Key_Hour;
output Scan_Sig[7:0];
output SMG_Data[7:0];
wire jm,jf,js;
wire second[7:0];
wire minute[7:0];
wire hour[7:0];
keyDetect_module f0(clk,rst,Key_Second,jm);
keyDetect_module f1(clk,rst,Key_Minute,jf);
keyDetect_module f2(clk,rst,Key_Hour,js);
clockTime24 f3(clk,rst,jm,jf,js,second,minute,hour);
smg_control_module f4(clk,rst,second,minute,hour,Scan_Sig,SMG_Data);
endmodule
```

5. 板级验证

板级验证步骤如下：

1）创建项目 clock24_chapter6，如图 6-13 所示。

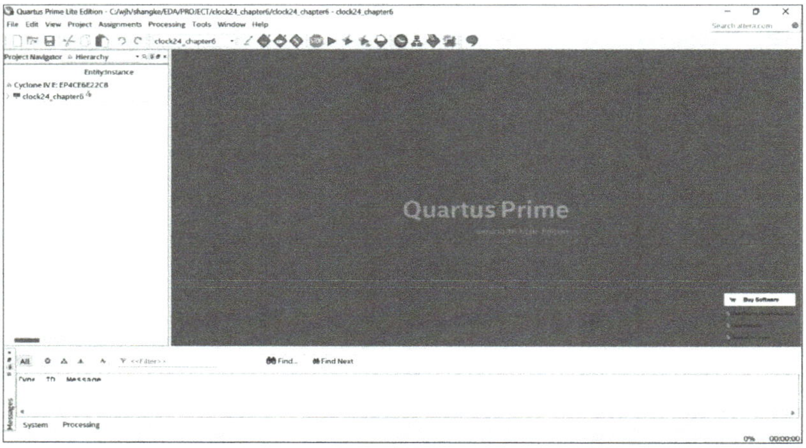

图 6-13　创建项目

2）新建底层文件 smg_control_module.v、keyDetect_module.v、clockTime24.v 和顶层文件 clock24_chapter6.v；数字钟层次设计目录如图 6-14 所示，实现方法可以参考前面技术设计部分中的模块整合。

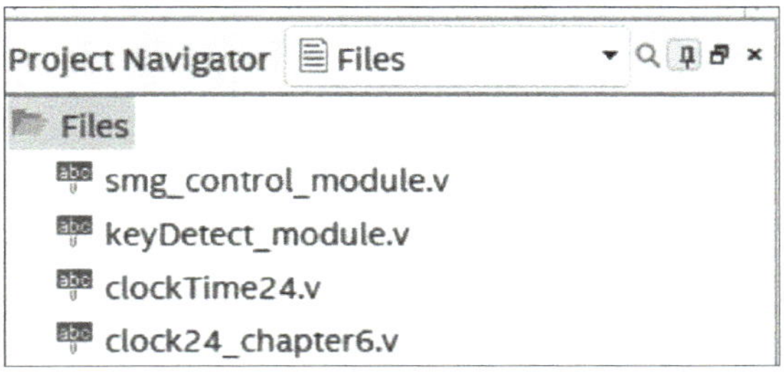

图 6-14　数字钟层次设计目录

3）编译项目，如图 6-15 所示。

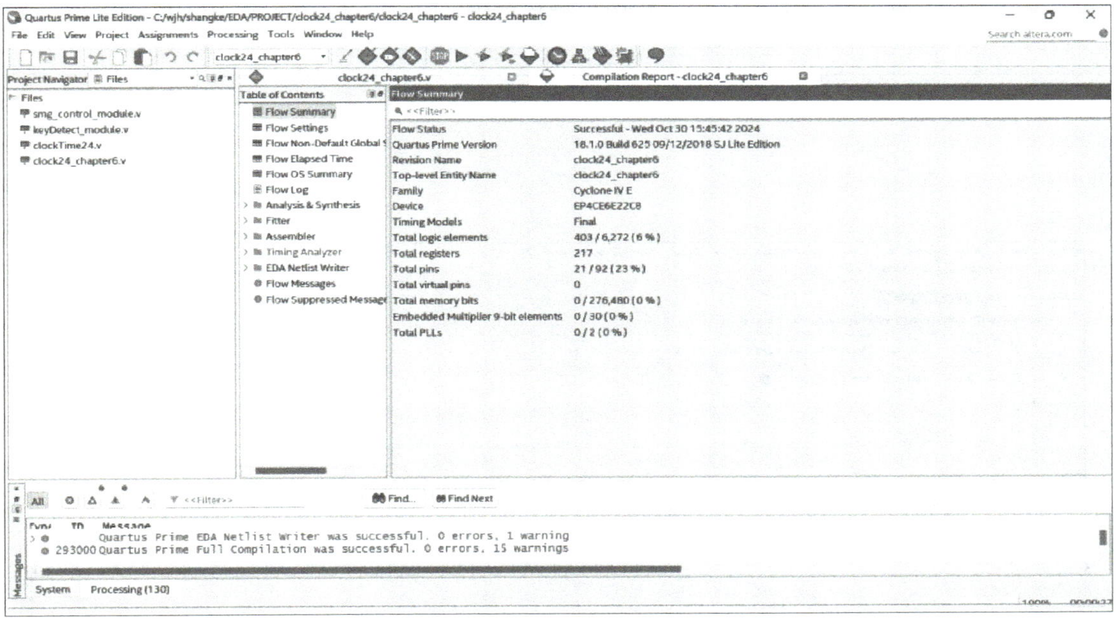

图 6-15　编译项目

4）执行菜单命令“Assignments”→“Pin Planner”，打开引脚约束窗口，根据表 6-1，将所有端口约束到相应的引脚，如图 6-16 所示。

5）引脚约束完成后，关闭窗口并重新编译。执行菜单命令“Tools”→“Programmer”，打开下载窗口，单击“Start”按钮开始下载。当 Progress 变为“100%（successful）”时，说明程序已经下载成功，如图 6-17 所示。

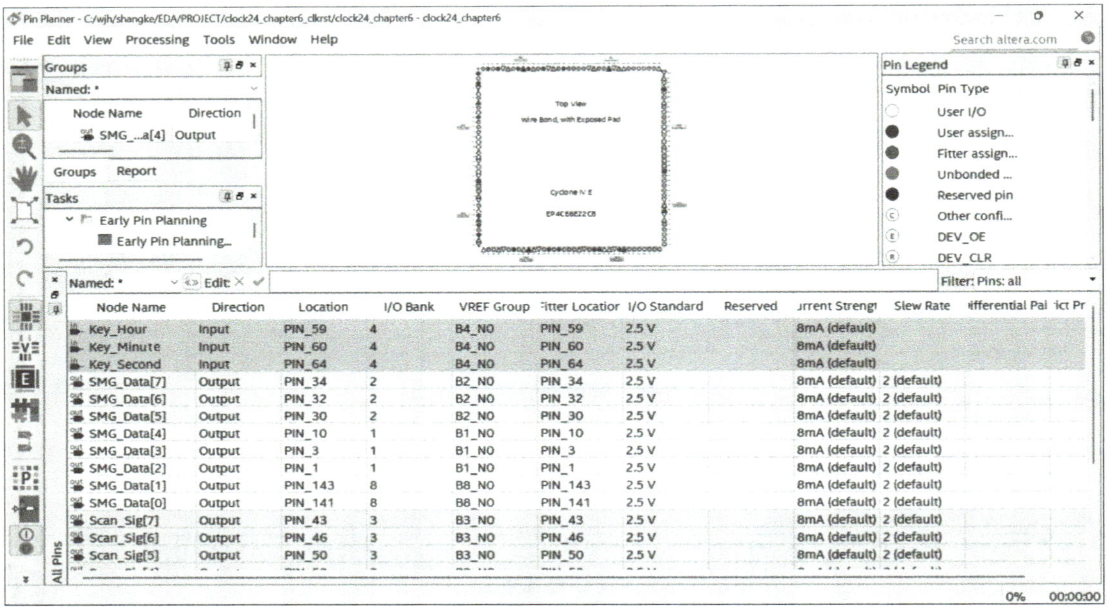

图 6-16　引脚约束

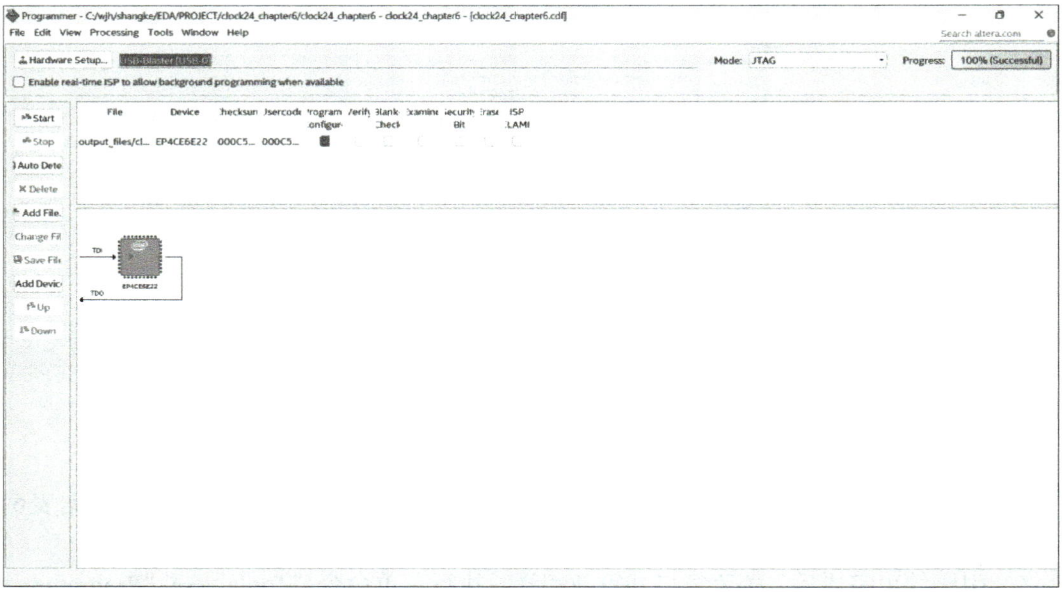

图 6-17　程序下载成功

问题探究

1. 本项目采用软件方法进行按键消抖，是否可以通过硬件方法进行改善？

在按键个数较少时，可用硬件方法消除按键抖动。图 6-18 所示的 RS 触发器消抖电路为常用的硬件消抖。图中两个与非门构成一个 RS 触发器。当按键未按下时，输出为 0；当按键按下时，输出为 1。此时，即使用按键的机械性能使按键因弹性抖动而瞬时断开（抖动跳开 B），只要按键不返回原始状态 A，双稳态电路的状态就不会改变，输出保持为 0，不会产生抖动的波形。也就是说，即使 B 点的电压波形是抖动的，但经双稳态电路后，其输出为正规的矩形波。这一点通过分析 RS 触发器的工作原理即可得到验证。

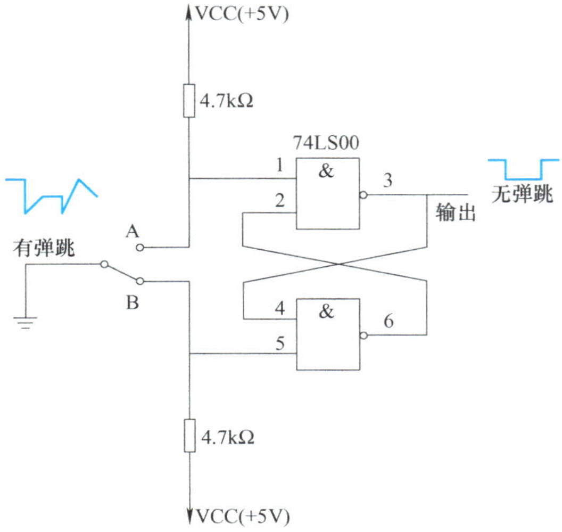

图 6-18　RS 触发器消抖电路

2. 在计时模块中，分别定义了三个 8bit 变量 second、minute 和 hour，用于寄存得到的秒、分和小时的值，每个值都由两位数码进行显示，软件是如何处理的呢？

这里采用了 BCD（Binary-Coded Decimal）码的编码形式。BCD 码是用 4bit 二进制数表示 1bit 十进制数中的 10 个数码（0 ～ 9），是一种二进制的数字编码形式，可用于二进制和十进制之间的快捷转换。以秒为例，用 second[3:0] 代表秒的个位数，当个位上的值 second[3:0]=4'ha，即 second[3:0] 为 10 时，将个位清零并将十位加 1，即执行语句 second[7:4]=second[7:4]+1'b1；。分和小时的处理方式与此相同。

3. 在数码管显示模块中，8 个数码管采用的是动态扫描显示，每个数码管显示多长时间？是否满足动态扫描显示的要求呢？

本项目使用的开发板提供的时钟频率为 50MHz，当计数器计到“49999”时，时间为 1ms，数码管的段码值和位码值更换一组。动态扫描显示就是逐位轮流点亮每个数码管，即每个数码管的位选被轮流选中，利用发光二极管的余晖和人眼视觉的暂留效应，每个数码管点亮的间隔不要超过 20ms，使人感觉好像所有数码管同时在显示。所以每一个数码管点亮 1ms 是满足动态扫描显示要求的。

学习反思

内容	观察点	达成度（按最优为 5、最差为 1，逐项对观察点达成情况进行自我评估，并在相应栏中打√）				
		5	4	3	2	1
知识目标	1. 掌握数字钟的工作原理及电路结构					
	2. 掌握计数器的工作原理					
	3. 掌握按键消抖的原理					
能力目标	1. 能使用计数器对数字钟进行计时					
	2. 能运用条件语句对数字钟的显示模式进行控制					
	3. 能运用判断语句对数字钟的小时、分钟、秒计时模式进行控制					
	4. 能用开发板验证数字钟的工作过程					
素质目标	1. 培养层次化设计的工程思维					
	2. 具备综合运用软、硬件资源的工程素养					
学习态度	如学习的积极性、主动性、持续性、快乐性等					
学习方法	如学习目标、时间的管理及交流、合作学习等					
学习习惯	如专注力、问题意识、独立钻研、善于思考等					
学习目标没有达成的原因分析						
改进措施（针对上述观察点中的弱项，提出具体和可行的改进措施）						

巩固练习

1. 如果数码管动态扫描间隔时间是 5ms，请计算计数器的计时值。

2. 如果数码管是共阳极接法，即位码是高电平点亮，段码是低电平点亮，请写出数码管显示模块程序。

3. 除了项目中提到的按键消抖方法，请再给出至少一种消抖方法。

*挑战进阶

本项目中的数字钟除了正常情况下以秒为单位进行计时外，还设置了计数初始值的功能，但是没有闹钟功能。即可以预先设置一个初始时间，当计时到预设时间时，蜂鸣器响，同时 LED 灯闪烁。试编写程序实现。

项目 7 交通控制器设计

学习目标

1. 了解交通控制器的工作原理。

2. 能正确使用分频器对交通信号灯倒计时跳变速度、交通信号灯状态切换速度进行控制，能灵活运用 Verilog HDL 的状态机设计方法对交通信号灯的显示状态进行控制，能熟练应用开发板验证交通控制器的运行情况。

3. 建立状态机的设计思维，培养综合运用软硬件资源的工程素养。

应用场景

交通控制器指用于控制交通信号灯运行的设备，通常安装在机柜中的电子电路和机械装置中。其中，信号控制单元是交通控制器的核心部分，用来选择交通信号灯显示的顺序，并能够调节配时，同时控制交通信号灯的运行。随着交通管理集成电路的发展，出现了一类更为集成化的交通信号控制器，除了具有传统信号灯的控制功能外，还包括车道控制单元，如可变信息板控制等。

项目描述

本项目使用 FPGA 开发板实现交通信号灯的控制，主干道和支干道示意图如图 7-1 所示，要求控制效果如下：

1）某十字路口，南北通路为人行道（主干道），东西通路为机动车道（支干道），只需考虑南北方向和东西方向的交通信号，不涉及南北通路和东西通路之间的交叉转向信号。

2）主干道通行时，南北通路绿灯亮，东西通路红灯亮，倒计时 55s 后，跳转为黄灯，黄灯倒计时 3s，3s 后切换为支干道通行。

3）支干道通行时，东西通路绿灯亮，南北通路红灯亮，倒计时 55s 后，再次跳转为黄灯，黄灯倒计时 3s，3s 后返回 2，进行循环。

4）当按下禁止通行按钮后，主干道和支干道都亮红灯，且交通信号灯闪烁，松开按钮后恢复通行状态。

5）用两位数码管显示主干道信号灯的倒计时时间。

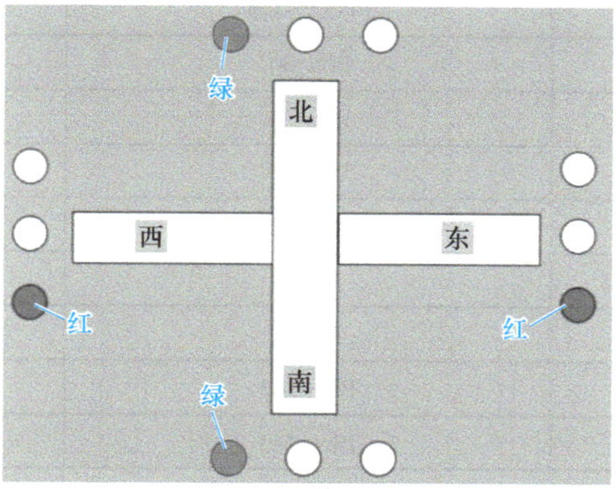

图 7-1　主干道和支干道示意图

项目实施

7.1　本项目使用的软、硬件资源

1）开发平台：Quartus Prime。

2）硬件描述语言：Verilog HDL。

3）FPGA 芯片：采用 Altera Cyclone IV E 系列的 EP4CE6E22C8 芯片。

4）开发板资源：采用 Intel EP4CE6 开发板。

5）交通信号灯模块：本项目使用两组交通信号灯模块，如图 7-2 所示，分别用于主干道和支干道的交通信号灯，该模块通过 FPGA 开发板的扩展接口与核心板连接。

图 7-2　交通信号灯模块

FPGA 核心板与外设、交通信号灯模块之间的引脚匹配见表 7-1。

表 7-1　FPGA 核心板与外设、交通信号灯模块之间的引脚匹配

硬件模块	FPGA 引脚	说明
clk	PIN_23	系统时钟
LED_GA	PIN_44	系统复位按键
LED_GB	PIN_121	低电平点亮
LED_RA	PIN_51	低电平点亮
LED_RB	PIN_127	低电平点亮
LED_YA	PIN_49	低电平点亮
LED_YB	PIN_125	低电平点亮
rst	PIN_88	低电平点亮

（续）

硬件模块	FPGA 引脚	说明
SMG_Data[7]	PIN_34	低电平点亮
SMG_Data[6]	PIN_32	低电平点亮
SMG_Data[5]	PIN_30	低电平点亮
SMG_Data[4]	PIN_10	低电平点亮
SMG_Data[3]	PIN_3	低电平点亮
SMG_Data[2]	PIN_1	低电平点亮
SMG_Data[1]	PIN_143	低电平点亮
SMG_Data[0]	PIN_141	低电平点亮
Scan_Sig[1]	PIN_132	低电平点亮
Scan_Sig[0]	PIN_128	低电平点亮
clk_1Hz	PIN_66	频率为 1Hz
jin	PIN_59	按键输入

7.2 技术分析

根据项目描述，主干道和支干道交通信号灯按照一定的时序点亮和熄灭。定义了 4 个状态，分别为 S0、S1、S2、S3，状态转换如图 7-3 所示。

S0 表示主干道绿灯亮，支干道红灯亮。

S1 表示主干道黄灯亮，支干道黄灯亮。

S2 表示主干道红灯亮，支干道绿灯亮。

S3 表示主干道黄灯亮，支干道黄灯亮。

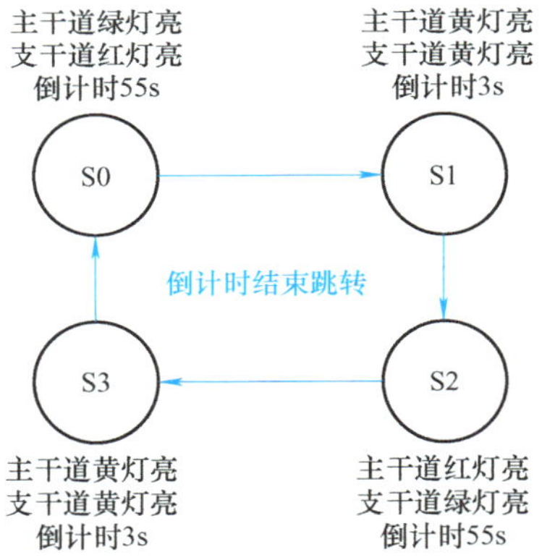

图 7-3　交通控制的状态转换

本项目的关键技术是状态机的设计，主要包括状态转换的时间控制、状态转换的条件确定和状态转换的输出控制三部分。

1）状态转换的时间控制。不同交通信号灯切换的节奏需要用时钟来控制，如果设计的切换时间为 1s，已知开发板外部输入的时钟是 50MHz，则需要设计一个分频系数为 25000000 的分频器来控制状态转换的节奏。

2）状态转换的条件确定。当主干道绿灯亮、支干道红灯亮，即处于 S0 状态时，倒计时 55s 可切换到 S1 状态，即黄灯亮。倒计时 3s 可切换到 S2 状态，即主干道红灯亮、支干道绿灯亮，倒计时 55s 可切换到 S3 状态，即黄灯亮，倒计时 3s 可切换到 S0 状态。不同状态有不同的状态切换条件，需要设计一个计数器标志位和倒计时机制来提供状态转换条件。

3）状态转换的输出控制。由于外接的 LED 交通信号灯模块有三种颜色，分别是红、绿、黄，低电平控制点亮。为了实现对 LED 灯显示模式的控制，需要在 FPGA 开发板和 LED 灯连接的 IO 口赋高低电平，并根据节奏改变输出状态。

7.3　设计框架

本项目要求设计的交通控制器顶层模块符号如图 7-4 所示，有三个输入端和九个输出端。其中，输入端 clk 为时钟信号，频率是 50MHz；rst 为复位信号，低电平有效；jin 为按键输入信号，按下为低电平，松开为高电平；Scan_Sig[1:0] 是扫描位选信号，SMG_Data[7:0] 是七段数码管显示信号，LED_RA，LED_RB，LED_GA，LED_GB，LED_YA，LED_YB 控制红灯、绿灯和黄灯的亮灭状态。

交通控制器的硬件设计框架如图 7-5 所示，主要包括以下两个部分：

1）红绿黄灯状态机（honglvled）：用于控制红、绿、黄灯的状态转换。

2）七段数码管显示驱动模块（x7seg）：用于完成阿拉伯数字的倒计时显示。

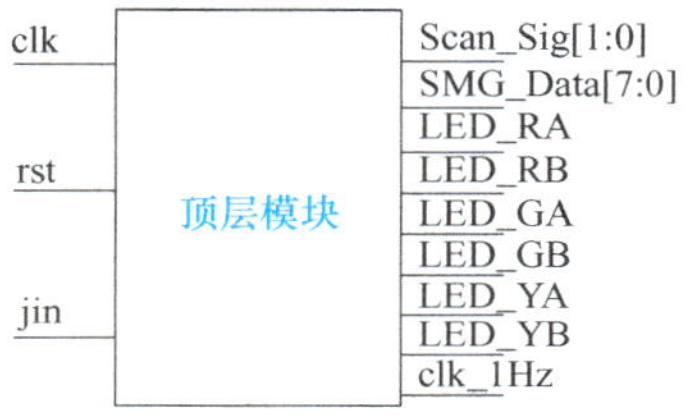

图 7-4　交通控制器顶层模块符号

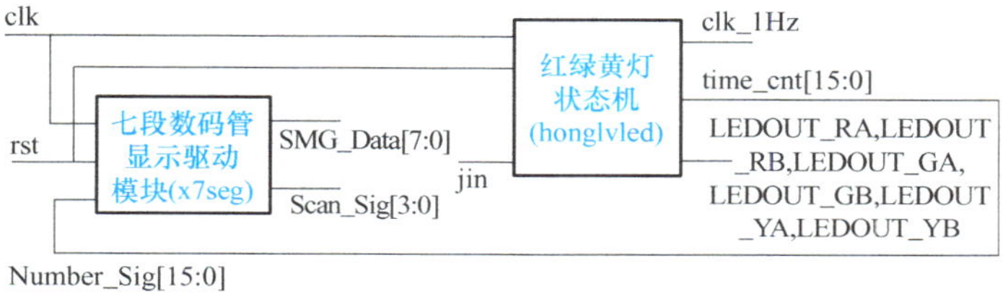

图 7-5　交通控制器的硬件设计框架

7.4　技术设计

1. 红绿黄灯状态机

状态机是 FPGA 设计中一种非常重要的设计思想，堪称 FPGA 的灵魂，贯穿 FPGA 设计的始终。状态机又称为有限状态机，简称 FSM，是指状态节点数和输入、输出范围均受限的状态机，由于有限状态机可以形成闭环系统，所以可以用有限个状态来处理无限事件，从而达到化有限为无穷的效果。

有限状态机主要分为两类，如图 7-6 所示。

1）Moore 状态机：输出只和状态有关，即只取决于当前状态，与输入无关。

2）Mealy 状态机：输出不仅和状态有关，即不仅取决于当前状态，还和输入有关。

实现相同的功能时，Mealy 状态机比 Moore 状态机节省一个状态，Mealy 状态机比 Moore 状态机超前一个时钟周期。

状态机由状态寄存器和组合逻辑电路构成，能够根据控制信号按预先设定的状态进行转移，是协调相关动作、完成特定操作的控制中心。状态编码又称为状态分配，是状态机设计中的一个重要环节。通常有多种编码方法，如果编码方法选择得当，设计的电路可以很简单；反之，电路则会占用过多的逻辑或降低速度。因此，在设计时，必须综合考虑电路复杂度和电路性能这两个关键因素。

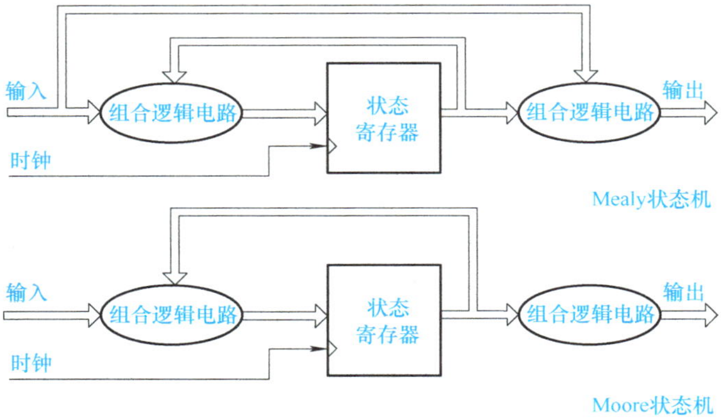

图 7-6 Moore 状态机和 Mealy 状态机

技术要求：在本设计中，红绿黄灯状态机能够控制两个方向（主干道和支干道）的红灯、绿灯和黄灯。每个方向的灯状态必须符合交通规则，确保交通的安全和有序。主干道和支干道的通行时间应有固定的倒计时，其中，黄灯作为过渡信号，倒计时时间为 3s，主干道红灯和绿灯的倒计时时间为 55s，支干道红灯和绿灯的倒计时时间同样为 55s。此外，还提供了按键输入信号 jin，用于控制是否允许通行。当 jin 为低电平时，所有方向的交通灯均显示为红色，禁止通行。当 jin 为高电平时，系统正常运行。

根据技术要求，clk 为系统时钟信号，频率为 50MHz；rst 为复位信号，低电平有效；jin 为通行控制信号，高电平表示允许通行，低电平表示禁止通行。输出信号为 LEDOUT_RA，LEDOUT_RB，LEDOUT_GA，LEDOUT_GB，LEDOUT_YA，LEDOUT_YB，分别用于控制主干道和支干道的红灯、绿灯和黄灯。time_cnt 为倒计时计数器，使用计数器 time_cnt 管理每个状态的倒计时，使用标志位 flag_timeon 确保每个状态的计时器只在首次进入时设置一次。clk_1Hz 为 1Hz 时钟信号。符号如图 7-7 所示。

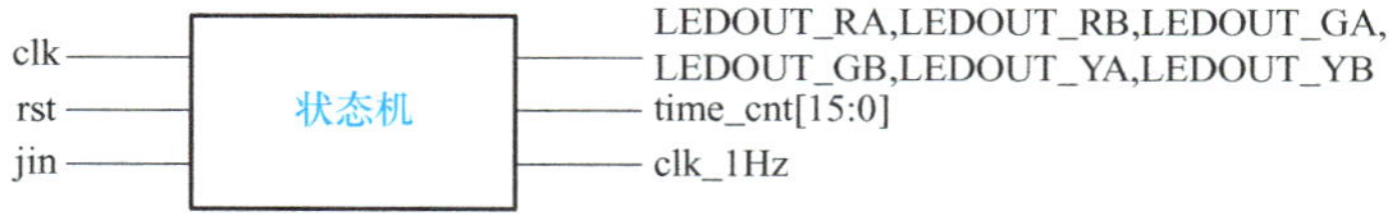

图 7-7 红绿黄灯状态机电路符号

程序包含三部分，分别为状态切换时间控制模块、状态机主体和按键控制模块。

（1）状态切换时间控制模块

状态切换时间控制模块实质上就是分频器模块，用于产生 1s 的切换时间。该模块使用一个 29 位计数器 cnt1 对 50MHz 的时钟信号进行分频，生成 1Hz 的时钟信号 clk_1Hz。当 cnt1 达到 25000000 时，clk_1Hz 翻转一次，然后计数器重置为 0。

（2）状态机主体

根据图 7-1，定义了 4 种状态，状态转换如下：

state0：主干道通行，主干道绿灯亮，支干道红灯亮，持续 55s 后跳转到 state1。

state1：主干道黄灯亮，支干道黄灯亮，持续 3s 后跳转到 state2。

state2：支干道通行，支干道绿灯亮，主干道红灯亮，持续 55s 后跳转到 state3。

state3：主干道黄灯亮，支干道黄灯亮，持续 3s 后跳转到 state0。

程序中给出 4 个状态编码，分别为 00、01、10、11，一般来说，状态机可以采用二进制编码、格雷编码和独热码，本项目采用二进制编码方式。

二进制编码：二进制编码和格雷码都是压缩状态编码。二进制编码的优点是使用的状态向量最少，但从一个状态转换到相邻状态时，可能有多个位发生变化，瞬变次数多，易产生毛刺。二进制编码的表示形式比较通用，这里不再给出。

格雷码：格雷码在相邻状态的转换中，每次只有 1bit 发生变化，虽减少了产生毛刺和一些暂态的可能性，但不适用于有很多状态跳转的情况。表 7-2 给出了十进制数字 0～4 的格雷码。

表 7-2　十进制数字 0～4 的格雷码

十进制数字	格雷码
0	0010
1	0110
2	0111
3	0101
4	0100

在有限状态机中，输出信号一般是通过状态的组合逻辑电路来驱动的，因此有可能由于输入信号的不同时到达而产生毛刺。如果状态机的所有状态是一个顺序序列，则可通过格雷码编码来消除毛刺，但对于时序逻辑状态机中的复杂分支，格雷编码也不能达到消除毛刺的目的。

独热码（One Hot）：独热码是指对于任意给定的状态，状态向量中只有 1bit 被设置为 1，其余位都保持为 0。*n* 状态的状态机需要 *n* 个触发器。这种状态机的速度与状态的数量无关，仅取决于到某特定状态的转移次数。因此，当状态机的状态增加时，如果使用二进制编码，状态机的速度会明显下降；而采用独热码则能保持较快的运行速度，虽然多用了触发器，但由于状态译码简单，节省和简化了组合逻辑电路。此外，独热码还具有设计简单、修改灵活、易于综合和调试等优点。表 7-3 给出了十进制数字 0～4 的独热码。

表 7-3　十进制数字 0～4 的独热码

十进制数字	独热码
0	000 0000 00
1	000 0000 01
2	000 0000 10
3	000 0001 00
4	000 0010 00

对于寄存器数量多而门逻辑相对缺乏的 FPGA 器件，采用独热码可以有效提高电路的速度和可靠性，也有利于提高器件资源的利用率。独热码有很多无效状态，应确保状态机一旦进入无效状态时，可以立即跳转到确定的已知状态。

此外，在每个状态开始时，如果 flag_timeon 为 0，则设置 time_cnt 并启动计数器。

计数器每秒递减 1，当 time_cnt 减至 1 时，状态机将跳转到下一个状态，并重置 flag_timeon。

（3）按键控制模块

当 jin 为 0 时，所有方向的交通信号灯均显示红色，即禁止通行。当 jin 为 1 时，根据状态机的当前状态输出相应的交通信号灯状态。

基于 Verilog HDL 语言的状态机设计方法非常灵活，根据代码描述方法的不同，可分为一段式描述、两段式描述和三段式描述等。不同的描述对应的电路不同，最终的性能也不同。为了保证代码的规范性与可靠性、提高代码可读性，下面介绍三种常用的描述模板。

1）一段式描述。仅有一段 always 结构，包含状态转换、复位和输出。其结构如图 7-8 所示。

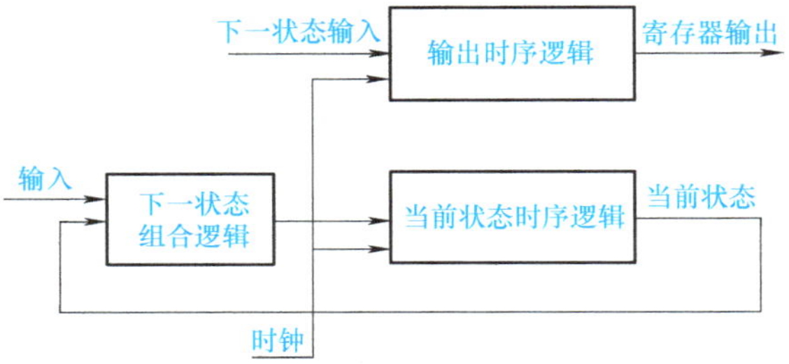

图 7-8 一段式描述结构

2）两段式描述。两段式描述指的是一个时序 always 模块给当前状态向量赋值，一个组合 always 模块给下一状态和输出向量赋值，其结构如图 7-9 所示。

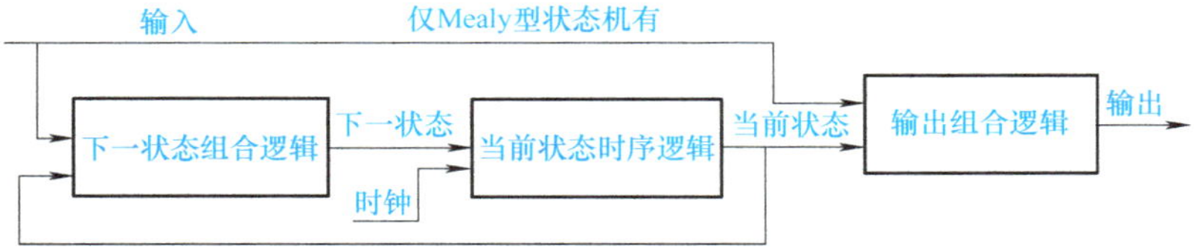

图 7-9 两段式描述结构

状态机的两段式描述方法如下。

第一个进程，这是一个同步时序逻辑模块，它在时钟的上升沿或复位信号有效时更新当前状态。如果复位信号有效，状态机则进入初始状态（IDLE）；否则，状态机会根据组合逻辑模块计算出的下一状态进行更新，即次态寄存器迁移到现态寄存器。

```
always @(posedge clk or negedge rst)        // 异步复位
  if(!rst)  current_state  <= IDLE;
  else current_state <= next_state;         //
```

第二个进程，组合逻辑 always 模块，根据当前状态和输入信号电平计算并设定下一个状态和输出信号。

```
always @(current_state 和输入信号)          // 电平触发
begin
```

```
    next_state<=x;
    case(current_state)
    S1:if(...) next_state<=S2;
     out1<=1'b1;
     ...
   endcase
end
```

3）三段式描述。三段式描述指的是两个时序 always 模块，分别用于产生当前状态向量和输出向量，一个组合 always 模块用于产生下一状态向量，其结构如图 7-10 所示。

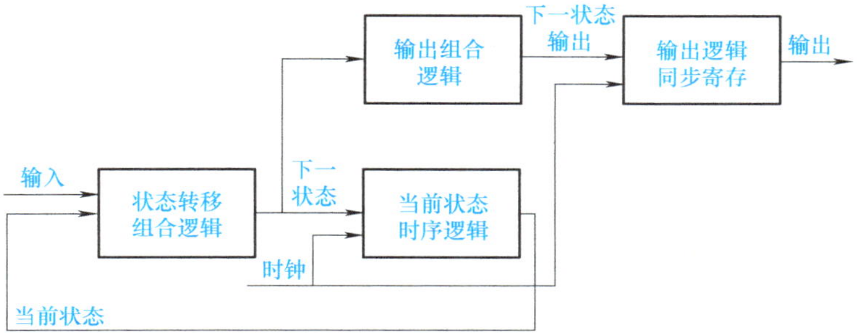

图 7-10　三段式 Moore 型有限状态机结构

状态机的三段式描述方法如下。和二段式类似，第一个进程是同步时序逻辑 always 模块，实现次态寄存器迁移到现态寄存器。

```
always @(posedge clk or negedge rst)        //异步复位
if(!rst)  current_state <= IDLE;
else current_state <= next_state;           //注意，使用的是非阻塞赋值
```

第二个进程是组合逻辑 always 模块，根据当前状态和给定条件即时计算下一个状态，从而实现状态之间的转换逻辑。

```
always @(current_state)     //电平触发
begin
next_state = x;             //要初始化，使得系统复位后能进入正确的状态
case(current_state)
 S1:if(...)
next_state = S2;
    ...
endcase
end
```

第三个进程是同步时序 always 模块，当复位信号有效时，系统会初始化；而在正常操作期间，它根据 next_state 的值决定输出信号的状态：如果 next_state 是 S1，则将输出 out1 设置为高电平；如果是 S2，则将 out2 设置为高电平。default 分支确保了所有可能的状态都被处理，避免了未定义行为，并防止综合工具产生不必要的锁存器。

```
always @(posedge clk or negedge rst)
begin
...//初始化
case(next_state)
   S1:
out1 <= 1'b1;
S2:
   out2 <= 1'b1;
default:...//default 的作用是免除综合工具综合出锁存器
endcase
end
```

三段式并不一定只有三个 always 块，如果状态机更为复杂，always 块也会相应增加。

本红绿黄灯状态机采用三段式程序，以 S0 状态的变换为例，在一个时钟上升沿到来时，如果禁止按键没有被按下，则进入 S0 状态。此时，如果 flag_timeon 为 0，表示这是第一次进入 state0。设置 time_cnt 为 55、flag_timeon 为 1，以表示计数器已启动。然后设置主干道绿灯亮（LED_RA=0，LED_GA=1，LED_YA=0），支干道红灯亮（LED_RB=1，LED_GB=0，LED_YB=0）。接着进行倒计时处理，如果 time_cnt 递减为 1，表示倒计时结束，此时切换到 state1（S1 状态）；否则，表示倒计时未结束，time_cnt 递减 1，继续倒计时。状态机 S0 的工作流程如图 7-11 所示。

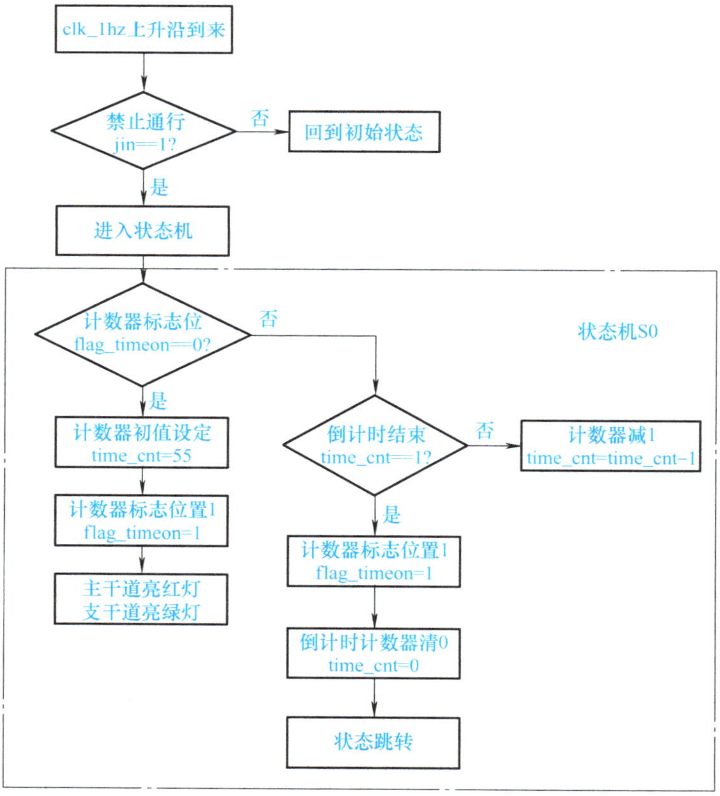

图 7-11　状态机 S0 的工作流程

三段式参考代码如下。第一段用于状态寄存器更新：在时钟上升沿更新当前状态，次态寄存器迁移到现态寄存器。

```
module honglvled(
input clk,rst,
input jin,
output reg
LEDOUT_RA,LEDOUT_RB,LEDOUT_GA,LEDOUT_GB,LEDOUT_YA,LEDOUT_YB,
output reg time_cnt[15:0],
output reg clk_1Hz
);
reg LED_RA,LED_RB,LED_GA,LED_GB,LED_YA,LED_YB;
//------------------------1Hz 分频 ---------------------------
//reg clk_1Hz;                    //分频信号 1Hz
reg cnt1[28:0];                   //
always @(posedge clk)
begin
    if(!rst) begin cnt1<=0;end
        else if(cnt1==('d25_000_000-'d1))
          begin
          clk_1Hz<=~clk_1Hz;        //0.5s 翻转一次
          cnt1<=0;
          end
         else
          begin
          cnt1<=cnt1+1;
          end
          end
//--------------------交通状态转换 -------------------------
reg state[1:0],next_state;
parameter state0=2'b00,state1=2'b01,state2=2'b10,state3=2'b11;    //4 种状态
reg flag_timeon;
always @(posedge clk_1Hz or negedge rst)begin
    if(!rst)
        state <= state0;
    else
        state <= next_state;
end
```

第二段为组合逻辑 always 模块，用于状态转移条件的判断。

```
always @(posedge clk_1Hz or negedge rst)
    begin
    if(!rst)
        next_state <= state0;
    else if(jin == 1)
```

```
    begin
        case(state)
         state0:if(time_cnt == 1)next_state <= state1;else next_state <= state0;
         state1:if(time_cnt == 1)next_state <= state2;else next_state <= state1;
         state2:if(time_cnt == 1)next_state <= state3;else next_state <= state2;
         state3:if(time_cnt == 1)next_state <= state0;else next_state <= state3;
         default:next_state <= state0;
      endcase
    end else
        next_state <= state0;// 如果 jin==0，强制回到初始状态
end
```

第三段用于描述输出逻辑，包含两部分 always，一部分是输出组合逻辑，另一部分是时序逻辑同步寄存。

```
always @(posedge clk_1Hz)begin
  if(jin == 1)begin
        case(state)
            state0:begin
                if(flag_timeon == 0)begin
                    time_cnt <= 'd55;
                    flag_timeon <= 1;
                  LED_RA <= 0;LED_GA <= 1;LED_YA <= 0;        // 主干道绿灯亮
                 LED_RB <= 1;LED_GB <= 0;LED_YB <= 0;         // 支干道红灯亮
                end else if(time_cnt > 1)begin
                    time_cnt <= time_cnt - 1;
                end else begin
                    flag_timeon <= 0;
                end
            end
            state1:begin
                if(flag_timeon == 0)begin
                    time_cnt <= 'd3;
                    flag_timeon <= 1;
                  LED_RA <= 0;LED_GA <= 0;LED_YA <= 1;        // 主干道黄灯亮
                 LED_RB <= 0;LED_GB <= 0;LED_YB <= 1;         // 支干道黄灯亮
                end else if(time_cnt > 1)begin
                    time_cnt <= time_cnt - 1;
                end else begin
                    flag_timeon <= 0;
                end
            end
            state2:begin
                if(flag_timeon == 0)begin
                    time_cnt <= 'd55;
                    flag_timeon <= 1;
```

```
            LED_RA <= 1;LED_GA <= 0;LED_YA <= 0;          // 主干道红灯亮
           LED_RB <= 0;LED_GB <= 1;LED_YB <= 0;           // 支干道绿灯亮
          end else if(time_cnt > 1)begin
            time_cnt <= time_cnt - 1;
          end else begin
            flag_timeon <= 0;
          end
        end
        state3:begin
          if(flag_timeon == 0)begin
            time_cnt <= 'd3;
            flag_timeon <= 1;
            LED_RA <= 0;LED_GA <= 0;LED_YA <= 1;          // 主干道黄灯亮
           LED_RB <= 0;LED_GB <= 0;LED_YB <= 1;           // 支干道黄灯亮
          end else if(time_cnt > 1)begin
            time_cnt <= time_cnt - 1;
          end else begin
            flag_timeon <= 0;
          end
        end
      endcase
    end else begin // 当 jin==0 时，所有灯都变红
      LED_RA <= 1;LED_GA <= 0;LED_YA <= 0;                // 主干道红灯亮
      LED_RB <= 1;LED_GB <= 0;LED_YB <= 0;                // 支干道红灯亮
    end
  end
  always @(*)begin
    LEDOUT_RA <= LED_RA;
    LEDOUT_GA <= LED_GA;
    LEDOUT_YA <= LED_YA;
    LEDOUT_RB <= LED_RB;
    LEDOUT_GB <= LED_GB;
    LEDOUT_YB <= LED_YB;
  end
```

代码编译无误后，在平台上进行仿真，可以看到 LED 输出的变化，对应不同状态的切换，红绿黄灯状态机电路仿真结果如图 7-12 所示。

2. 七段数码管显示

技术要求：实现四位七段数码管的驱动模块。该模块接收一个 16 位的数字信号 Number_Sig[15:0]，并将其显示在两位数码管上。

根据技术要求，可以设置 clk 为 50MHz 的时钟信号，rst 为异步复位信号，低电平有效。Number_Sig[15:0] 为 16 位输入信号，表示要显示的数字。Scan_Sig 为 4 位输出信号，用于选择数码管哪一位显示。SMG_Data 为 8 位输出信号，用于控制数码管的段码。显示驱动的电路符号如图 7-13 所示。

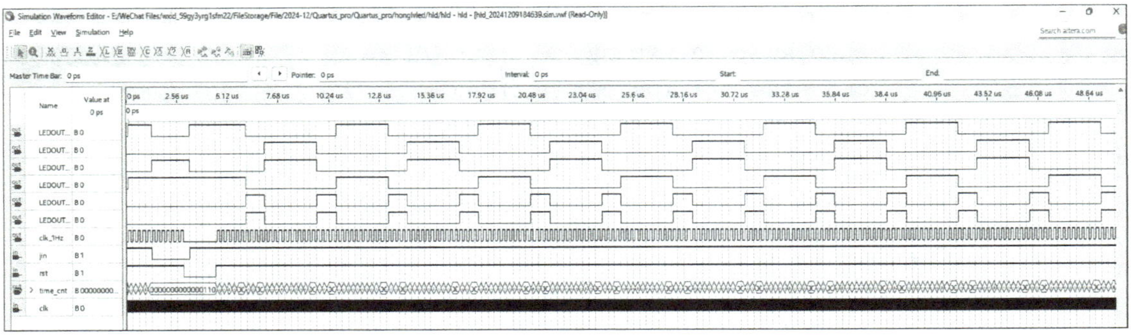

图 7-12　状态机电路仿真结果

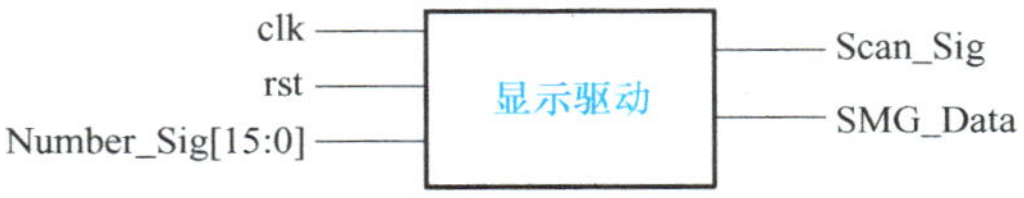

图 7-13　显示驱动的电路符号

首先，将 16 位的 Number_Sig[15:0] 分解为 4 个 4 位数：个位（ge）、十位（shi）、百位（bai）和千位（qian）。再使用一个 16 位计数器 cnt1 对 50MHz 的时钟信号进行分频，其中，TIMS 的值设为 24999，对应 0.5ms 的计时周期。因此，clk_1kHz 每 1ms 翻转一次，从而生成 1kHz 的时钟信号 clk_1kHz，使用一个四位计数器 i 来控制四位数码管的扫描。每次 clk_1kHz 上升沿到来时，更新 i 的值，并根据该值选择相应的数码管位（smg_wei）和要显示的数字（rNumber）。最后，采用 case 语句，根据 rNumber 的值生成对应的七段数码管段码 smg_duan。

参考代码如下：

```
module x7seg(
input       clk,                                    //50MHz
input       rst,
input       Number_Sig [15:0],                      //9999
output      Scan_Sig [3:0],                         //位
output      SMG_Data [7:0]                          //段
);
wire        ge[3:0],shi[3:0],bai[3:0],qian[3:0];    //各位定义
assign      ge=((Number_Sig)% 10);                  //位数转换
assign      shi =((Number_Sig)/ 10 )% 10;
assign      bai =((Number_Sig)/ 100)% 10;
assign      qian =((Number_Sig)/ 1000);
//--------------------1kHz 时钟--------------------------------------
reg cnt1 [15:0];
reg clk_1kHz;
parameter TIMS = 16'd24999;                         //0.5ms 计数值
always @(posedge clk or negedge rst)                //分频
begin
if(!rst)
```

```
cnt1<=15'd0;
else if(cnt1 == TIMS)                              //0.5ms 时间计时
begin
cnt1 <=15'd0;
clk_1kHz<=～clk_1kHz;                              //1ms 翻转一次
end
else
cnt1 <= cnt1 +1'b1;
end
//------------------------- 数码管驱动 ----------------------------------
reg i[3:0];
reg rNumber[3:0];
reg smg_wei[3:0];

always @(posedge clk_1kHz or negedge rst)          //扫描切换显示的数据
begin
    if(!rst)
   begin
     i<=4'd0;
     rNumber <= 4'd0;
     smg_wei <= 4'b1111;
    end
    else
    begin
case(i)
     0:begin i<=i+1'b1;smg_wei<= 4'b1110;rNumber <= ge; end
     1:begin i<=i+1'b1;smg_wei<= 4'b1101;rNumber <= shi; end
     2:begin i<=i+1'b1;smg_wei<= 4'b1011;rNumber <= bai; end
     3:begin i<=4'd0; smg_wei<= 4'b0111;rNumber <= qian;end
endcase
end
end
reg smg_duan [7:0];
always @(posedge clk or negedge rst)               //数码管译码模块
begin
if(!rst)
   begin
smg_duan <= 8'b1100_0000;                          //0
  end
else
case(rNumber)
     4'd0:smg_duan  <= 8'b1100_0000;               //0～9 显示数字译码
     4'd1:smg_duan  <= 8'b1111_1001;
     4'd2:smg_duan  <= 8'b1010_0100;
     4'd3:smg_duan  <= 8'b1011_0000;
```

```
        4'd4:smg_duan  <= 8'b1001_1001;
        4'd5:smg_duan  <= 8'b1001_0010;
        4'd6:smg_duan  <= 8'b1000_0010;
        4'd7:smg_duan  <= 8'b1111_1000;
        4'd8:smg_duan  <= 8'b1000_0000;
        4'd9:smg_duan  <= 8'b1001_0000;
    default:smg_duan <= 8'b11111111;
    endcase
    end
    assign SMG_Data = smg_duan;                         //段码输出
    assign Scan_Sig = smg_wei;                          //位选输出
    endmodule
```

显示驱动模块仿真结果如图 7-14 所示，可以看到段码和位码的变化，符合数码管显示的逻辑要求。

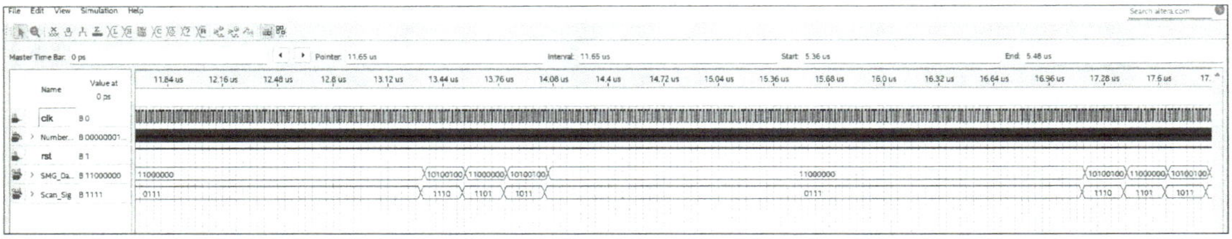

图 7-14　显示驱动模块仿真结果

3. 模块整合

参考图 7-5，将红绿黄灯状态机和显示驱动模块进行连接，可实现交通控制器顶层设计。在端口定义中，clk 为外部输入的 50MHz 的时钟信号，rst 为外部输入的低电平复位信号。顶层设计文件参考代码如下：

```
    module top(
    input       clk,
    input       rst,
    input       jin,
    output      Scan_Sig [1:0],
    output      SMG_Data [7:0],
    output      LED_RA,LED_RB,LED_GA,LED_GB,LED_YA,LED_YB,
    output      clk_1Hz
    );

    wire        time_to_smg [15:0];
    //wire      clk_1Hz;
    reg         seg7_out [7:0];
    wire        seg7_temp [7:0];
    assign SMG_Data = seg7_out;
```

```
always@(*)
begin
    if((jin==0)&&(clk_1Hz))
    begin
         seg7_out<=8'b11111111;
    end
    else
    begin
         seg7_out <= seg7_temp;
    end
end

honglvled X1(
.clk(clk),
.rst(rst),
.jin(jin),
.LEDOUT_RA(LED_RA),
.LEDOUT_RB(LED_RB),
.LEDOUT_GA(LED_GA),
.LEDOUT_GB(LED_GB),
.LEDOUT_YA(LED_YA),
.LEDOUT_YB(LED_YB),
.time_cnt(time_to_smg),
.clk_1Hz(clk_1Hz),
);

x7seg X2(
.clk(clk),
.rst(rst),
.Number_Sig(time_to_smg),
.Scan_Sig(Scan_Sig),
.SMG_Data(seg7_temp),
);

endmodule
```

顶层模块仿真结果如图 7-15 所示。

4. 板级验证

板级验证的流程如下：

1）创建项目并输入设计文件：按照新建项目的向导步骤选定路径，创建秒表电路设计项目 honglvled，如图 7-16 所示；分别创建交通控制电路的数码管模块 x7seg.v、顶层模块 top.v、红绿黄灯状态机 honglvled.v 文件（见图 7-17），输入代码并保存。

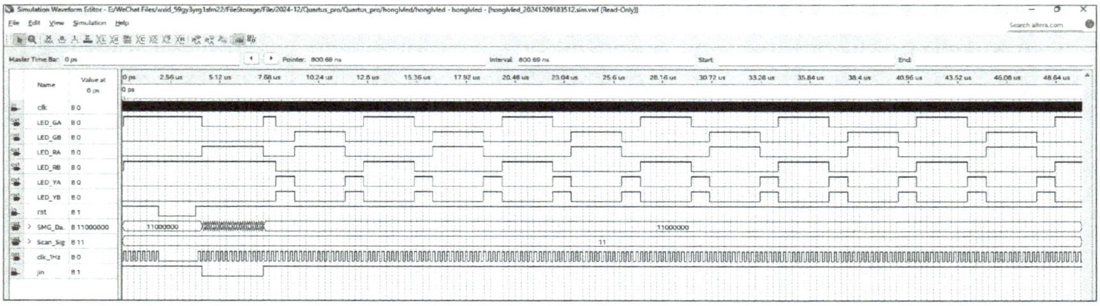

图 7-15 顶层模块仿真结果

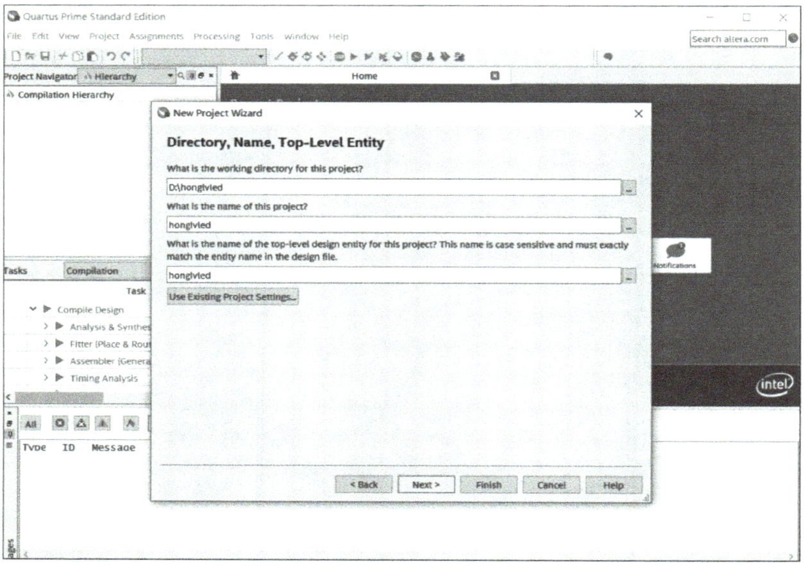

图 7-16 创建项目

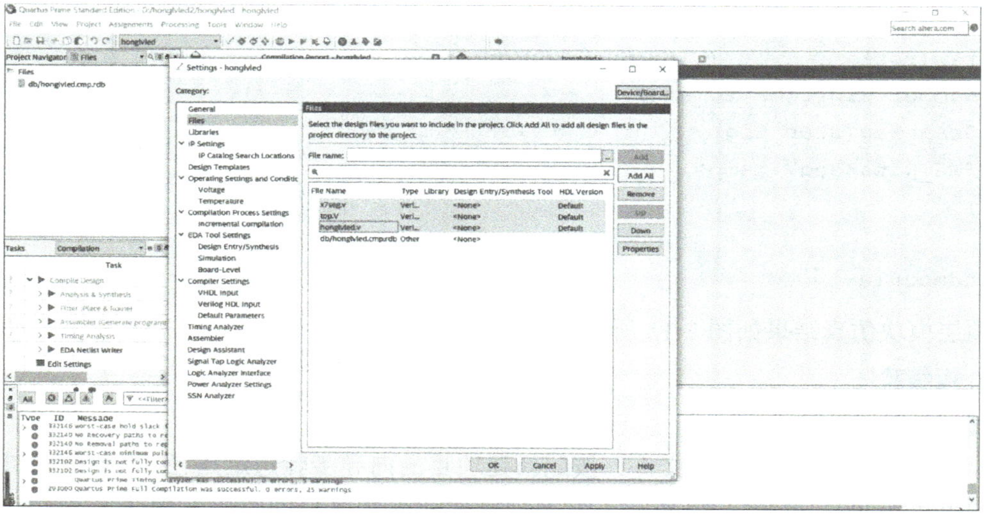

图 7-17 新建文件

2）设计处理：将 top.v 文件设为顶层并进行编译处理，如图 7-18 和图 7-19 所示。

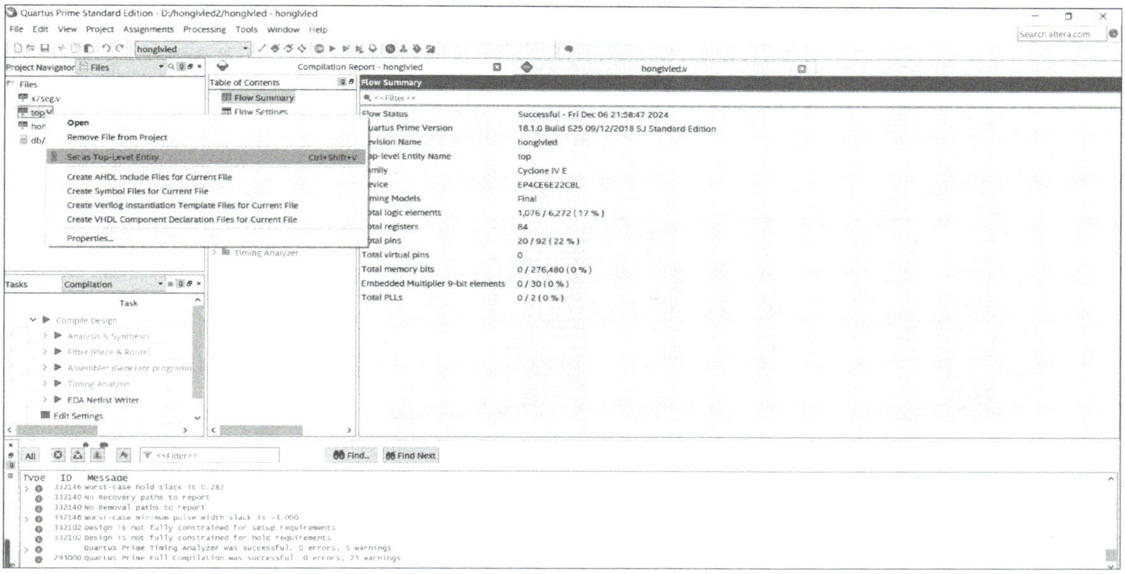

图 7-18　顶层设置

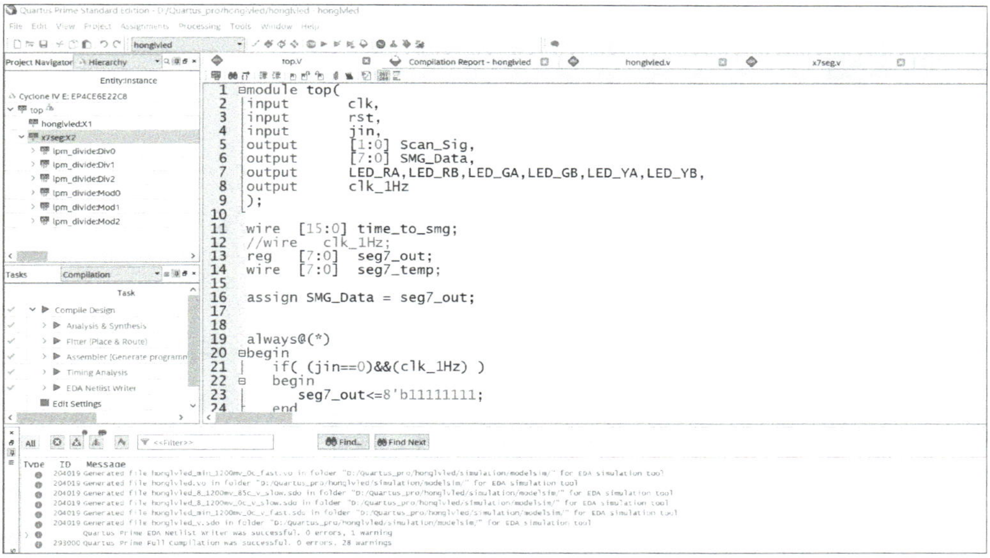

图 7-19　编译项目

3）引脚约束：在 Assignments 菜单中，选择“Pin Planner”命令，打开引脚约束窗口，根据表 7-1 将各个端口约束到相应的引脚，如图 7-20 所示。

引脚约束完成后，关闭窗口，并重新编译。

4）器件编程：将开发板通过 USB-Blaster 连接至计算机，选择 Tools 主菜单中的“Programmer”命令，打开下载窗口，单击“Start”按钮开始下载。当 Progress 变为 100%（successful）时，说明程序已下载成功，如图 7-21 所示。

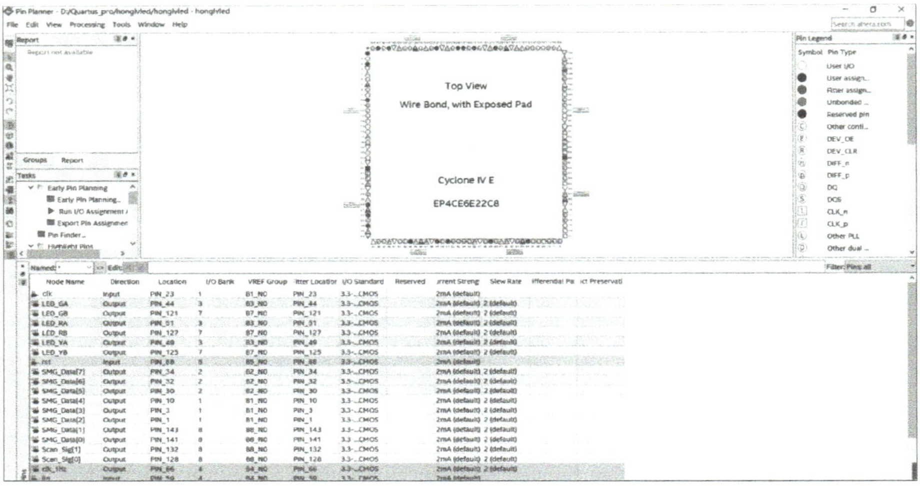

图 7-20　引脚约束

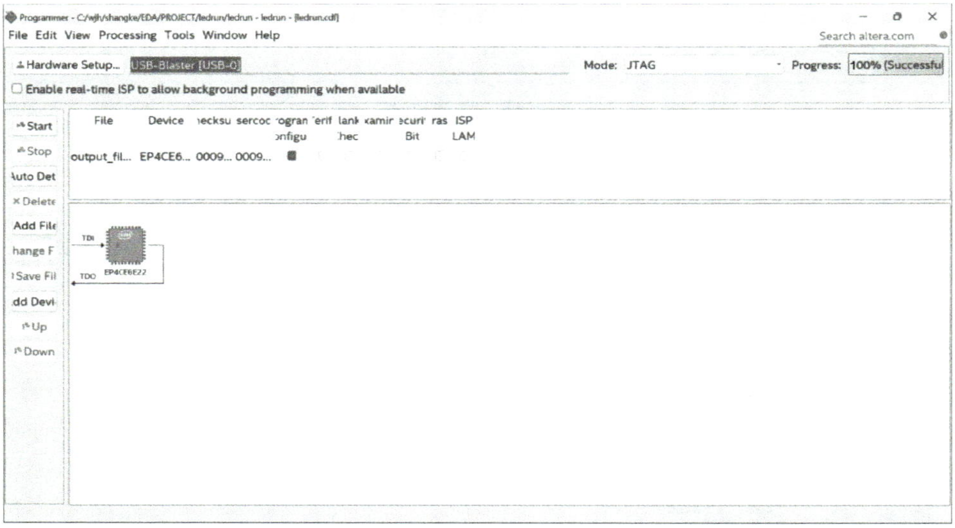

图 7-21　程序下载成功

5）开发板验证：关闭开发板电源，并重新打开，验证预设的功能。

6）调试效果：交通控制器调试效果如图 7-22 所示。

图 7-22　交通控制器调试效果

问题探究

1. 状态倒计时判断中为何要加入 flag_timeon 信号？有什么作用？

在交通信号灯状态转换代码中，flag_timeon 是一个标志位，用于标记当前状态的倒计时计数器是否已经启动。具体来说，flag_timeon 的主要作用是防止在同一个状态中多次设置倒计时计数器 time_cnt，确保每个状态的倒计时计数器只设置一次。具体来说，当进入一个新的状态时，flag_timeon 被设置为 0，表示倒计时计数器尚未启动。如果 flag_timeon 为 0，说明这是第一次进入该状态，此时设置 time_cnt 到预定的初始值，并将 flag_timeon 设置为 1，表示倒计时计数器已经启动。一旦 flag_timeon 被设置为 1，在后续的时钟周期中，即使再次进入该状态，也不会重新设置 time_cnt，从而避免了倒计时计数器的重复初始化。当 time_cnt 减至 1 时，表示当前状态的计时期满，系统将切换到下一个状态，并将 flag_timeon 重置为 0，准备下一次状态的计时。

2. 如果需要修改倒计时的时间，应该修改什么参数？为什么？

通过计数器来实现分频，从而产生 1Hz 的时钟信号，即周期为 1s 的时钟信号。而周期为 1s 的时钟信号，如果占空比为 50%，则表明一个周期中包括 0.5s 的高电平和 0.5s 的低电平。由于外部输入的时钟是 50MHz，即 $\frac{1}{50}\mu s$，因此计数 25000000 个脉冲正好是 0.5s。当计数值 time-cnt 从 0 计数到（25000000−1）即 24999999 时，即实现了 0.5s 的计时，然后将输出信号 clk_1Hz 取反，即 clk_1Hz 输出 0.5s 的高电平或低电平。每个状态的倒计时通过 16 位计数器 time_cnt 进行管理，而标志位 flag_timeon 确保每个状态的倒计时计数器只在状态首次进入时设置一次。每次 clk_1Hz 的上升沿到来时，time_cnt 递减 1，当 time_cnt 减至 1 时，表示倒计时结束，系统切换到下一个状态。如果参数为 55，则 55 减到 1 一共经历了 55s，所以倒计时时间是 55s。因此，想要修改倒计时时间，只需修改赋值给 time_cnt 的初始值即可。

3. 上述程序状态机部分可以更改成三个状态吗？程序应怎样修改？

在状态机程序中，有两个黄灯亮的状态，它们的次态转换条件一致。根据更新后的状态图（见图 7-23）可知，在 S1 状态，需要根据前一个状态来判断下一个状态。如果前一个状态是 S0，则下一个状态转换为 S2；如果前一个状态是 S2，则下一个状态转换为 S0。

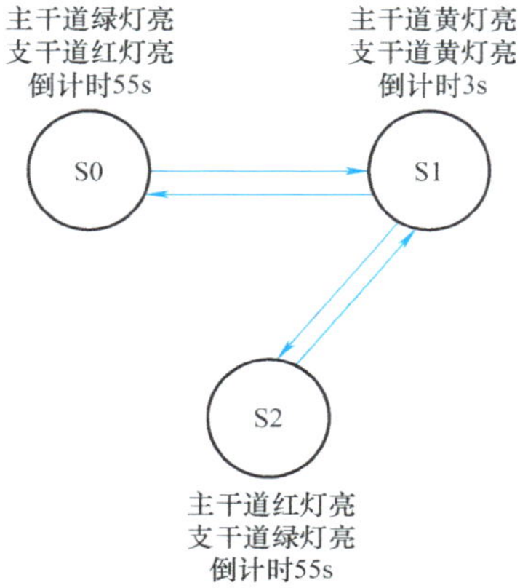

图 7-23　状态转换

程序修改如下：

```
always @(posedge clk_1Hz or negedge rst)
begin
    if(!rst)
    begin
        state <= state0;
        time_cnt <= 0;
        flag_timeon <= 0;
    end
    else
    begin
        state <= next_state;
        if(jin == 1)                                    // 如果可以通行
        begin
            case(state)
                state0:begin
                    if(flag_timeon == 0)
                    begin
                      time_cnt <= 55;                   // 设置倒计时 55s
                      flag_timeon <= 1;                 // 标志位置 1
    LEDOUT_RA <= 0;LEDOUT_GA <= 1;LEDOUT_YA <= 0; // 主干道绿灯亮
    LEDOUT_RB <= 1;LEDOUT_GB <= 0;LEDOUT_YB <= 0; // 支干道红灯亮
                    end
                    else
                    begin
                        if(time_cnt == 1)               // 倒计时时间到
                        begin
                            next_state <= state1;       // 倒计时结束，跳转状态 1
                            flag_timeon <= 0;           // 标志位清 0
                        end
                        else
                         time_cnt <= time_cnt - 1;      // 倒计时-1
                    end
                end
                state1:begin
                    if(flag_timeon == 0)
                    begin
                        time_cnt <= 3;                  // 设置倒计时 3s
                        flag_timeon <= 1;               // 标志位置 1
     LEDOUT_RA <= 0;LEDOUT_GA <= 0;LEDOUT_YA <= 1;// 主干道黄灯亮
     LEDOUT_RB <= 0;LEDOUT_GB <= 0;LEDOUT_YB <= 1;// 支干道黄灯亮
                    end
                    else
                    begin
                        if(time_cnt == 1)               // 倒计时时间到
```

```
                        begin
                if(next_state == state1) //判断是从state0还是state2过来的
                            begin
                        next_state <= state2;//从state0过来，跳转到state2
                            end
                            else
                            begin
                        next_state <= state0; //从state2过来，跳转到state0
                            end
                            flag_timeon <= 0;     //标志位清0
                        end
                        else
                            time_cnt <= time_cnt - 1; //倒计时-1
                    end
                end
                state2:begin
                    if(flag_timeon == 0)
                    begin
                      time_cnt <= 55;                   //设置倒计时55s
                      flag_timeon <= 1;                 //标志位置1
    LEDOUT_RA <= 1;LEDOUT_GA <= 0;LEDOUT_YA <= 0; //主干道红灯亮
    LEDOUT_RB <= 0;LEDOUT_GB <= 1;LEDOUT_YB <= 0; //支干道绿灯亮
                    end
                    else
                    begin
                        if(time_cnt == 1)               //倒计时时间到
                        begin
                            next_state <= state1;       //倒计时结束，跳转状态1
                            flag_timeon <= 0;           //标志位清0
                        end
                        else
                            time_cnt <= time_cnt - 1; //倒计时-1
                    end
                end
            endcase
        end
        else
        begin
    LEDOUT_RA <= 1;LEDOUT_GA <= 0;LEDOUT_YA <= 0; //主干道红灯亮
    LEDOUT_RB <= 1;LEDOUT_GB <= 0;LEDOUT_YB <= 0; //支干道红灯亮
        end
    end
end
```

学习反思

内容	观察点	达成度（按最优为 5、最差为 1，逐项对观察点达成情况进行自我评估，并在相应栏中打√）				
		5	4	3	2	1
知识目标	1. 掌握交通控制器的工作原理					
	2. 掌握交通控制器的电路结构					
	3. 掌握状态机的基本原理					
能力目标	1. 能用计数器、分频器对交通控制器的显示速度进行控制					
	2. 能用状态机设计方法对交通控制器的显示模式进行控制					
	3. 能用开发板验证交通控制器的工作过程					
素质目标	1. 培养层次化设计的工程思维					
	2. 具备综合运用软、硬件资源的工程素养					
学习态度	如学习的参与度、主动性、耐受力等					
学习方法	如工具使用、资源利用、策略运用等					
学习习惯	如学习的计划、调控、评价、反思等					

学习目标没有达成的原因分析

改进措施 （针对上述观察点中的弱项，提出具体和可行的改进措施）

巩固练习

1. 结合实际交通情况：主干道通行时间长，支干道通行时间短。设置主干道绿灯倒计时为 50s，支干道绿灯倒计时为 30s，其余要求不变。请设计程序实现控制功能。

2. 禁止按钮的功能改为：按一下，道路禁止通行，再按一下，允许通行。请加入按键控制模块的程序设计，须包含按键消抖功能。

3. 增加一个黄灯闪烁状态，黄灯倒计时设置为 6s，最后 2s 设置为黄灯闪烁状态，请设计程序实现控制功能。

*挑战进阶

在现有基础上设计一个智能交通信号灯控制系统，须具备以下功能：

1. 动态时间调整：能够通过传感器（模拟输入）检测到主干道和支干道上的车流量。根据车流量自动调整红、绿灯的工作时长，以减少等待时间，提高通行效率。

2. 紧急车辆优先：支持紧急车辆（如救护车、消防车等）优先通行。

3. 行人过街请求：支持行人过街的请求按钮，当行人按下过街请求按钮后，系统应在当前周期结束后尽快切换到人行道的绿灯时间段。在行人通行时间段内，所有车辆必须停止，以确保行人安全通过。

4. 远程监控与管理：通过串行通信接口接收来自中央控制中心的指令。中央控制中心可以发送命令调整默认设置、查看当前状态或进行手动干预。

5. 节能模式：在夜间或低流量时段，系统自动进入节能模式，降低灯光亮度或缩短亮灯时间，以节省能源。

项目 8 UART 通信系统设计

学习目标

1. 了解 UART 串口通信的基本概念和电路结构。

2. 能正确使用计数器和分频器完成 UART 通信协议中比特率和比特的计数，能正确使用串并转换技术完成数据的发送和接收。

3. 建立 UART 通信系统层次化设计的工程思维，培养综合运用软硬件资源的工程素养。

应用场景

通用异步收发传输器（Universal Asynchronous Receiver/Transmitter，UART）是一种用于异步串行通信的硬件电路，可用于计算机与串行设备的通信。在嵌入式设计中，UART 不仅可以与 PC 通信，还可以与其他器件通信。因其简单、可靠和灵活，UART 已被广泛应用于智能家居、工业自动化、车载电子等众多设备和系统中。

项目描述

本项目使用 FPGA 开发板连接上位机，通过串口调试助手发送数据，完成串口回环测试，具体要求如下。

1）实现数据的串行传输：UART 通信系统的主要任务是实现数据的串行传输。发送端将并行数据转换为串行数据，并通过数据线逐位发送出去；接收端将接收到的串行数据还原为并行数据，以供后续处理。

2）适配异步通信协议：UART 通信系统遵循异步通信协议，这意味着发送端和接收端之间不需要共享时钟信号，而是通过预定义的配置（如比特率、数据位、起始位及停止位等）同步数据传输。起始位用于标识数据包的开始，数据位包含实际要传输的数据，停止位则用于标识数据包的结束。此外，UART 通信系统还可以选择性地添加奇偶校验位来检测数据传输过程中的错误。

3）设置合适的比特率：比特率表示单位时间内传输的二进制数据的位数，通常用

bit/s 表示。UART 通信系统需要设置相同的比特率，以确保发送端和接收端能够正确通信。比特率的设置取决于通信双方的时钟频率及数据线的电气特性。

4）采用标准的数据格式与编码：UART 通信系统通常使用标准的二进制数据格式进行传输。数据位可以是 5 ～ 8 位逻辑“0”或“1”，具体取决于通信双方的协议。发送数据时，UART 会将数据位加上起始位、停止位（以及可选的奇偶校验位）组成完整的数据包。接收端通过检测起始位和停止位来识别数据包，并从中提取实际的数据位。

在以上运行过程中，如果按下复位键，串口通信将失效。

项目实施

8.1 本项目使用的硬件资源

1）FPGA 芯片：采用 Altera Cyclone IV E 系列的 EP4CE6F17C8 芯片。

2）开发板资源：本项目采用 AWC_C4 开发板如图 8-1 所示。

图 8-1　AWC_C4 开发板外观

FPGA 通过 USB 转 UART 模块分别连接 UART 模块的发送端和接收端，引脚分配见表 8-1。

表 8-1　4 个 UART 控制 IO 引脚分配表

硬件模块	FPGA 引脚	说明
clk	E1	系统时钟
rst_n	E15	系统复位按键
tx	G1	串行数据发送
rx	M2	串行数据接收

8.2 技术分析

UART 串口通信系统的外部连接方式如图 8-2 所示。

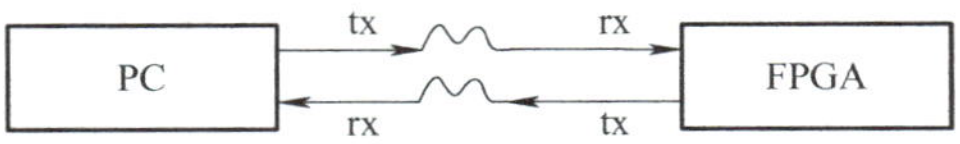

图 8-2　UART 串口通信系统的外部连接方式

图 8-2 给出了上位机 PC 收发模块和 FPGA 收发模块的连接方式，在 FPGA 中，UART 的串口通信系统设计有两个关键技术：

1）设计 FPGA 的 rx 接收模块：能正确识别上位机 PC 发送的串行数据，并转为并行数据发送给 tx 发送模块。

2）设计 FPGA 的 tx 发送模块：在接收到由 rx 接收模块发送来的并行数据后，将其转为串行数据并发送回上位机 PC。

8.3 设计框架

本项目要求设计的 UART 串口通信系统电路符号如图 8-3 所示，有三个输入端和一个输出端。其中，输入信号 clk 为时钟信号，频率为 50MHz；复位信号 rst_n 低电平有效；输入信号 rx 为上位机 PC 发送给 FPGA 端的串行信号；输出信号 tx 为经过处理发送回上位机 PC 的串行信号。

UART 的硬件模块主要包括以下两个部分：

1）接收模块：用于接收上位机发送的串行数据，并通过移位寄存器将其转换为并行数据。

2）发送模块：使用移位寄存器将需要发送的并行数据转换为串行数据，并发送回上位机 PC。

UART 串口通信系统硬件框架如图 8-4 所示。首先，外部输入 50MHz 的时钟信号，上位机 PC 发送数据到 FPGA 中，经过接收模块将串行数据转换为并行数据，再通过发送模块将并行数据转换为串行数据，最后发送回上位机 PC。

图 8-3　UART 串口通信系统电路符号

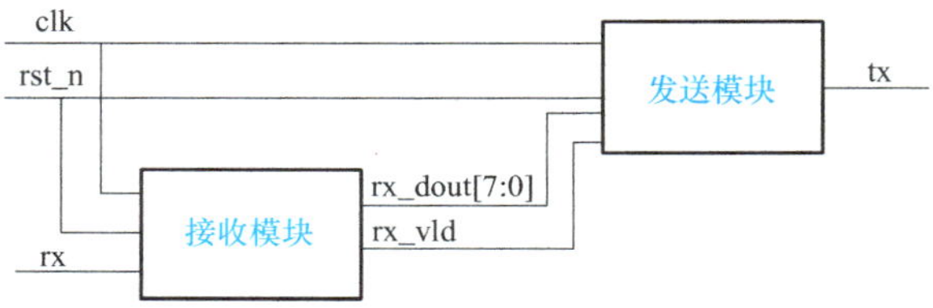

图 8-4　UART 串口通信系统硬件框架

8.4 技术设计

1. 接收模块设计

技术要求：接收模块须支持串行数据输入及并行数据输出，同时实现全局复位功能和数据接收完毕的指示功能。此外，接收模块还应能够按照合适的比特率接收数据。

根据技术要求，设置串行数据输入 rx、系统时钟 clk、全局复位 rst_n。同时，设置并行数据输出 rx_dout[7:0]、数据接收完毕标志信号 rx_vld。为了保证接收端和发送端按照相同的比特率进行通信，本设计使用的比特率为 115200bit/s，系统时钟为 50MHz，每帧数据长度为 8bit。比特率具体参数见表 8-2。

表 8-2　UART 串口通信系统比特率具体参数

baud_set	比特率 / (bit/s)	比特率周期 /ns	比特率分频计数值	50MHz 系统时钟计数值
0	9600	104167	104167/System_clk_period	5208−1
1	19200	52083	52083/System_clk_period	2604−1
2	38400	26041	26041/System_clk_period	1302−1
3	57600	17361	17361/System_clk_period	868−1
4	115200	8680	8680/System_clk_period	434−1

在串口通信的实现过程中，计数器通常用于产生定时信号，从而控制数据的发送和接收。具体来说，通过计数器的定时功能产生与比特率相对应的时钟信号。这个时钟信号用于控制数据的发送和接收速率，确保数据的同步传输。发送数据时，计数器可以确保每个数据位按照约定的比特率进行传输。同样，接收数据时，计数器也可以用于检测数据的接收速率，从而判断数据是否有效。

本模块中使用两个计数器级联，分别为比特率计数器和比特计数器，比特率计数器的作用是当系统时钟计满，即最大值 433 时，发送 1bit 数据，并触发级联的比特计数器计数值加 1。比特计数器的作用是统计当前已发送的比特数，确保完整发送一帧数据（9bit）。当比特计数器计满一次（即计数达到 8）时，表示一帧 9bit 数据发送完成，同时将数据接收完毕标志信号（rx_vld）置 1，以指示数据接收完成。

接收模块程序设计流程如图 8-5 所示。首先，判断起始位是否到来，若起始位为 1，则比特率计数器启动，计数器开始计数。进一步判断计数变量 cnt_baud 是否达到 433，若达到 433，则将 cnt_baud 清零，重置为 cnt_baud+1，同时使用移位寄存器进行串并转换，转换完成后启动比特计数器，并将计数器值 cnt_bit 加 1。再判断 cnt_bit 是否达到 8，如果是，则数据完成一次发送，并将数据接收完毕标志信号空闲位 rx_vld 拉高，同时将 cnt_bit 清零。

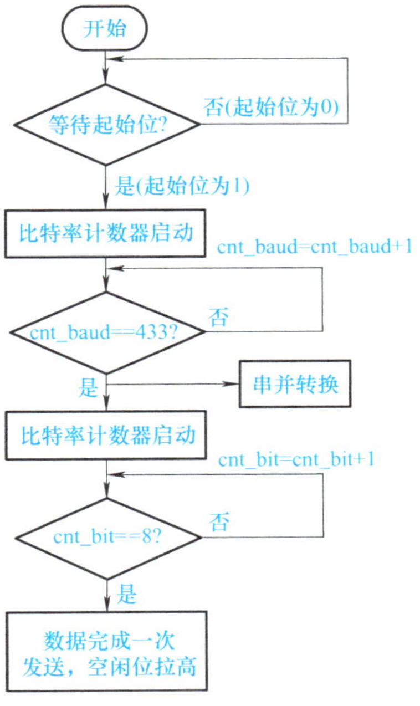

图 8-5　接收模块程序设计流程

参考代码如下：

```
module uart_rx(                   // 接收端模块
    input clk,
    input rst_n,
    input rx,                     // 接收的串行数据
    output rx_dout [7:0],         // 接收的 8bit 数据，并行
    output reg rx_vld             // 接收是否完成的标志
```

```
);
//定义比特率
parameter TIME_BAUD = 9'd434;
//发送 1bit 的数据需要多少个时钟周期 115200 57600 38400 19200 9600
reg rx0;
reg rx1;
wire nedge;
reg add_flag;
reg rx_data [7:0];                       //接收完成的数据
reg rx_data_r [8:0];
//计数器定义
//比特率计数器
reg cnt_baud [8:0];
wire add_cnt_baud;
wire end_cnt_baud;                       //计满一次，意味着发送完 1bit 数据
//比特计数器
reg cnt_bit [3:0];
wire add_cnt_bit;
wire end_cnt_bit;                        //计满一次，完成一次 9bit 数据发送
always @(posedge clk or negedge rst_n)begin
    if(!rst_n)begin                      //空闲状态，都为高电平
        rx0 <= 1'b1;
        rx1 <= 1'b1;
    end
    else begin
        rx0 <= rx;
        rx1 <= rx0;
    end
end
assign nedge = ~rx0 & rx1;              //开始接收数据
//约束 add_flag
always @(posedge clk or negedge rst_n)begin
    if(!rst_n)begin
        add_flag <= 1'b0;
    end
    else if(nedge)begin                  //开始接收数据
        add_flag <= 1'b1;
    end
    else if(end_cnt_bit)begin            //结束接收数据
        add_flag <= 1'b0;
    end
    else
        add_flag <= add_flag;
end
//比特率计数
```

```
always @(posedge clk or negedge rst_n)begin
    if(!rst_n)begin
        cnt_baud <= 9'd0;
    end
    else if(add_cnt_baud)begin
            if(end_cnt_baud)begin
                cnt_baud <= 9'd0;
            end
            else begin
                cnt_baud <= cnt_baud + 1'd1;
            end
    end
    else  begin
        cnt_baud <= cnt_baud;
    end
end
assign add_cnt_baud = add_flag;      //开始发送数据，则比特计数开始
assign end_cnt_baud = add_cnt_baud && cnt_baud ==(TIME_BAUD - 1'd1);
                                     //计满比特率，则发送完 1bit 数据
//比特计数
always @(posedge clk or negedge rst_n)begin
    if(!rst_n)begin
        cnt_bit <= 4'd0;
    end
    else if(add_cnt_bit)begin
            if(end_cnt_bit)begin
                cnt_bit <= 4'd0;
            end
            else begin
                cnt_bit <= cnt_bit + 1'd1;
            end
    end
    else  begin
        cnt_bit <= cnt_bit;
    end
end
assign add_cnt_bit = end_cnt_baud;
assign end_cnt_bit = add_cnt_bit && cnt_bit == 8;  //计满一次，完成一次 9bit
                                                   //数据发送
//接收数据
always @(posedge clk or negedge rst_n)begin
    if(!rst_n)begin
        rx_data_r <= 9'd0;
    end
    else if(add_flag &&(cnt_baud ==(TIME_BAUD >> 1)))begin
```

```
        rx_data_r <= {rx1,rx_data_r[8:1]}; //起始位拼上 8bit 数据
    end
    else
        rx_data_r <= rx_data_r;
end
//对接收到的数据进行处理
always @(posedge clk or negedge rst_n)begin
    if(!rst_n)begin
        rx_data <= 8'd0;
    end
    else if(end_cnt_bit)begin
        rx_data <= rx_data_r[8:1];           //截去起始位
    end
    else
        rx_data <= rx_data;
end
assign rx_dout = rx_data;
//接收空闲标志约束 rx_vld
always @(posedge clk or negedge rst_n)begin
    if(!rst_n)begin
        rx_vld <= 1'b0;
    end
    else if(end_cnt_bit)begin
        rx_vld <= 1'b1;
    end
    else begin
        rx_vld <= 1'b0;
    end
end
endmodule
```

代码编译无误后，在平台上对接收模块进行仿真。仿真代码如下，其中 rst_n 为低电平复位信号，在仿真中设其为高电平。

```
`timescale 1ns/1ns
module uart_rx_tb();
reg clk;
reg rst_n;
reg rx;
wire rx_dout [7:0];
wire rx_vld;

always #10 clk = ~clk;

initial begin
    clk = 1'b0;
```

```
    rst_n = 1'b0;
    #10;
    rst_n = 1'b1;
    //接收数据接收一个字母A的ASCLL码0100 00010
    rx = 1'b0;                    //起始位
    #(8680);
    rx = 1'b1;
    #(8680);
    rx = 1'b0;
    #(8680);
    rx = 1'b0;
    #(8680);
    rx = 1'b0;
    #(8680);
    rx = 1'b0;
    #(8680);
    rx = 1'b0;
    #(8680);
    rx = 1'b1;
    #(8680);
    rx = 1'b0;
    #(8680);
    rx = 1'b1;
    #(8680);
    $stop;
end

uart_rx u_uart_rx(
.clk(clk),
.rst_n(rst_n),
.rx(rx),
.rx_dout(rx_dout),
.rx_vld(rx_vld)
);
endmodule
```

接收模块仿真结果如图 8-6 所示，串行输入信号 rx 为 01000001，和 rx_dout 数据一致。

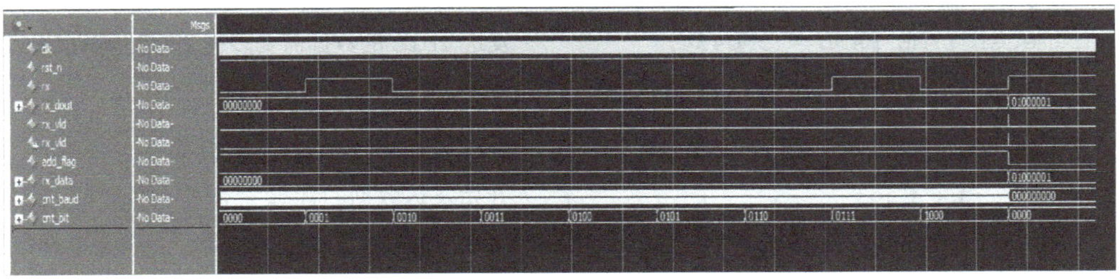

图 8-6　接收模块仿真结果

2. 发送模块设计

技术要求：发送模块须支持串行数据输入及并行数据输出，同时实现全局复位功能和数据发送完毕的指示功能。此外，发送模块还应能够按照合适的比特率发送数据。

根据技术要求设置并行数据输入 dout[7:0]、系统时钟 clk、全局复位 rst_n、串行数据输出 tx。发送模块与接收模块类似，同样使用两个计数器级联，分别为比特率计数器和比特计数器，区别在于，发送模块的启动信号不是起始位，而是接收模块发送的数据接收完毕标志信号 rx_vld。当 rx_vld 为 1 时，开始并串转换，同时比特率计数器开始计数，计数器的最大值同样为 433，记满一次后，代表发送完 1bit 数据，此时级联比特计数器计数值加 1；比特计数器的作用是当计数器计满一次之后，完成一次 9bit 的数据发送（8bit 的数据位加 1bit 的停止位）。

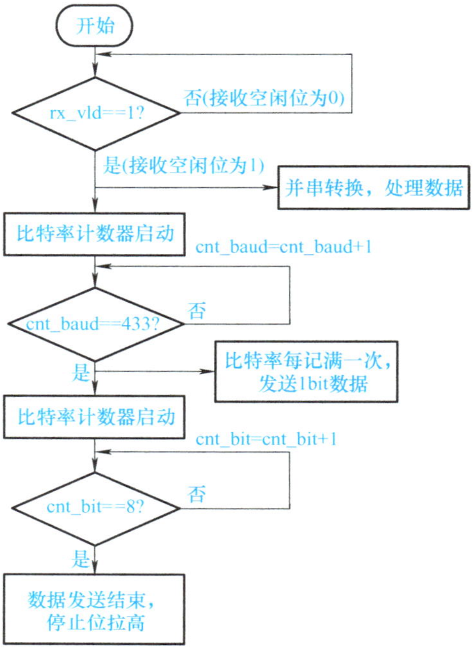

图 8-7　发送模块程序设计流程

发送模块程序设计流程如图 8-7 所示。首先，判断数据接收完毕标志信号 rx_vld 是否为 1，当 rx_vld 为 1 时，使用移位寄存器进行并串转换，比特率计数器启动并开始计数。进一步判断计数变量 cnt_baud 是否达到 433，是则 cnt_baud 清零，重置为 cnt_baud+1，同时发送出 1bit 的数据到上位机 PC。此时启动比特计数器，并将 cnt_bit 初始值加 1，再判断 cnt_bit 是否达到 8，是则数据发送结束，并将停止位 tx_r 拉高，同时将 cnt_bit 清零。

参考代码如下：

```
module uart_tx(// 不考虑奇偶检验位  数据位 (8bit)+ 停止位 (1bit)
    input clk,
    input rst_n,
    input tx_data [7:0],               // 需要发送的数据 8bit
    input rx_vld,                      // 接收空闲位
    output tx                          // 发送出去的数据
);
// 定义比特率
parameter TIME_BAUD = 9'd434;          // 发送 1bit 的数据需要多少个时钟周期 115200
                                       // 57600 38400 19200 9600
// 寄存器定义
reg tx_data_r [8:0];                   // 发送数据的中间寄存器
reg       tx_flag;                     // 开始发送数据的标志
reg       tx_r;                        // 停止位
// 计数器的定义
// 比特率计数器
```

```
reg cnt_baud [8:0];
wire add_cnt_baud;
wire end_cnt_baud;                         //计满一次，意味着发送完 1bit 数据
//比特计数器
reg cnt_bit [3:0];
wire add_cnt_bit;
wire end_cnt_bit;                          //计满一次，完成一次 9bit 数据发送
//处理数据，也就是需要发送 8bit 的 tx_data
always @(posedge clk or negedge rst_n)begin
    if(!rst_n)begin
        tx_data_r <= 9'h1ff;
    end
    else if(rx_vld)begin
        tx_data_r <= {tx_data,1'b0};
    end
    else
        tx_data_r <= tx_data_r;
end
//约束 tx_flag 的值
always @(posedge clk or negedge rst_n)begin
    if(!rst_n)begin
        tx_flag <= 1'b0;
//高电平时代表开始发送，反之，停止发送
    end
    else if(rx_vld)begin                   //接收端表示可以开始发送
        tx_flag <= 1'b1;
    end
    else if(end_cnt_bit)begin              //共 9bit 数据发送完成，结束发送
        tx_flag <= 1'b0;
    end
    else
        tx_flag <= tx_flag;
end
//比特率计数
always @(posedge clk or negedge rst_n)begin
   if(!rst_n)begin
        cnt_baud <= 9'd0;
    end
    else if(add_cnt_baud)begin
            if(end_cnt_baud)begin
                cnt_baud <= 9'd0;
            end
            else begin
                cnt_baud <= cnt_baud + 1'd1;
            end
```

```
        end
        else  begin
            cnt_baud <= cnt_baud;
        end
    end
    assign add_cnt_baud = tx_flag;        //开始发送数据，则比特计数开始
    assign end_cnt_baud = add_cnt_baud && cnt_baud ==(TIME_BAUD - 1'd1);
                                          //计满比特率，则发送完成 1bit 数据
    always @(posedge clk or negedge rst_n)begin
        if(!rst_n)begin
            cnt_bit <= 4'd0;
        end
        else if(add_cnt_bit)begin
                if(end_cnt_bit)begin
                    cnt_bit <= 4'd0;
                end
                else begin
                    cnt_bit <= cnt_bit + 1'd1;
                end
        end
        else  begin
            cnt_bit <= cnt_bit;
        end
    end
    assign add_cnt_bit = end_cnt_baud;
    assign end_cnt_bit = add_cnt_bit && cnt_bit == 8;
    //一共 9bit 数据发送完成
    //发送数据
    always @(posedge clk or negedge rst_n)begin
            if(!rst_n)begin
              tx_r <= 1'b1;
            end
            else if(cnt_baud==(TIME_BAUD>>1))begin//比特率计数到一半时，发送数据，
                                                  //因为此时信号是最稳定的
              tx_r <= tx_data_r[cnt_bit] ;
            end
          else if(end_cnt_bit)begin
              tx_r <= 1'b1;
          end
      end
    assign tx = tx_r;
    endmodule
```

代码编译无误后，在平台上对发送模块进行仿真。仿真代码如下，其中 rst_n 为低电平复位信号，在仿真中设其为高电平。

```
`timescale 1ns/1ns
module uart_tx_tb();
reg clk;
reg rst_n;
reg rx_vld;
reg tx_data [7:0];
wire tx;
always #10 clk = ～clk;
initial begin
    clk = 1'b0;
    rst_n = 1'b0;
    #10;
    rst_n = 1'b1;
    //开始传输数据
    rx_vld = 1'b1;
    tx_data = 8'b0100_0001;//A
    #(10_0000);
    rx_vld = 1'b0;
    $stop;
end
uart_tx u_uart_tx(
.clk(clk),
.rst_n(rst_n),
.tx_data(tx_data),
.rx_vld(rx_vld),
.tx(tx)
);
endmodule
```

发送模块仿真结果如图 8-8 所示，串行输出信号 tx 为 01000001，和输入的测试信号 tx_data 一致。

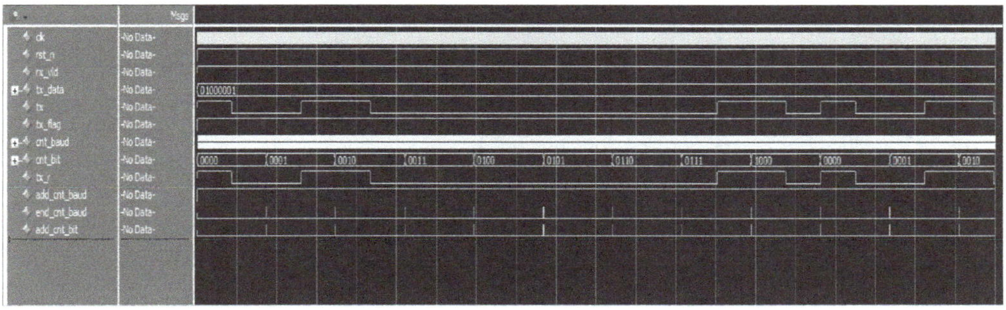

图 8-8　发送模块仿真结果

3. 模块整合

如图 8-4 所示，在顶层设计中，将接收模块和发送模块进行连接，得到整体的设计。顶层设计参考代码如下：

```
module uart(
    input     clk,
    input     rst_n,
    input     rx,
    output    tx
);
wire    data    [7:0];
wire    rx_vld;
uart_rx u_rx(
     .clk    (clk   ),
     .rst_n (rst_n ),
     .rx     (rx    ),
     .rx_dout(data),
     .rx_vld(rx_vld)
);
uart_tx u_tx(
     .clk     (clk    ),
     .rst_n   (rst_n ),
     .tx_data(data),
     .rx_vld (rx_vld),
     .tx      (tx     )
);
endmodule
```

4. 板级验证

板级验证的流程如下：

1）创建项目并输入设计文件：按照新建项目的向导步骤选定路径，创建 UART 串行通信项目 uart（见图 8-9）；分别创建 UART 的串口发送模块 uart_tx.v、串口接收模块 uart_rx.v、顶层模块 uart.v（见图 8-10），输入代码并保存。

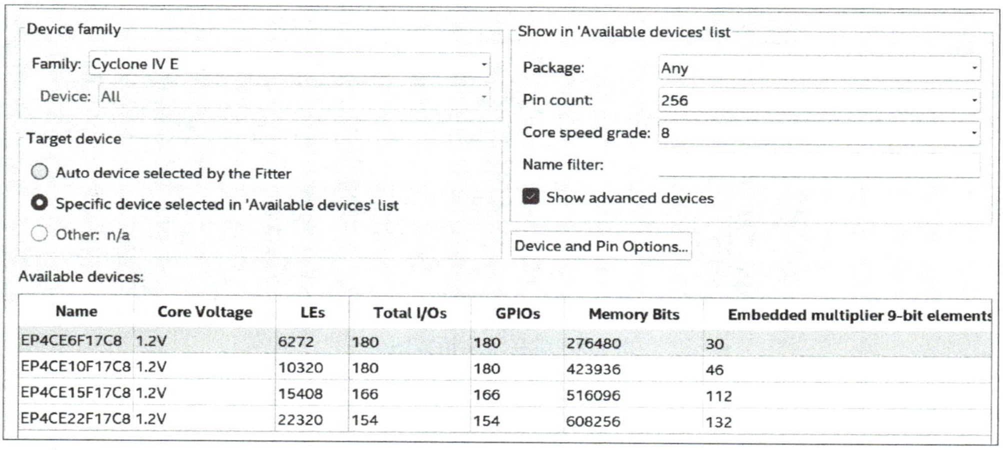

图 8-9 创建项目

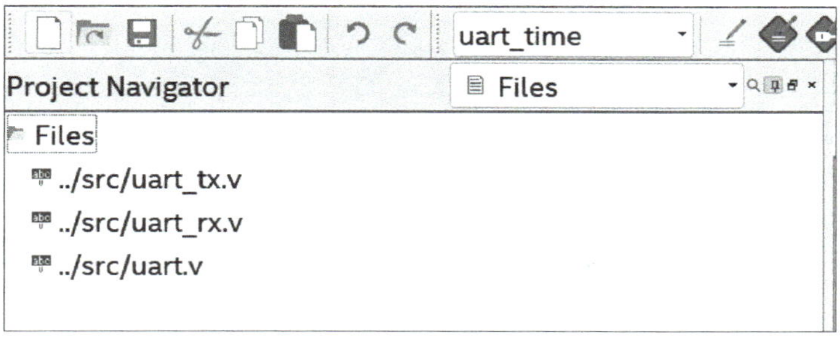

图 8-10　新建文件

2）设计处理：将 uart.v 文件设为顶层进行编译处理，并修正错误，如图 8-11 所示。

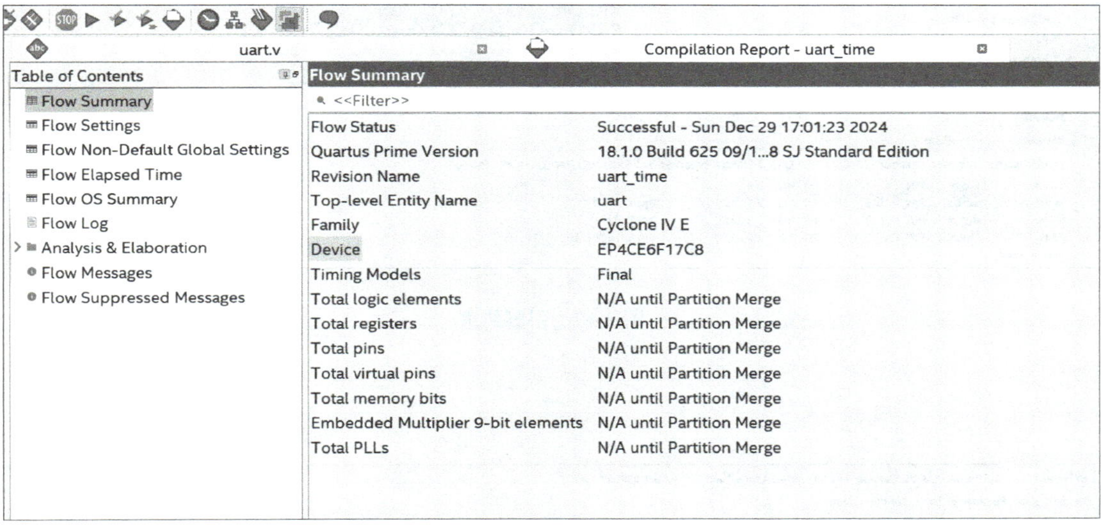

图 8-11　编译项目

3）引脚约束：在 Assignments 菜单中选择“Pin Planner”命令，打开引脚约束窗口，根据表 8-1，将各个端口约束到相应的引脚，如图 8-12 所示。

引脚约束完成后，关闭窗口，并重新编译。

4）器件编程：将开发板通过 USB-Blaster 连接至计算机，选择 Tools 主菜单中的“Programmer”命令，打开下载窗口，单击“Start”按钮开始下载。当 Progress 变为 100%（successful）时，说明程序已下载成功，如图 8-13 所示。

5）开发板验证：程序下载成功后，关闭窗口，打开串口调试助手，选择代码对应的比特率，进行数据发送和接收，如图 8-14 所示。

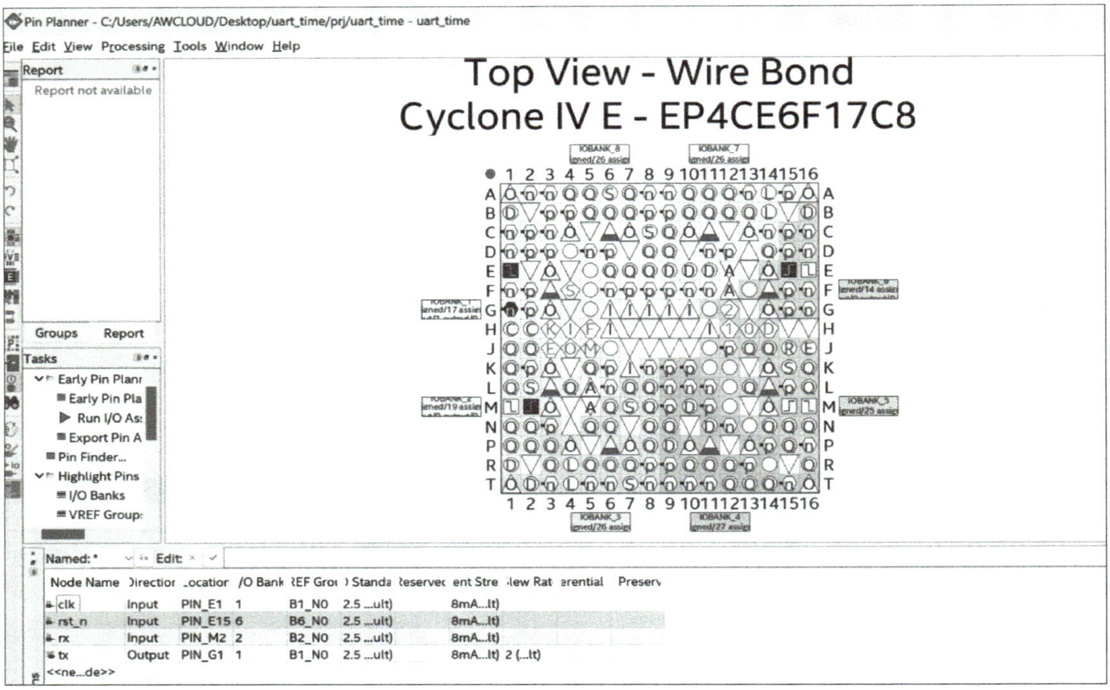

图 8-12　引脚约束

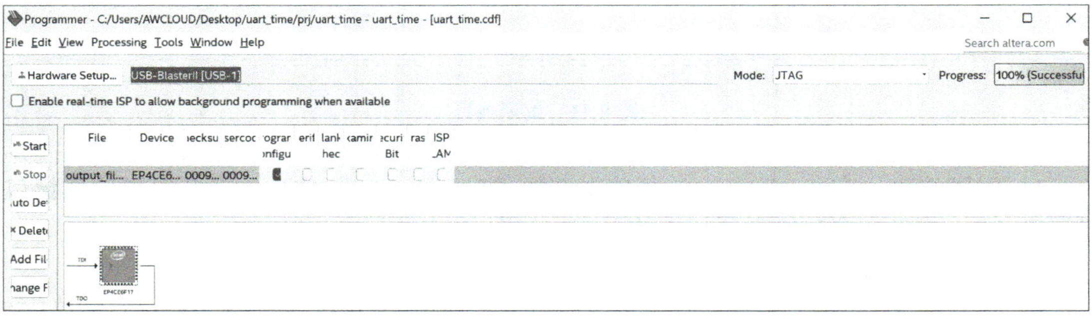

图 8-13　程序下载成功

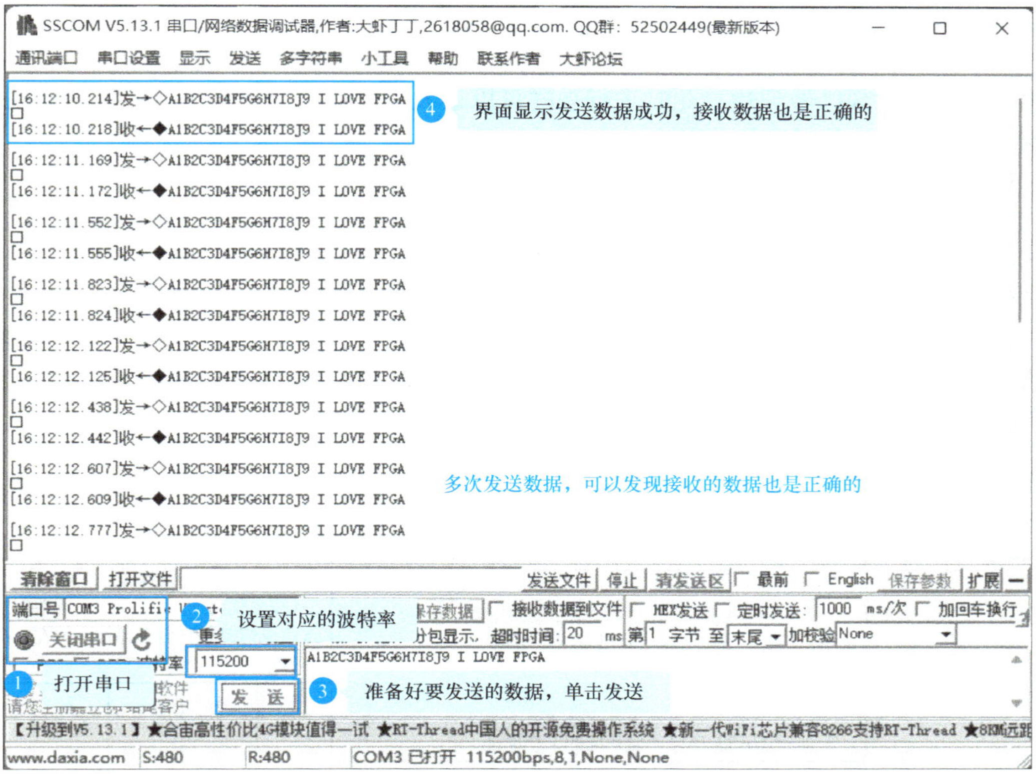

图 8-14 串口调试

问题探究

1. 如果采用比特率 57600bit/s，应该修改程序中的什么参数?

比特率与计数器中的计数速率（或称为定时速率）直接相关，不同的比特对应不同的最大计数值，可以通过代码中的参数 TIME_BAUD 来调整比特率，TIME_BAUD 表示发送或接收一个比特（bit）数据所需的时钟周期数（TIME_BAUD= 系统时钟频率 / 比特率−1）。例如，比特率是 115200bit/s，且系统时钟频率为 50 MHz，计算得出 TIME_BAUD 的值是 434。不同比特率和其对应的 TIME_BAUD 数值见表 8-2，如果比特率要达到 57600bit/s，则计数最大值应为 868。

2. 程序是在什么时间点进行采样的? 如何修改时间点? 为何要选取这个时间点?

cnt_baud 是一个计数器，用于记录当前已经经过了多少个时钟周期。它的值会从 0 开始递增，直到达到 TIME_BAUD 的值。TIME_BAUD>>1 表示将 TIME_BAUD 的值向右移动一位，相当于将 TIME_BAUD 除以 2（取整数部分）。例如，TIME_BAUD= 434，TIME_BAUD>>1 的结果是 217（即 434/2=217）。所以，根据语句 cnt_baud==（TIME_BAUD>>1）可以得出，程序通过判断比特率计数器 cnt_baud 是否达到了 TIME_BAUD 的一半作为是否进行采样的依据。如果要修改时间点，只需修改语句 cnt_baud==（TIME_BAUD>>1）。在 UART 通信中，每个比特的持续时间是固定的（由比特率决定）。为了确保采样点位于每个比特的中间位置（即最稳定的时刻），须在比特的中间时刻进行采样。cnt_baud 从 0 开始计数，当达到 TIME_BAUD>>1（即 TIME_BAUD 的一半）时，表示当前比特的中间时刻已经到达，此时进行采样可以最大限度地避开信号边沿的不稳定区域，减少噪声和时钟偏差对通信的影响。

3. UART 通信具有什么特点？一般应用在什么领域？

UART 属于异步通信方式，不需要时钟信号同步数据。这种通信方式和 SPI、I^2C 通信不同，后两者需要时钟线。特别是在点对点连接时，UART 能够节省硬件资源。但其缺点是传输速率受限于双方的比特率匹配，如果比特率存在误差，可能会造成数据错误。

长距离传输时，比特率不能过高，否则信号会衰减，容易出错。UART 更适合短距离通信，如同一块板子上的芯片之间或设备之间的连接。GPS 模块、蓝牙模块、某些传感器都会使用 UART 接口进行数据传输。

学习反思

内容	观察点	达成度（按最优为 5、最差为 1，逐项对观察点达成情况进行自我评估，并在相应栏中打√）				
		5	4	3	2	1
知识目标	1. 掌握 UART 串口通信系统的工作原理					
	2. 掌握 UART 串口通信系统的电路结构					
	3. 掌握比特率的含义					
能力目标	1. 能正确使用计数器和分频器完成 UART 通信协议中比特率和比特的计数					
	2. 能正确使用串并转换技术完成数据的发送和接收					
	3. 能使用串口调试助手完成串口回环					
素质目标	1. 培养层次化设计的工程思维					
	2. 具备综合运用软、硬件资源的工程素养					
学习态度	如学习的参与度、主动性、耐受力等					
学习方法	如工具使用、资源利用、策略运用等					
学习习惯	如学习的计划、调控、评价、反思等					

学习目标没有达成的原因分析

改进措施（针对上述观察点中的弱项，提出具体和可行的改进措施）

巩固练习

1. 项目中使用 115200bit/s 进行串口通信，如果将比特率改为 9600bit/s，试修改代码。

2. 试将上位机 PC 发送来的数字显示在六位数码管上。

3. 试使用状态机完成 UART 串口通信系统。

*挑战进阶

在现有的 UART 收发模块基础上，通过串口连接 ESP8266 Wi-Fi 模块，利用其 Wi-Fi 功能接入互联网，并从网络时间协议（NTP）服务器获取实时时间，实现实时时间的显示。

项目 9 多功能数字音频功放电路设计

学习目标

1. 了解音频功放电路、信号调理电路、功能选择电路、数字电位器、电平指示电路等的工作原理及电路结构。

2. 掌握基于 FPGA 复杂电路系统的设计方法。

3. 建立多功能数字音频功放系统层次化设计的工程思维，培养综合运用软、硬件资源的工程素养。

应用场景

高质量的音乐不仅能陶冶生活情操、营造轻松氛围，还能提升生活品位。随着生活水平的不断提高，越来越多的便携电子设备（如手机、平板、MP3 等）不断涌现。为了改善电子设备输出音频的质量，人们开始研发和设计各类功放设备。其设计要求是电路结构简单、成本低、体积小、输出功率大、性能好等。在经历了从普通音效到高保真、从模拟到数字的一次次技术变革，音频功放因其高性能、高保真、大功率、好音质等特点得到了越来越多人的喜爱，并得到了广泛的应用。因此，研发多功能的数字音频功放具有一定的现实意义。

项目描述

本项目要求设计一个多功能数字音频功放控制电路，并利用数码管实时显示音量大小或 A/D 转换结果，该电路的工作电压为 DC 12V，工作电流大于等于 1A，具体功能如下：

1）音频功放电路有四个输入通道，分别为 MIC 信号输入、音频信号输入、静音功能和参考电压 VCC 输入，利用按键 k1 实现四个通道间的切换。

2）k2 按键为音量增减控制输入，k3 为音量调节输入，同时用三位数码管分别显示通道号 CH0 ～ CH3，并用两位数码管显示音量等级 00 ～ 99。

3）按键 k4 用于八位数码管显示在音量大小和 A/D 转换结果之间切换。

4）使用 A/D 转换技术测量音频信号的幅值大小，八位数码管切换至显示 A/D 转换结果（高四位显示字符“AdC-”，用低四位数码管显示 A/D 转换结果），A/D 转换结果的取值范围为 0.000 ～ 3.300V。

5）音频功放电路中设置了 5 只音量指示 LED 灯，用来指示音量等级。当音量最大时，5 只 LED 灯全亮；当音量逐渐降低时，LED 灯点亮的个数逐渐减少，直至完全熄灭。

6）当通道切换到静音功能，即 CH2 时，音量显示“00”。

项目实施

9.1 本项目使用的软、硬件资源

1）开发平台：Quartus Prime。

2）硬件描述语言：Verilog HDL。

3）FPGA 芯片：采用 Altera Cyclone IV E 系列的 EP4CE6E22C8 芯片。

4）开发板资源：采用 Intel EP4CE6 开发板。

5）音频功放电路：主要包括信号调理放大电路、功能选择电路、音量调节电路、音量指示电路、继电器电路、音频功放电路及 A/D 采集转换电路，如图 9-1 所示。

图 9-1 音频功放电路

9.2 技术分析

根据项目描述，本项目的实施主要包括两个部分。

1. 音频放大电路的设计

1）信号调理放大电路：该电路的主要作用是对 MIC（送话器）的信号进行放大。

2）功能选择电路：该电路主要负责从四路输入信号（MIC 信号输入、音频信号输入、静音功能和参考电压 VCC）中选择一路信号，并将其送到后续电路进行处理。

3）音量调节电路：该电路对功能选择电路输出的信号进行衰减，可以将输入信号从最大值调整到 0，从而实现音量从“99 ～ 00”的调整。

4）音量指示电路：该电路通过 5 只 LED 灯简单地指示音量等级，LED 灯点亮的数量随音量的降低而逐渐减小，直至全部熄灭。

5）继电器电路：该电路具有有隔离功能的自动开关元件，可切换不同的功能显示。

6）音频功放电路：该电路主要对信号起功率放大的作用，以驱动后面的扬声器发声。

7）A/D 采集转换电路：该电路对音频信号进行实时采集，并转换成数字信号送至 FPGA 进行处理，将转换后的信号变成电压值，并通过数码管显示出来。

2. FPGA 开发板控制程序的编写

1）功能选择控制程序：该程序输出控制信号，从四路输入信号中选择一路输出。

2）数字电位器控制程序：控制输出信号的幅值从最大值到 0 之间的变化。

3）继电器控制程序：控制数码管在 A/D 转换结果显示与功能和音量等级显示之间切换。

4）A/D 采集电路控制程序：控制 A/D 芯片工作，并处理 A/D 转换结果。

5）数码管显示程序：显示功能和音量大小或显示 A/D 转换电压值结果。

9.3 设计框架

多功能数字音频功放系统框架如图 9-2 所示。整个系统以 FPGA 开发板为控制核心，对 CD4053 进行控制，实现功能选择；对数字电位器 X9C103 进行控制，实现音量的调节；对 ADC TLC549 进行控制，实现 A/D 转换。另外，在电路中增加了一个 CD4053，取代了继电器，将数字电位器的输出信号分别送至功放电路以驱动扬声器发声，或控制 ADC TLC549 进行 A/D 转换。

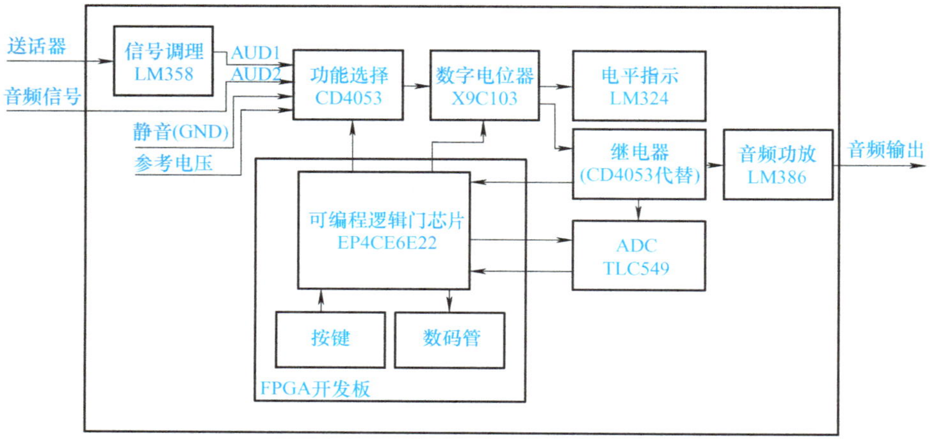

图 9-2　多功能数字音频功放系统框架

系统中每个模块的具体功能如下：

1）信号调理：对送话器接收到的音频信号进行初步放大和调理，以提高信号的质量和强度。

2）功能选择：使用 CD4053 数字信号控制的多路选择模拟开关，实现输出信号在多个输入信号之间进行选择。

3）数字电位器：X9C103 数字电位器允许用户通过按键调整音量大小。

4）音量指示电路：通过 LED 灯或其他指示设备指示当前音量等级。

5）音频功放电路：将音频信号进行功率放大后输出。

6）FPGA 开发板：是系统的核心控制，对 CD4053、X9C103、继电器、ADC TLC549 进行控制，并通过数码管显示音量大小和 A/D 转换结果。

9.4 技术设计

1. 音频放大电路设计

（1）信号调理放大电路

该电路的主要作用是对送话器的信号进行放大，主要由双运算放大器 LM358 构成。

LM358 的封装形式有多种，包括塑封 8 引线双列直插式、贴片式和圆形金属壳封装等。LM358 双运算放大器引脚图如图 9-3 所示，引脚说明见表 9-1。

信号调理电路如图 9-4 所示，该电路原理如下：

1）送话器信号输入：送话器（MIC）捕捉声音并转换为电信号，该信号通过电容 C3 耦合到电路中，同时阻止直流电流通过。

2）偏置电路：R2 和 R5 构成一个分压器，为运算放大器提供偏置电压。

3）放大电路：U1A 配置为同相放大器。R6 和 R10 构成反馈网络，决定了放大器的增益。

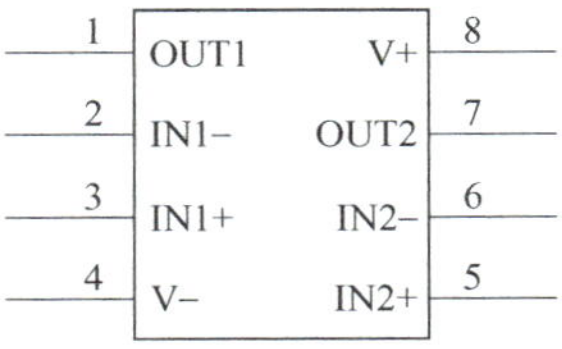

图 9-3　LM358 双运算放大器引脚图

表 9-1　LM358 引脚说明

引脚号	符号	说明
1	OUT1	输出 1
2	IN1−	反相输入端
3	IN1+	同相输入端
4	V−	负电源（双电源工作时） 或地（单电源工作时）
5	IN2+	同相输入端
6	IN2−	反相输入端
7	OUT2	输出 2
8	V+	正电源

4）跟随器：U1B 配置为电压跟随器，其电压增益固定为 1，因此不会放大输入信号。电压跟随器的主要作用是提供一个高输入阻抗和低输出阻抗的缓冲接口，而不是对信号进行衰减或放大。

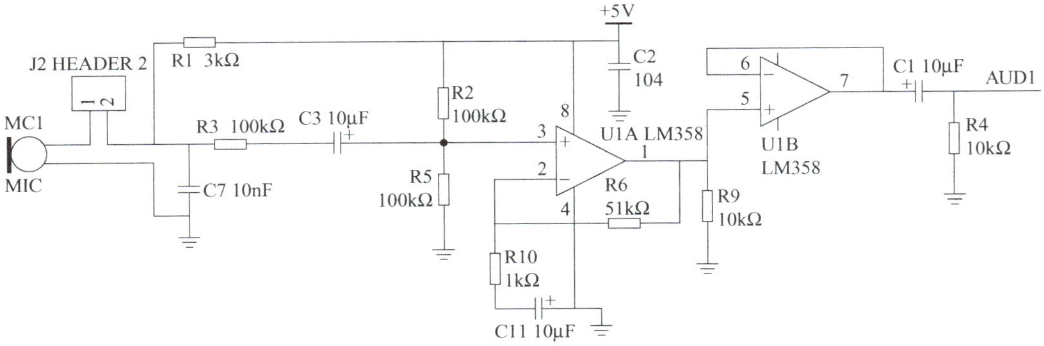

图 9-4　信号调理电路

5）去耦电容：C2、C7 是去耦电容（也可以称作旁路电容），用于稳定运算放大器的电源电压，减少电源噪声对放大器性能的影响。

（2）功能选择电路

该电路主要实现对四路输入信号（即 MIC 信号输入、音频信号输入、静音功能和参考电压 VCC 输入）的四选一，选出的信号送到后续电路进行处理。功能选择电路使用 CD4053 数字信号控制的多路选择模拟开关，能够从多个输入信号中选择一个信号输出，或将一个输入信号分配到多个输出端。根据控制引脚（A、B、C、INH）的逻辑电平选择相应的输入信号并将其传输到输出端。CD4053 引脚图如图 9-5 所示，其引脚功能及真值表见表 9-2 和表 9-3。

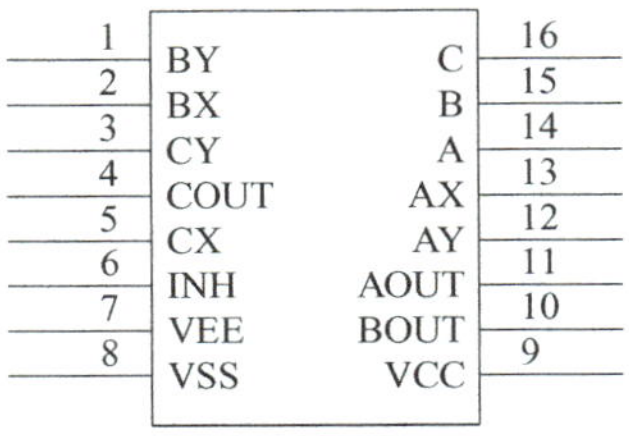

图 9-5 CD4053 引脚图

表 9-2 CD4053 引脚功能

引脚号	符号	功能
1、2、3、5、12、13	BY，BX，CX，CY，AY，AX	输入 / 输出端
14、15、16	A、B、C	控制端
11	OUT/IN AX or AY	公共输出 / 输入端 AX or AY
10	OUT/IN BX or BY	公共输出 / 输入端 BX or BY
4	OUT/IN CX or CY	公共输出 / 输入端 CX or CY
6	INH	禁止端
7	VEE	模拟信号接地端
8	VSS	数字信号接地端
9	VCC	电源 +

表 9-3 CD4053 真值表

输入状态				CD4053
INHIBIT 禁止	C	B	A	
0	0	0	0	CX，BX，AX
0	0	0	1	CX，BX，AY
0	0	1	0	CX，BY，AX
0	0	1	1	CX，BY，AY
0	1	0	0	CY，BX，AX
0	1	0	1	CY，BX，AY
0	1	1	0	CY，BY，AX
0	1	1	1	CY，BY，AY
1	*	*	*	NONE

功能选择电路原理图如图 9-6 所示。通过控制引脚 A 的电平，能够实现 AUD1 和 AUD2 输入的切换；通过控制引脚 B 的电平可以实现静音功能；控制引脚 C 的电平可以实现参考电压及数字电位器抽头位置切换。CD4053 的控制信号 CD4053_C、CD4053_B、CD4053_A 分别来自 FPGA 开发板的三个 IO 输出，其控制真值表见表 9-4。

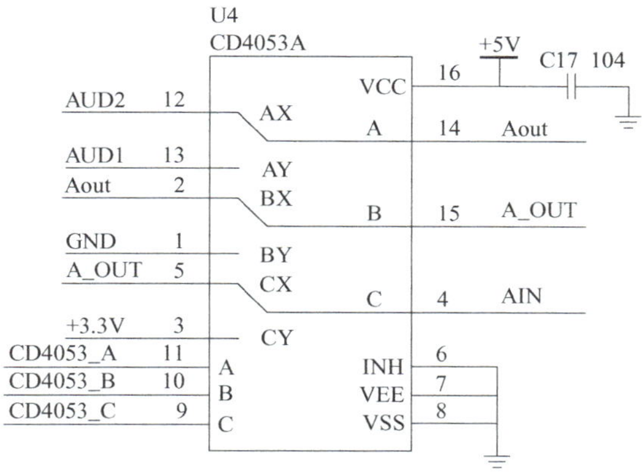

图 9-6　功能选择电路原理图

表 9-4　控制真值表

序号	CD4053_C	CD4053_B	CD4053_A	AIN
1	0	0	0	AUD2
2	0	0	1	AUD1
3	0	1	0	GND
4	0	1	1	GND
5	1	0	0	VCC
6	1	0	1	VCC
7	1	1	0	VCC
8	1	1	1	VCC

（3）音量指示电路

该电路通过 5 只 LED 灯简单地指示音量等级。LED 灯点亮的数量随音量的降低而逐渐减小，直至全部熄灭。电平指示电路主要由 LM324、LM358 及 LED 灯组成。LM324 的内部包含四组形式完全相同的运算放大器，除电源共用外，四组运算放大器相互独立。LM324 的引脚图如图 9-7 所示，引脚功能见表 9-5。

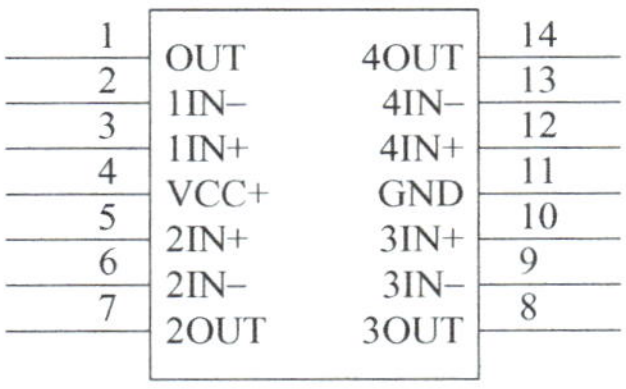

图 9-7　LM324 的引脚图

表 9-5　LM324 引脚功能

引脚号	符号	功能
1	OUT	输出 1。用于获取第一个运算放大器的输出
2	1IN−	输入 1 反相输入。用于将反相输入电压施加到第一个运算放大器
3	1IN+	输入 1 同相输入。用于将同相输入电压施加到第一个运算放大器
4	VCC+	连接正电源电压
5	2IN+	输入 2 同相输入。用于将同相输入电压施加到第二个运算放大器
6	2IN−	输入 2 反相输入。用于将反相输入电压施加到第二个运算放大器

（续）

引脚号	符号	功能
7	2OUT	输出 2。用于获取第二个运算放大器的输出
8	3OUT	输出 3。用于获取第三个运算放大器的输出
9	3IN−	输入 3 反相输入。用于将反相输入电压施加到第三个运算放大器
10	3IN+	输入 3 同相输入。用于将同相输入电压施加到第三个运算放大器
11	GND	接地。用于接地以进行单电压操作或第二个作为负电源（VEE）用于双电源操作
12	4IN+	输入 4 同相输入。用于将同相输入电压施加到第四个运算放大器
13	4IN−	输入 4 反相输入。用于将反相输入电压施加到第四个运算放大器
14	4OUT	输出 4。用于获取第四个运算放大器的输出

电平指示电路原理图如图 9-8 所示。该电路使用 LM324 的四组运放及 LM358 的一组运放构成五路比较器，由电阻 R14、R18、R20、R23、R26 及 R28 构成分压电路，经计算可以得出 U5A、U5B、U5C、U5D、U6B 的同相输入电压值分别为 0.95V、0.76V、0.57V、0.38V、0.19V。当输入信号大于 0.95V 时，五路比较器输出都为低电平，从而使后面连接的五只 LED 全部点亮，即音量等级最大；当输入信号小于 0.19V 时，五路比较器输出都为高电平，从而使五只 LED 全部熄灭。

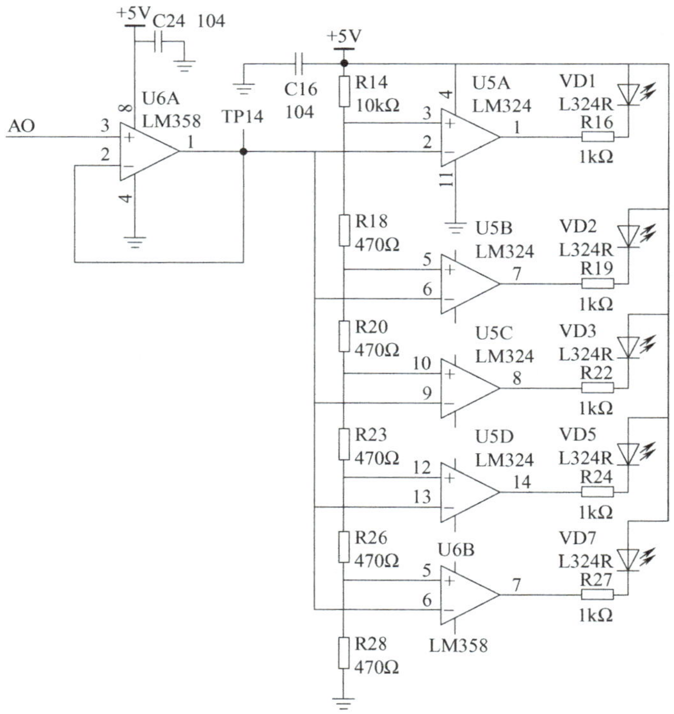

图 9-8 电平指示电路原理图

(4) 音量调节电路

该电路对功能选择电路输出的信号进行衰减，能够将输入信号的幅值从最大值逐渐减小到 0，从而实现音量的调节。该电路主要使用 X9C103 数字电位器实现，X9C103 数字电位器是一款宽电压（3 ～ 5V）供电、10kΩ 满量程的电位器。电位器中间抽头在 0 ～ 10kΩ 之间滑动，共分为 100 级（电位器滑动端典型阻抗为 40Ω）。数字电位器的 VL 和 VH 端分别对应滑动变阻器的低端和高端，允许输入电压范围为 −5 ～ 5V。

X9C103 的内部结构如图 9-9 所示，该电路由输入控制、计数器、译码器、非易失存储器及电阻阵列组成。输入控制部分类似一个可逆计数器，可逆计数器的输出经译码后接通一个单触点的电子开关，从而把电阻阵列上的一个点连接到滑动输出端。在某种条件下，计数器的内容可以存储到非易失性存储器中，以便今后调用。电阻阵列中包含 99 个单独的电阻，以串联的形式连接，在两个端子（VH 和 VL）和每个电阻之间有一个电子开关，作用是把该点的电位传输到滑动端。

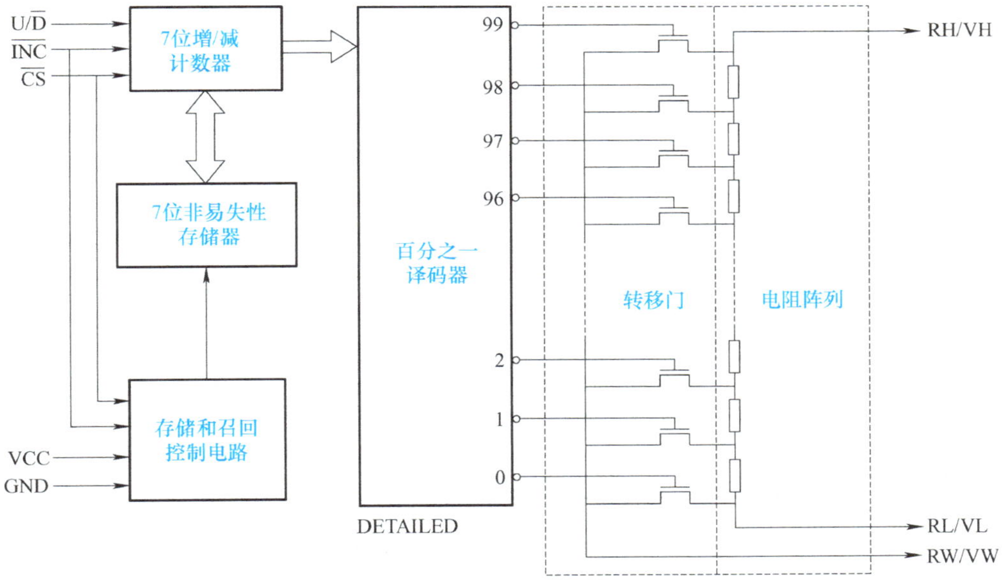

图 9-9　X9C103 的内部结构

X9C103 功能引脚图如图 9-10 所示，引脚说明及模式选择见表 9-6 和表 9-7。

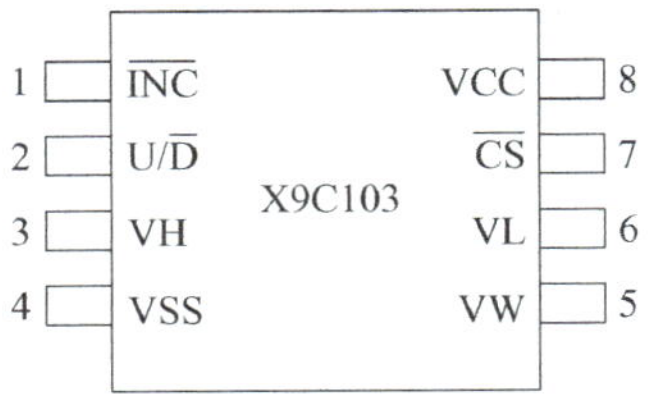

图 9-10　X9C103 功能引脚图

表 9-6　X9C103 引脚说明

引脚号	符号	功能
1	$\overline{\text{INC}}$	“增加”输入脚，$\overline{\text{INC}}$ 输入端是下降边沿触发。触发 $\overline{\text{INC}}$ 将使滑动端向计数器增加或减少的方向移动，移动的方向由 U/$\overline{\text{D}}$ 端输入的逻辑电平决定
2	U/$\overline{\text{D}}$	升/降输入脚。U/$\overline{\text{D}}$ 输入控制滑动端移动的方向，因而控制计数器的增加或减少
3	VH	高电压端
4	VSS	地
5	VW	滑动端
6	VL	低电压端
7	$\overline{\text{CS}}$	片选输入端
8	VCC	电源电压

表 9-7　X9C103 模式选择

$\overline{\text{CS}}$	$\overline{\text{INC}}$	U/$\overline{\text{D}}$	方式
低电平		高电平	向上滑动
低电平		低电平	向下滑动
	高电平	高电平或低电平	存储滑动端位置
高电平	高电平或低电平	高电平或低电平	等待电流
	低电平	高电平或低电平	不存储，返回等待

音量调节电路原理图如图 9-11 所示。电路中 VH 连接功能选择电路的输出，VL 接 GND，根据 X9C103 的工作原理，VW 输出信号的变化范围为 0 ~ AIN。其中，$\overline{\text{INC}}$、$\overline{\text{CS}}$、U/$\overline{\text{D}}$ 三个信号受控于 FPGA，当 $\overline{\text{CS}}$ 引脚被拉低时，X9C103 数字电位器被激活，可以响应 $\overline{\text{INC}}$ 和 U/$\overline{\text{D}}$ 引脚的信号。数字电位器中间抽头受到 $\overline{\text{INC}}$ 和 U/$\overline{\text{D}}$ 信号的控制而在电阻阵列间滑动，从而控制输出信号在 0 ~ AIN 之间变化，进而用于音频信号音量的控制。数字电位器的输出信号 AO 分为两路，一路送至音量指示电路，另一路通过继电器（用 CD4053 取代）送至功放电路或送至 ADC TLC549 进行 A/D 转换。

（5）音频功放电路

LM386 是音频功率放大器，具有功耗低、电压增益可调、电源电压范围大、外接元器件少和总谐波失真小等优点，广泛应用于录音机和收音机中，可采用国产功放电路替代。LM386 电源电压范围为 4 ~ 12V 或 5 ~ 18V（LM386N-4）；静态消耗电流为 4mA；电压增益范围为 20 ~ 200dB；当引脚 1 和 8 开路时，增益为 20dB。LM386 的引脚图如

图 9-12 所示，引脚说明见表 9-8。为了使外围元器件最少，本项目中的功放电路采用 LM386 的典型应用电路，增益设为 20dB，电路原理图如图 9-13 所示。

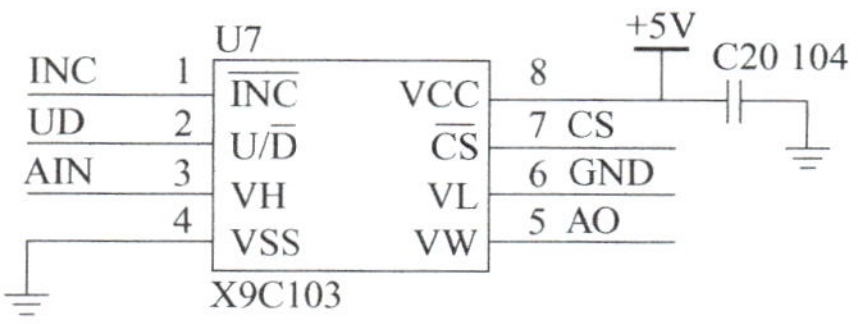

图 9-11　音量调节电路原理图

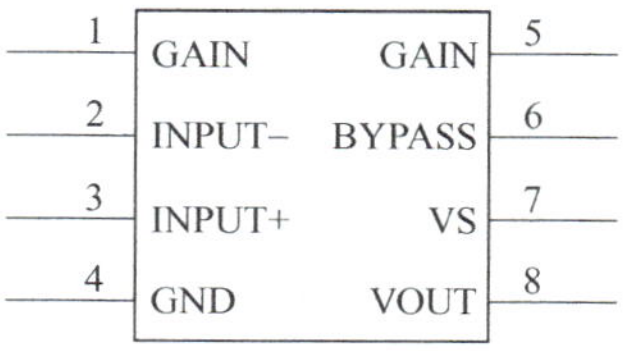

图 9-12　LM386 的引脚图

表 9-8　LM386 的引脚说明

引脚号	符号	功能
1	GAIN	增益引脚，用于连接到外部元件（如电容）来调整放大器增益
2	INPUT −	反相输入端，用于提供音频信号
3	INPUT+	同相输入端，用于提供音频信号
4	GND	接地
5	GAIN	增益设置引脚，用于控制放大器的增益
6	BYPASS	用于连接去耦电容的旁路引脚
7	VS	接电源，接收正直流电压
8	VOUT	用于提供放大输出音频的输出引脚

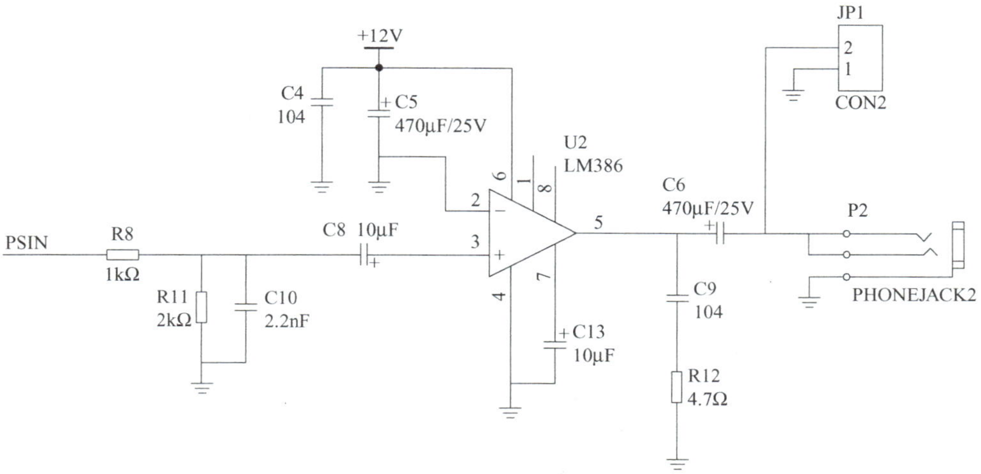

图 9-13　功率放大电路原理图

（6）A/D 转换电路

本项目使用 ADC TLC549 芯片实现 A/D 转换。TLC549 是一款由 TI 公司生产的低成本、高性能 8 位 A/D 转换器，采用逐次逼近法进行转换，具有较高的转换速度，能够在 17μs 内完成转换。ADC TLC549 的引脚图如图 9-14 所示，引脚功能见表 9-9。A/D 转换电路如图 9-15 所示。控制信号 IOCLK 和片选信号 CS 受控于 FPGA 的 IO 控制。

表 9-9　ADC TLC549 引脚功能

引脚号	符号	功能
1	REF+	正基准电压输入端
2	ANALOG IN	模拟信号输入端
3	REF−	负基准电压输入端
4	GND	接地端
5	$\overline{CS}$	片选信号
6	DATA OUT	转换结果数据串行输出端
7	I/O CLOCK	外接时钟输入端
8	VCC	系统电源输入端

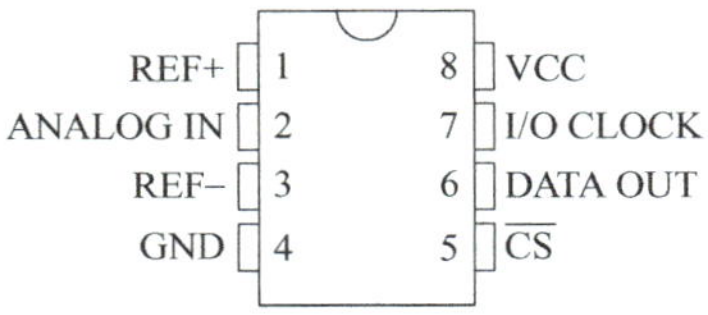

图 9-14　ADC TLC549 的引脚图

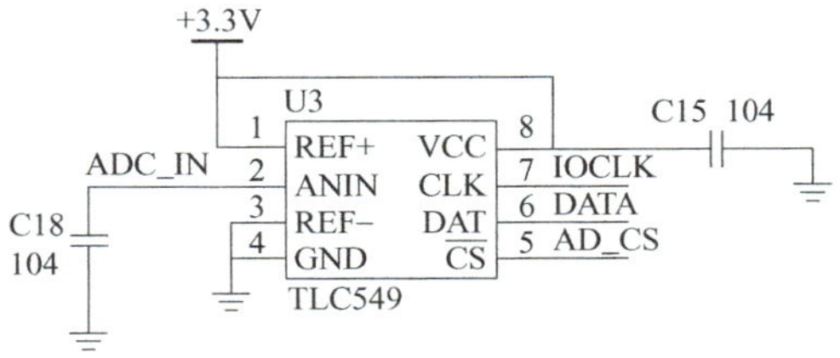

图 9-15　A/D 转换电路

音频功放电路整机电路如图 9-16 所示。

2. FPGA 控制程序设计

FPGA 控制程序端口示意图如图 9-17 所示，共有 7 个输入端口。其中，clk 为外部时钟输入信号，rst 为低电平复位信号。按键 k1 用于功能选择信号，实现输入信号的四选一；按键 k2 和 k3 用于控制音量调节，即控制 X9C103 的工作，k4 用于切换数码管显示功能及音量大小和 A/D 转换结果，data 信号来自 ADC TLC549 的转换结果串行输出端。有 11 个输出端口，其中，CD4053_A、CD4053_B、CD4053_C 用于控制 CD4053 实现四选一输出；INC、UD、CS 分别用于控制 X9C103 的工作；rel 用于控制继电器（CD4053）的工作；ioclk 和 AD_CS 用于控制 ADC TLC549 的工作；seg[7:0] 和 scan[7:0] 用于控制数码管的显示。

FPGA 控制程序设计框图如图 9-18 所示，主要包括五个部分：CD4053 控制模块、X9C103 控制模块、ADC TLC549 控制模块、继电器控制模块和数码管显示模块。

（1）功能选择电路的控制模块程序设计

技术要求：在本模块中实现对 CD4053 的控制，通过按键 k1 实现四功能信号的切换。本模块的符号图如图 9-19 所示。输入端分别为外部时钟信号 clk、低电平复位信号 rst 和按键 k1，输出信号为 CD4053_A、CD4053_B、CD4053_C。此外，输出信号中的 mode 为 2bit 宽度的变量，用于指示功能编号“0 ～ 3”，可通过后面的数码显示模块显示。

在程序中需要对按键 k1 进行消抖处理，并定义一个计数变量 mode 对 k1 的按下次数进行计数，mode 为 2bit 宽度的变量，计数范围为 0 ～ 3，正好对应四个功能。可依据表 9-4 设计表 9-10 的 CD4053_A、CD4053_B、CD4053_C 输出值。

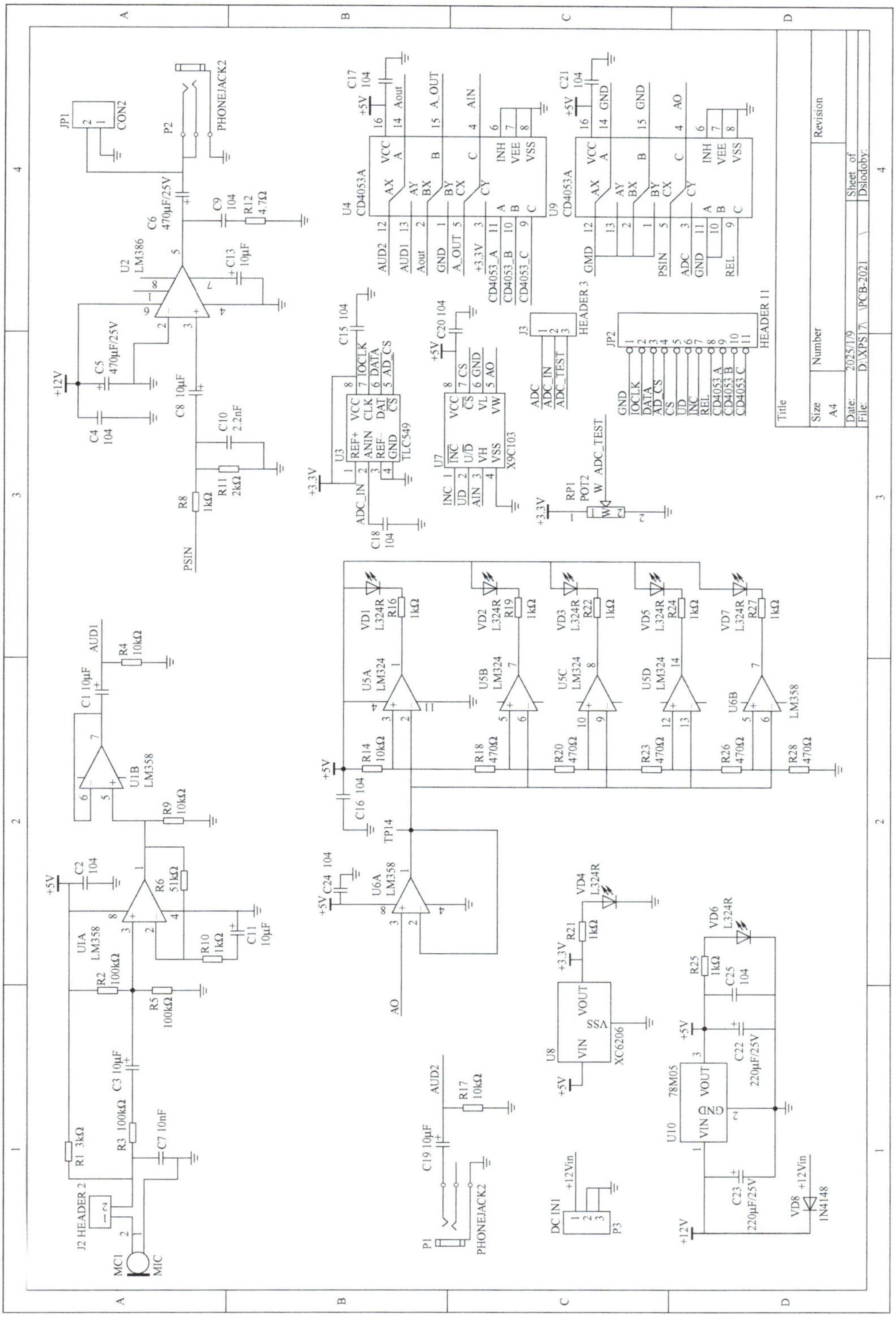

图 9-16　音频功放电路整机电路

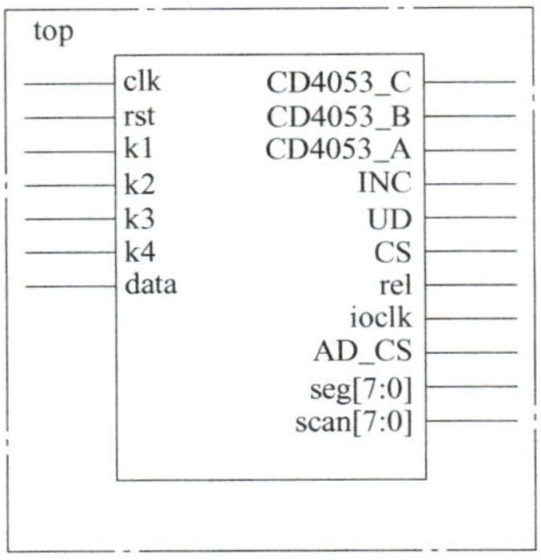

图 9-17　FPGA 控制程序端口示意图

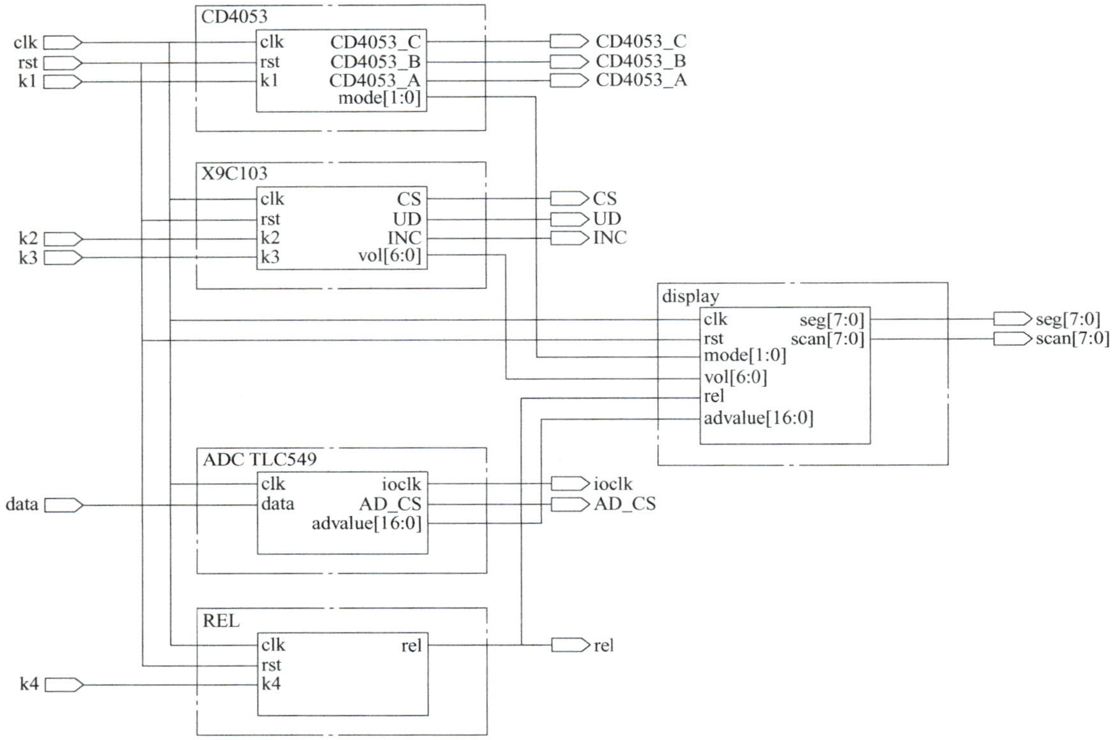

图 9-18　FPGA 控制程序设计框图

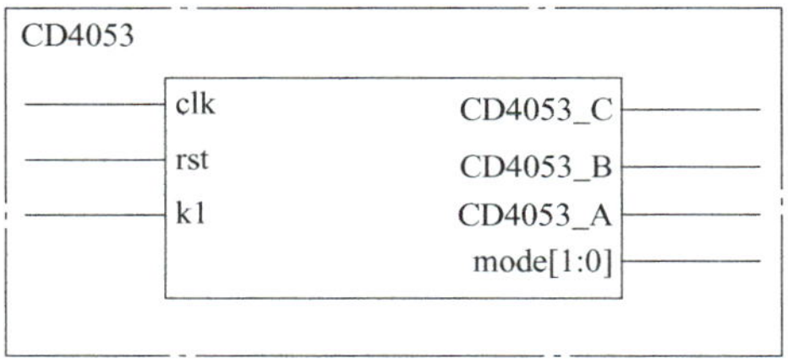

图 9-19　功能选择电路控制模块符号图

表 9-10　CD4053 控制信号与 mode 对应表

mode	CD4053_C	CD4053_B	CD4053_A	选择信号
0	0	0	1	AUD1（MIC 信号）
1	0	0	0	AUD2（音频信号）
2	0	1	0	GND（静音）
3	1	0	0	VCC（3.3V）

参考程序如下：

```
module CD4053(
    input clk,
    input rst,
    input k1,
    output CD4053_C,
    output CD4053_B,
    output CD4053_A,
    output reg mode[1:0]
);

//Internal registers
reg CD4053_C_reg;
reg CD4053_B_reg;
reg CD4053_A_reg;

//Debounce related signals
reg counter[17:0];
wire clock_divided;
assign clock_divided = counter[17];

//Clock divider to create a slower clock signal for debouncing
always @(posedge clk or negedge rst)begin
    if(!rst)
        counter <= 0;
    else
        counter <= counter + 1;
end

//Key debounce logic
reg key_delay_1,key_delay_2,key_delay_3;
wire key_debounced;

always @(posedge clock_divided or negedge rst)begin
    if(!rst)begin
        key_delay_1 <= 0;
        key_delay_2 <= 0;
```

```
        key_delay_3 <= 0;
    end else begin
        key_delay_1 <= ~k1;
        key_delay_2 <= key_delay_1;
        key_delay_3 <= key_delay_2;
    end
end

assign key_debounced = ~(key_delay_1 & key_delay_2 & key_delay_3);

//Mode selection logic on falling edge of debounced key press
always @(negedge key_debounced or negedge rst)begin
    if(!rst)
        mode <= 0;
    else begin
        if(mode == 3)
            mode <= 0;
        else
            mode <= mode + 1;
    end
end

//Output assignment based on the selected mode
always @(posedge clk)begin
    case(mode)
        2'b00:begin //AUD1
            CD4053_C_reg <= 0;
            CD4053_B_reg <= 0;
            CD4053_A_reg <= 1;
        end
        2'b01:begin //AUD2
            CD4053_C_reg <= 0;
            CD4053_B_reg <= 0;
            CD4053_A_reg <= 0;
        end
        2'b10:begin //GND
            CD4053_C_reg <= 0;
            CD4053_B_reg <= 1;
            CD4053_A_reg <= 0;
        end
        2'b11:begin //VCC
            CD4053_C_reg <= 1;
            CD4053_B_reg <= 0;
            CD4053_A_reg <= 0;
        end
    endcase
```

```
end

//Assign internal registers to outputs
assign CD4053_C = CD4053_C_reg;
assign CD4053_B = CD4053_B_reg;
assign CD4053_A = CD4053_A_reg;

endmodule
```

（2）数字电位器控制模块程序设计

技术要求：通过按键 k2 和 k3 控制数字电位器 X9C103 的输出信号增大或减小。数字电位器控制模块符号图如图 9-20 所示，共有四个输入端口和四个输出端口。输出端口中 CS 为 X9C103 的片选控制信号，UD 决定输出信号增加（UD 为高电平）或减小（UD 为低电平），INC 为增加或减小控制信号。vol 为音量值，变化范围为 0 ～ 99，在数字电位器的抽头位置没有存储的情况下，上电后，X9C103 输出最大值，即音量达到最大值 99。

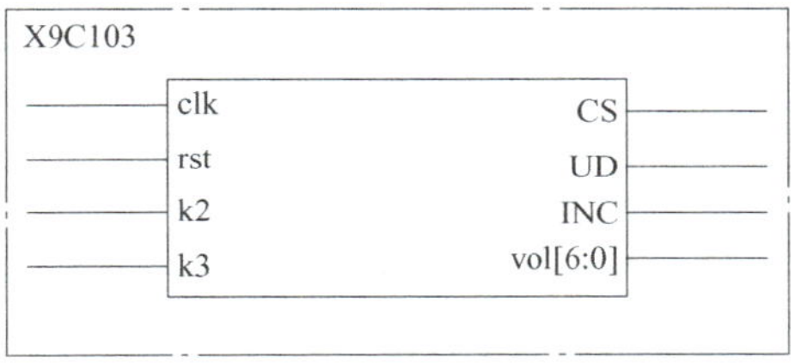

图 9-20　数字电位器控制模块符号图

在程序中需要对按键 k2 和 k3 进行消抖处理，采用项目 5 中介绍的移位寄存器消抖方法。数字电位器的时序图如图 9-21 所示，时序参数表见表 9-11。由于在本项目中不考虑抽头位置的存储，因此片选信号可以一直保持为低电平，在程序中用连续赋值语句“assign CS=0；”来实现。在时序中特别需要注意 INC 信号，它必须是一个持续时间大于 1μs 的负脉冲，器件才能识别到下降沿。由于本项目采用移位寄存器消抖的方法，当有按键按下时，会产生一个负脉冲，负脉冲的脉宽为毫秒级，因此在程序中可以直接将 k3 消抖之后的输出信号 key_out3 作为 INC 信号。

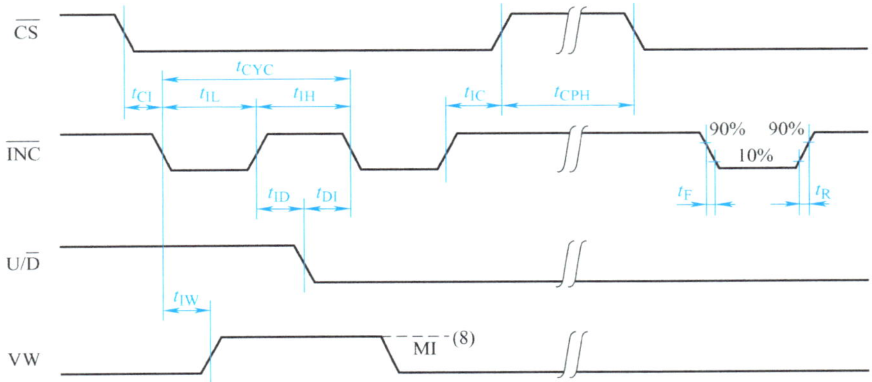

图 9-21　X9C103 时序图

表 9-11　X9C103 时序参数表

符号	参数	极限值			单位
		最小值	典型值	最大值	
t_{CL}	$\overline{CS}$ 到 $\overline{INC}$ 建立的时间	100			ns
t_{ID}	$\overline{INC}$ 高电平到 U/ $\overline{D}$ 变化的时间	100			ns
t_{DI}	U/ $\overline{D}$ 到 $\overline{INC}$ 建立的时间	2.9			μs
t_{IL}	$\overline{INC}$ 低电平周期	1			μs
t_{IH}	$\overline{INC}$ 高电平周期	1			μs
t_{IC}	$\overline{INC}$ 无效到 $\overline{CS}$ 无效的时间	1			μs
t_{CPH}	$\overline{CS}$ 取消选择时间（存储模式）	20			ms
	$\overline{CS}$ 取消选择时间（非存储模式）	100			ns
t_{IW}	$\overline{INC}$ 到 VW 变化时间		100		μs
t_{CYC}	$\overline{INC}$ 周期	2			μs
t_R，t_F	上电到滑动端稳定时间		500		μs
t_{PU}	VCC 上电速率	0.2		50	V/ms

参考程序如下：

```
module X9C103(
    input clk,
    input rst,
    input k2,
    input k3,
    output CS,
    output UD,
    output INC,
    output reg vol[6:0]
);

reg q[17:0];
wire clkk;
assign clkk = q[17];
always @(posedge clk or negedge rst)begin
    if(!rst)
        counter <= 0;
    else
        counter <= counter + 1;
end

wire key_out2;
```

```
reg  delay21,delay22,delay23;
always@(posedge clkk or negedge rst)                  //按键 k2 消抖程序
   begin
      if(!rst)
       begin   delay21<=1'b0;delay22<=1'b0;delay23<=1'b0; end
      else
       begin  delay21<=～k2;delay22<=delay21;delay23<=delay22; end
   end
   assign key_out2=～(delay21&delay22&delay23);  //key_out2 为按键 k2 消抖
                                                  //后的输出

wire key_out3;
reg  delay31,delay32,delay33;
always@(posedge clkk or negedge rst)                  //按键 k3 的消抖程序
   begin
      if(!rst)
       begin delay31<=1'b0;delay32<=1'b0;delay33<=1'b0;end
      else
       begin delay31<=～k3;delay32<=delay31;delay33<=delay32;end
   end
   assign key_out3=～(delay31&delay32&delay33);  //key_out3 为 k3 消抖后的
                                                  //输出
   assign INC=key_out3;                    //将 key_out3 直接作为 INC 控制信号

reg updown;
always @(negedge key_out2 or negedge rst)      //按键 k2 切换向上增和向下减
begin
  if(!rst)updown<=0;        else
  begin updown<=updown+1'b1;end
end

always@(posedge clk)                           //根据 updown 的值确定 UD 的取值
begin
if(updown==0)UD<=0;                            //输出信号幅值增加
else UD<=1;                                    //输出信号幅值减小
end

initial vol=99;                                //上电后音量最大
always@(negedge key_out3)                      //音量值增大或减小
begin
 if(UD==0)
   begin
 if(vol==0)vol<=0;                             //音量已经达到最小值，仍减小的话，
                                               //保持不变
        else vol<=vol-1'b1;
```

```
      end
    else
     begin
          if(vol==99)vol<=99;                    //音量已经达到最大值，仍增大的话，
                                                 //保持不变
          else vol<=vol+1'b1;
    end
  end
  endmodule
```

（3）A/D转换控制模块设计

技术要求：本模块要求控制ADC TLC549芯片的工作状态，并将A/D转换的结果转换为相应的电压值（mV），以便在数码管上显示出来（通过添加小数点，使显示结果的单位为V）。该模块的符号图如图9-22所示，此模块有两个输入端和三个输出端，输入端中的data来自ADC TLC549转换结果的串行输出，而输出端中的ioclk用于控制读取转换结果的时钟信号，AD_CS为ADC TLC549芯片的片选信号，advalue代表经过A/D转换后的电压值（mV）。

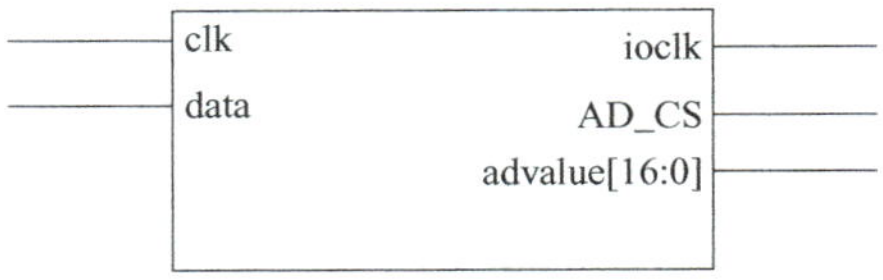

图9-22　A/D转换控制模块符号图

ADC TLC549有片内系统时钟，该时钟与I/O CLOCK是分开独立工作的，无须特殊的速度或相位匹配，其工作时序如图9-23所示。当$\overline{CS}$为高电平时，数据输出（DATA OUT）端处于高阻状态，此时，I/O CLOCK不起作用。当CS为低电平时，A/D前一次转换的数据A的最高位A7立马出现在数据线DATA OUT上，其余七位在I/O CLOCK的下降沿依次由时钟同步输出，因此，可在I/O CLOCK的上升沿读取数据。值得注意的是，t_{su}（CS）至少要1.4μs，并且I/O CLOCK的频率不能超过1.1MHz。读完8位数据后，A/D开始转换此次采样数据B，以便下一次读取转换时使用。片选信号CS置高电平后，每次转换不得超过17μs，转换开始于$\overline{CS}$拉低后的第8个I/O CLOCK的下降沿。此过程中没有转换完成标志，没有启动控制端，只要读取前一次数据后就可以马上开始新的A/D转换，转换完成后进入保持状态。

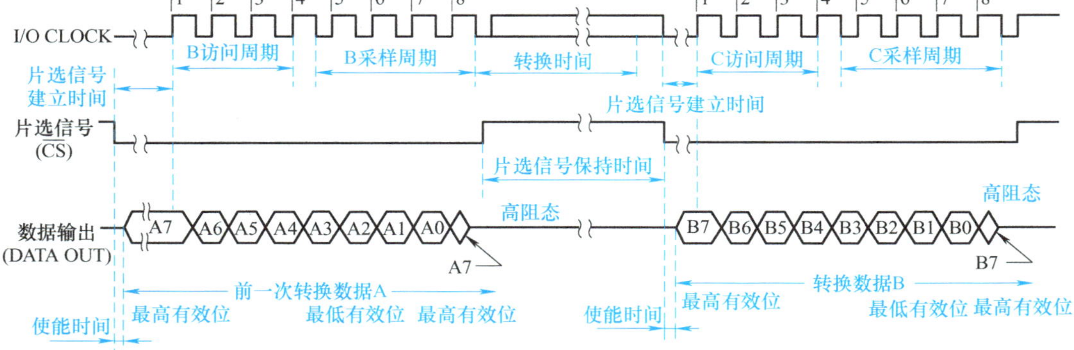

图9-23　ADC TLC549工作时序

ADC TLC549 转换的结果为 8bit 数字量，根据 A/D 转换电路，参考电压范围为 0 ～ 3.3V。在程序中定义一个 8bit 的变量 dataout 来保存转换的结果，根据 A/D 转换的原理可知，dataout 对应的电压值为：$\frac{\text{dataout}}{255}\times 3.3\times 1000\text{mV}\approx \text{dataout}\times 13(\text{mV})$。

参考程序如下：

```
module ADC TLC549(
    input clk,
    input data,
    output reg AD_CS,
    output reg ioclk,
    output reg advalue[16:0]
);

/********** 产生 100kHz 的采集时钟信号 *********/
reg count[7:0];
always@(posedge clk)
  begin
    if(count<249)    // 50MHz/(249+1)/2=100kHz
      count<=count+1'b1;
    else
      begin
      count<=0;
      ioclk<= ~ ioclk;
      end
 end


/*********A/D 采样程序 **************/
parameter sample=2'b00,display=2'b01;
reg state[1:0]=sample;
reg cnt[3:0]=0;
reg dataout[7:0]=0;
always@(negedge ioclk)
   begin
     case(state)// 读取 A/D 转换结果，保存在 dataout 中
      sample:
       begin
        AD_CS<=0;// 启动转换 dataout<={data,dataout[7:1]};    // 右移接收
        if(cnt>4'd7)  begin// 接收完 8 位数据  cnt<=0;state<=display;  end
        else   begin  cnt<=cnt+1;  state<=sample; end
        end
       display:
                begin
                  AD_CS<=1;                                   // 关闭片选
```

```
            advalue<=(tendata(dataout[7:4])*16+
                       tendata(dataout[3:0]))*13;      //计算电压值
            state<=sample;
          end
        default:state<=sample;
      endcase
    end

  function[3:0] tendata;
  input[3:0]   datain;
  begin
   case(datain)
     4'h0:tendata=4'd0;
     4'h1:tendata=4'd1;
     4'h2:tendata=4'd2;
     4'h3:tendata=4'd3;
     4'h4:tendata=4'd4;
     4'h5:tendata=4'd5;
     4'h6:tendata=4'd6;
     4'h7:tendata=4'd7;
     4'h8:tendata=4'd8;
     4'h9:tendata=4'd9;
     4'hA:tendata=4'd10;
     4'hB:tendata=4'd11;
     4'hC:tendata=4'd12;
     4'hD:tendata=4'd13;
     4'hE:tendata=4'd14;
     4'hF:tendata=4'd15;
    default:tendata=4'd0;
   endcase
  end
  endfunction

  endmodule
```

（4）继电器控制模块程序设计

技术要求：本项目的继电器控制用 CD4053 实现，电路如图 9-24 所示，使用 CD4053 中 C 模块的二选一功能。当 REL 为低电平时，将数字电位器输出的 AO 信号连接至后面的功放输入信号 PSIN；当 REL 为高电平时，将数字电位器输出的 AO 信号送至 A/D 转换模块。

继电器控制模块符号如图 9-25 所示。输入为外部时钟 clk、低电平复位信号 rst 及按键 k4，输出信号是 rel，用于控制 CD4053 的 C 模块的二选一功能。在程序设计中，首先需要对按键 k4 进行消抖处理，对消抖后的输出信号 key_out4 进行相应的逻辑处理，并对 rel 赋值即可。

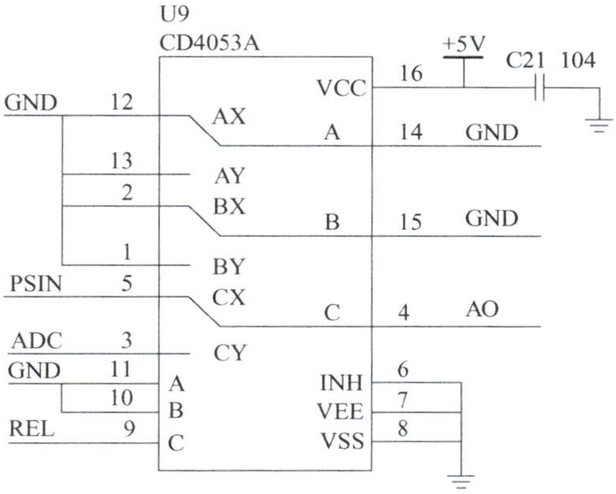

图 9-24　继电器（CD4053）控制电路

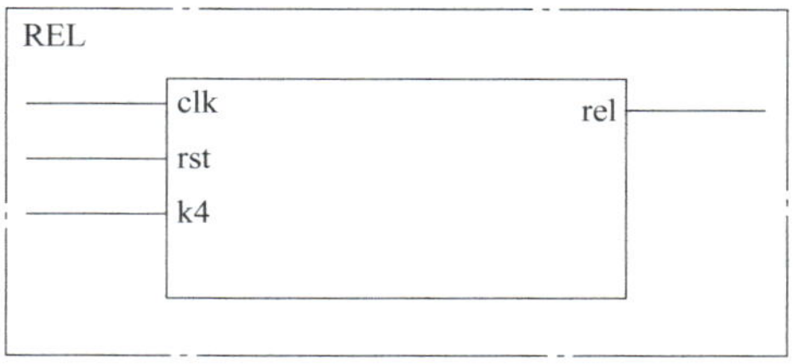

图 9-25　继电器控制模块符号

参考程序如下：

```
module REL(clk,rst,k4,rel);
input clk,rst,k4;
output rel;
reg rel;

reg q[17:0];
wire clkk;
assign clkk = q[17];
always@(posedge clk or negedge rst)
    begin
        if(!rst)      q<=0;
        else     q<=q+1;
    end

wire key_out4;
reg  delay41,delay42,delay43;
always@(posedge clkk or negedge rst)                    //按键 k4 消抖程序
    begin
        if(!rst)
         begin delay41<=1'b0;delay42<=1'b0;delay43<=1'b0; end
        else
         begin  delay41<=～k4;delay42<=delay41;delay43<=delay42;end
    end
    assign key_out4=～(delay41&delay42&delay43);  //key_out4 为消抖后的
                                                    //输出信号

always@(negedge key_out4)//根据按键消抖后的输出 key_out4 输出 rel 信号
begin rel<=～rel;end

endmodule
```

(5) 显示模块程序设计

技术要求：该模块要求在八位数码管上显示功能选择的功能号（CH0 ～ CH3）和音量大小（00 ～ 99），或显示 A/D 转换的结果（“AdC−8*.***”），两个显示效果可通过继电器模块输出的 rel 信号控制。

显示模块符号如图 9-26 所示。该模块共有六个输入端和两个输出端。其中，时钟信号 clk 和复位信号 rst 为外部输入信号，其他输入信号则来自其他模块的输出。其中，mode 为功能号，vol 为音量大小。功能号（CH0 ～ CH3）用三位数码管显示，vol（00 ～ 99）用两位数码管显示。当输入信号 rel 为低电平时，这两项一并在八位数码管上显示；当 rel 为高电平时，advalue 为 A/D 转换的结果值（<3300），并在最高位加上小数点，连同字符串“AdC−”，一并在八位数码管上显示。输出为 scan 和 seg，分别为数码管的位选控制和段控制信号。

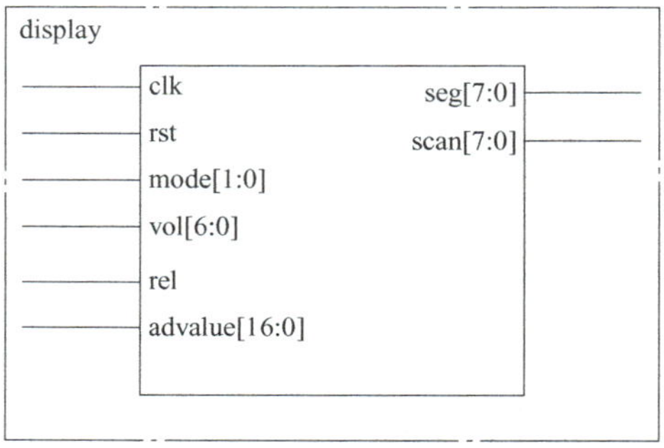

图 9-26　显示模块符号

参考程序如下：

```
module display(clk,rst,mode,vol,rel,advalue,seg,scan);
input clk,rst,rel;
input mode[1:0];
input vol[6:0];
input advalue[16:0];
output seg[7:0],scan[7:0];
reg seg[7:0],scan[7:0];

reg cnt8[19:0];
always @(posedge clk)
begin cnt8<=cnt8+1;end

reg data[3:0];
always@(posedge clk)          //数码管地址扫描
begin
 if(rel==0)                   //控制八位数码管在音量大小显示和 A/D 转换结果显示间切换
  begin
  case(cnt8[19:17])           //音量大小显示
  3'b000:begin scan<='b11111111;data[3:0]<=0;end  //该位消隐，不显示
  3'b001:begin scan<='b10111111;data[3:0]<=10;end //显示“C”
  3'b010:begin scan<='b11011111;data[3:0]<=11;end //显示“H”
  3'b011:begin scan<='b11101111;data[3:0]<=mode;end //显示功能 0 ～ 3
  3'b100:begin scan<='b11111111;data[3:0]<=0;end    //该位消隐，不显示
  3'b101:begin scan<='b11111111;data[3:0]<=0;end    //该位消隐，不显示
//以下两行显示音量大小的十位和个位，但是当功能为 2 即静音，显示“00”
  3'b110:begin  scan<='b11111101;if(mode==3)data[3:0]<=0;else
```

```
    data[3:0]<=vol/10;end//
    3'b111:begin  scan<='b11111110;if(mode==3)data[3:0]<=0;else
    data[3:0]<=vol%10;end
   default:begin scan<='bx;data[3:0]<='bx;end
   endcase
   end
else                                                          //显示 A/D 转换结果
     case(cnt8[19:17])
     3'b000:begin scan<='b11111111;data[3:0]<=12;end     //显示 "A"
     3'b001:begin scan<='b11111111;data[3:0]<=13;end     //显示 "d"
     3'b010:begin scan<='b11111111;data[3:0]<=10;end     //显示 "c"
     3'b011:begin scan<='b11111111;data[3:0]<=14;end     //显示 "-"
     3'b100:begin scan<='b11110111;data[3:0]<=advalue/10000;end
     3'b101:begin scan<='b11111011;data[3:0]<=(advalue/1000)%10;end
     3'b110:begin scan<='b11111101;data[3:0]<=(advalue/100)%10;end
     3'b111:begin scan<='b11111110;data[3:0]<=(advalue/10)%10;end
     default:begin scan<='bx;data[3:0]<='bx;end
     endcase
 end

always@(posedge clk)
begin
if((rel==1)&&(scan=='b11110111)) //当显示 A/D 转换结果 advalue 的千位时，加上小数点
case(data[3:0])
  4'b0000:seg[7:0]<=8'b00000010;
  4'b0001:seg[7:0]<=8'b10011110;
  4'b0010:seg[7:0]<=8'b00100100;
  4'b0011:seg[7:0]<=8'b00001100;
  4'b0100:seg[7:0]<=8'b10011000;
  4'b0101:seg[7:0]<=8'b01001000;
  4'b0110:seg[7:0]<=8'b01000000;
  4'b0111:seg[7:0]<=8'b00011110;
  4'b1000:seg[7:0]<=8'b00000000;
  4'b1001:seg[7:0]<=8'b00001000;
  4'b1010:seg[7:0]<=8'b01100011;   //C
  4'b1011:seg[7:0]<=8'b10010001;   //H
  4'b1100:seg[7:0]<=8'b00010001;   //A
  4'b1101:seg[7:0]<=8'b10000101;   //d
  4'b1110:seg[7:0]<=8'b111111101;  //-
  default:seg[7:0]<='bx;
  endcase
  else
   case(data[3:0])
  4'b0000:seg[7:0]<=8'b00000011;
  4'b0001:seg[7:0]<=8'b10011111;
```

```
    4'b0010:seg[7:0]<=8'b00100101;
    4'b0011:seg[7:0]<=8'b00001101;
    4'b0100:seg[7:0]<=8'b10011001;
    4'b0101:seg[7:0]<=8'b01001001;
    4'b0110:seg[7:0]<=8'b01000001;
    4'b0111:seg[7:0]<=8'b00011111;
    4'b1000:seg[7:0]<=8'b00000001;
    4'b1001:seg[7:0]<=8'b00001001;
    4'b1010:seg[7:0]<=8'b01100011;    //C
    4'b1011:seg[7:0]<=8'b10010001;    //H
    4'b1100:seg[7:0]<=8'b00010001;    //A
  4'b1101:seg[7:0]<=8'b10000101;      //d
  4'b1110:seg[7:0]<=8'b111111101;     //-
    default:seg[7:0]<='bx;
    endcase
  end
  endmodule
```

（6）顶层程序设计

如图 9-18 所示，在顶层将功能选择模块、数字电位器控制模块、A/D 转换控制模块、继电器控制模块及显示模块连接起来。在端口定义中，clk、rst、k1、k2、k3、k4、data 为输入信号，其中，clk 为外部输入的 50MHz 时钟信号，rst 为低电平复位信号，k1 控制功能切换，k2 和 k3 控制音量，k4 控制音量显示和 A/D 转换结果显示，data 为 ADC TLC549 的串行数据输出。在输出信号中，CD4053_A、CD4053_B、CD4053_C 用于控制 CD4053 工作，从而实现功能切换；INC、UD、CS 控制 X9C103 工作，实现音量调节；ioclk、AD_CS 控制 ADC TLC549 工作，实现 A/D 转换；seg[7:0]、scan[7:0] 控制数码管显示；rel 是继电器控制信号。

参考程序如下：

```
module top(clk,rst,k1,k2,k3,k4,data,
CD4053_A,CD4053_B,CD4053_C,
INC,UD,CS,
rel,
ioclk,AD_CS,
seg[7:0],scan[7:0]);

input clk,rst,k1,k2,k3,k4,data;
output CD4053_A,CD4053_B,CD4053_C;
output ioclk,AD_CS;
output seg[7:0],scan[7:0];
output INC,UD,CS;
output rel;

wire mode[1:0];
wire vol[6:0];
```

```
wire advalue[16:0];

CD4053 X0(clk,rst,k1,CD4053_C,CD4053_B,CD4053_A,mode[1:0]);
X9C103 X1(clk,rst,k2,k3,CS,UD,INC,vol[6:0]);
ADC TLC549 X2(clk,ioclk,data,AD_CS,advalue[16:0]);
REL X3(clk,rst,k4,rel);
display X4(clk,rst,mode[1:0],vol[6:0],rel,advalue[16:0],seg[7:0],
scan[7:0]);
endmodule
```

3. 电路调试和板级验证

（1）信号调理电路调试

在 MIC 信号输入端无输入信号时，使用数字万用表分别测量放大器同相输入端、反相输入端及输出端的直流电压值，并将测量结果填写在表 9-12 中。

表 9-12　输入端无输入信号时的参数

输入信号	同相输入端直流电压值	反相输入端直流电压值	输出端直流电压值	直流放大倍数
0				

在 MIC 信号输入端输入 V_{pp} 为 20mV、频率为 1kHz 的正弦信号，使用示波器测量并记录放大器同相输入端、反相输入端及输出端的 V_{pp}，请计算出此放大电路的交流放大倍数，并将数据填写在表 9-13 中。

表 9-13　输入端输入 20mV/1kHz 的参数

输入信号	同相输入端 V_{pp}	反向输入端 V_{pp}	输出端 V_{pp}	交流放大倍数
20mV/1kHz				

（2）音量指示电路调试

在音频放大电路的 AO 处输入频率 1kHz、V_{pp} 为 1V 的正弦信号，并不断减小 V_{pp} 的值，观察 LED 灯点亮的个数变换情况。记录 LM324 的 3 号、5 号、10 号、12 号引脚及 LM358 的 5 号引脚的电压值，填写在表 9-14 中，记录当 LED 灯的点亮个数逐渐减少时 V_{pp} 变换情况，填写在表 9-15 中。

表 9-14　LM324 和 LM358 相应引脚的电压

LM324 的 3 号脚	LM324 的 5 号脚	LM324 的 10 号脚	LM324 的 12 号脚	LM358 的 5 号脚

表 9-15　记录当 LED 灯的点亮个数变化的 V_{pp}

LED 灯点亮个数	5	4	3	2	1
最小电压 V_{pp}					

（3）功率放大电路的调试

在功率放大器输入端输入 20mV/1kHz 的信号，使用示波器测量并记录输出端的 V_{pp}，并计算放大倍数，记录在表 9-16 中。

表 9-16　记录输出端的 V_{pp} 参数

输入信号	输出端 V_{pp}	放大倍数
20mV/1kHz 正弦信号		

（4）系统联调及板级验证

1）创建项目。按照新建项目的向导步骤选定路径，并确定项目名和顶层设计实体名为“top”，在创建项目的过程中要选择和开发板上一致的器件 EP4CE6E22C8。

2）输入文件。分别创建 X9C103.v、REL.v、display.v、CD4053.v、ADC TLC549.v 和顶层文件 top.v，并输入源代码，如图 9-27 所示。

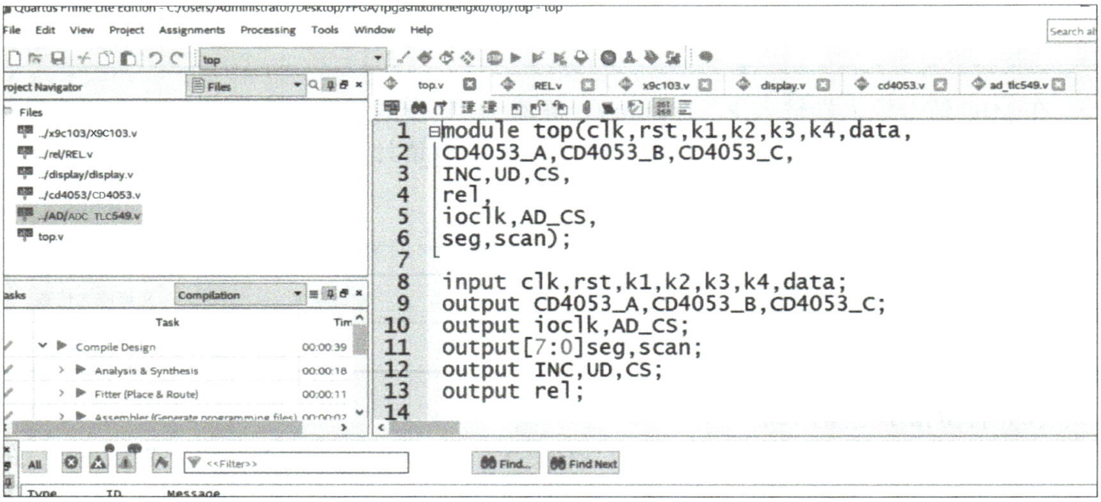

图 9-27　创建项目和输入文件

3）设计处理。在 Project Navigator 右侧下拉选择“Files”，并在 top.v 上右击，在弹出的选项中选择“Set as Top-level Entity”文件，设其为顶层实体再进行编译处理，编译结果如图 9-28 所示。

4）引脚约束。在“Assignments”菜单中选择“Pin Planner”命令，进入 Pin planner 编辑界面，如图 9-29 所示。根据项目需求对输入端口时钟输入信号 clk、复位信号 rst、k1、k2、k3、k4、data，及输出端口 seg、scan、CD4053_C、CD4053_B、CD4053_A、CS、UD、INC、rel、ioclk、AD_CS 进行引脚约束，约束关系见表 9-17。根据表 9-17，在图 9-29 中列出的引脚右侧“Loaction”一列输入引脚编号即可。

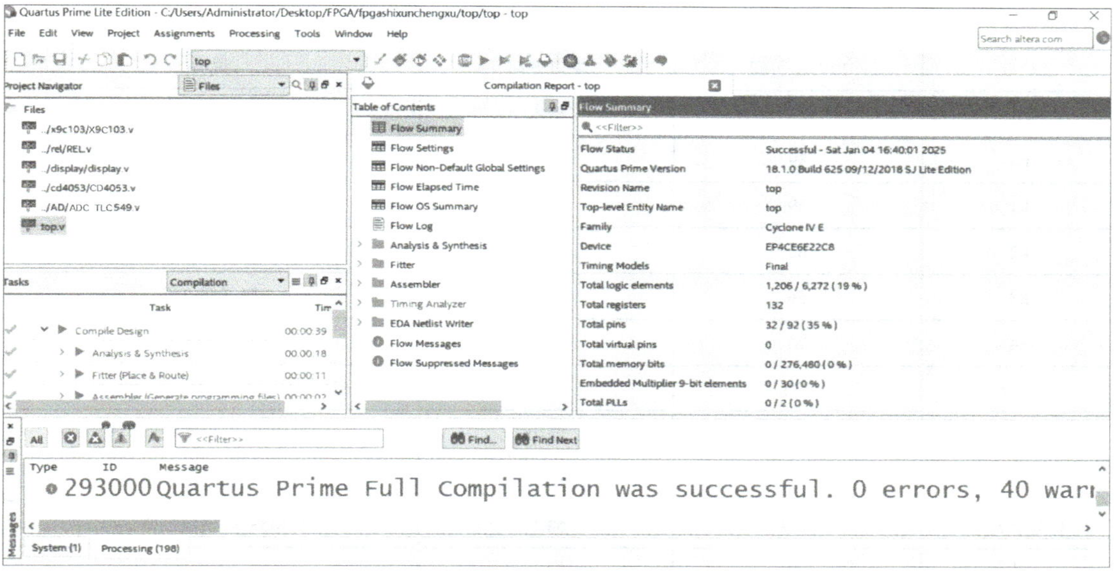

图 9-28　编译项目

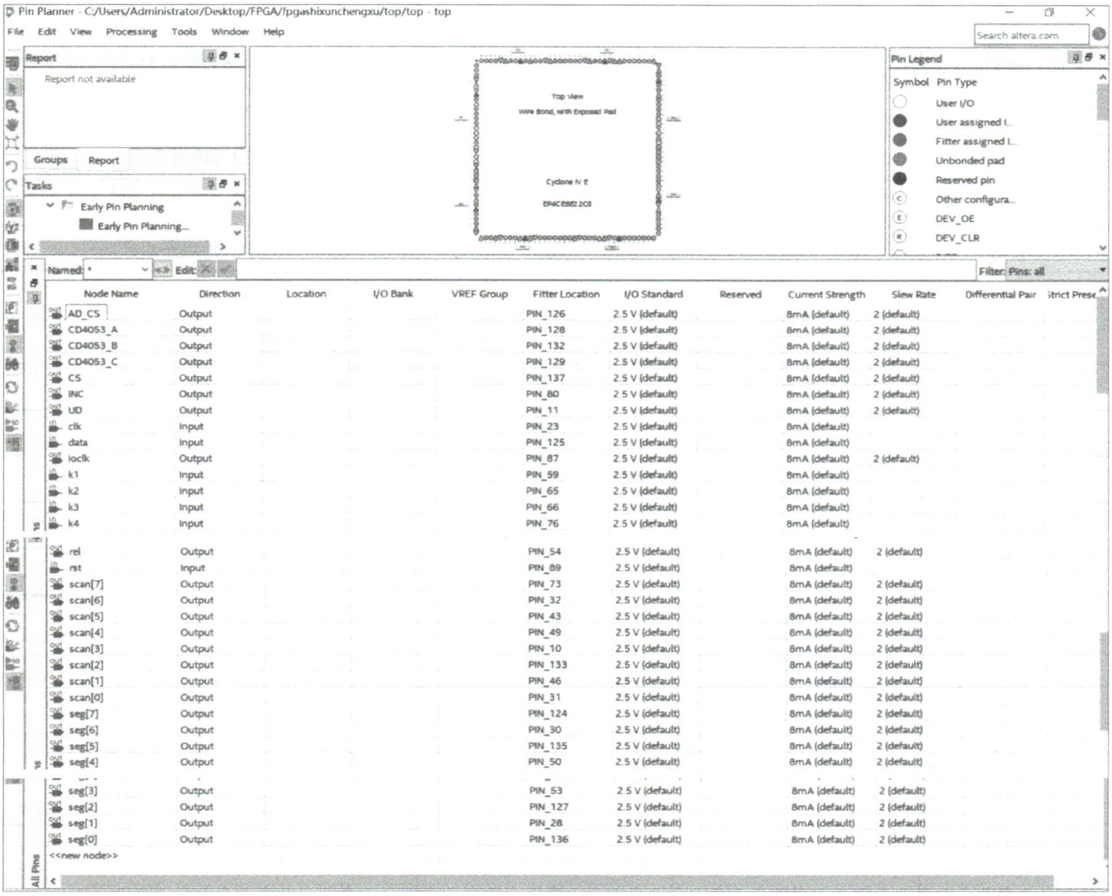

图 9-29　引脚约束界面

表 9-17　端口与 FPGA 引脚的对应关系

端口	FPGA 引脚	端口方向	说明
clk	23	输入	50MHz
rst	89	输入	低电平复位
k1	59	输入	按下低电平
k2	65	输入	按下低电平
k3	66	输入	按下低电平
k4	76	输入	按下低电平
data	125	输入	ADC TLC549 转换结果串行输出
CD4053_A	128	输出	CD4053_A 模块控制信号
CD4053_B	132	输出	CD4053_B 模块控制信号
CD4053_C	129	输出	CD4053_C 模块控制信号
CS	137	输出	X9C103 片选信号
UD	11	输出	X9C103 增加或减小控制信号
INC	80	输出	X9C103 计数信号
rel	54	输出	继电器控制信号
ioclk	87	输出	ADC TLC549 时钟信号
AD_CS	126	输出	ADC TLC549 片选信号
seg[7]	73	输出	段码 A：低电平点亮
seg[6]	32	输出	段码 B：低电平点亮
seg[5]	43	输出	段码 C：低电平点亮
seg[4]	49	输出	段码 D：低电平点亮
seg[3]	10	输出	段码 E：低电平点亮
seg[2]	133	输出	段码 F：低电平点亮
seg[1]	46	输出	段码 G：低电平点亮
seg[0]	31	输出	段码 DP：低电平点亮
scan[7]	124	输出	位选（从左到右）1：低电平选中
scan[6]	30	输出	位选（从左到右）2：低电平选中
scan[5]	135	输出	位选（从左到右）3：低电平选中
scan[4]	50	输出	位选（从左到右）4：低电平选中
scan[3]	53	输出	位选（从左到右）5：低电平选中
scan[2]	127	输出	位选（从左到右）6：低电平选中
scan[1]	28	输出	位选（从左到右）7：低电平选中
scan[0]	136	输出	位选（从左到右）8：低电平选中

5）器件编程及功能验证。将开发板和音频放大电路通过杜邦线进行连接，如图 9-30 所示，并将开发板通过 USB-Blaster 连接至计算机，选择“Tools”主菜单下的“Programmer”命令，打开下载窗口。单击“Start”按钮开始下载。下载完成后，对电路功能进行验证。验证步骤如下：

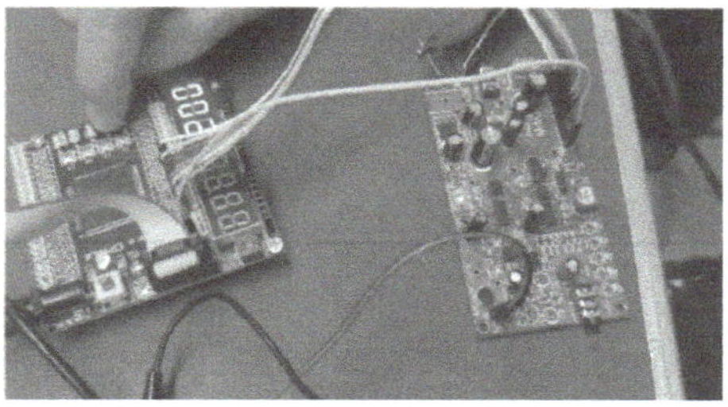

图 9-30　开发板和音频放大电路的连接

① 将手机音频信号或计算机音频信号连接至音频输入端，在功放输出端连接一扬声器或耳机后，为系统上电。

② 调整按键 k4，将八位数码管当前显示调整为功能号及音量大小，通过按键 k1 调整至 CH0，并通过按键 k3 和 k4 调整音量大小，观察数码管显示的音量值是否变化、音频放大电路中的 5 只 LED 灯的点亮情况，以及实际播放的音频信号的音量变化情况。

③ 调整按键 k1，使功能切换至 CH2（静音模式），观察音量指示是否为 0。

④ 调节按键 k4，使八位数码管显示 A/D 转换结果，观察数码管显示的 A/D 转换结果。

如果以上验证与项目描述一致，则项目完成；反之，针对出现的现象查找硬件或程序的问题。

问题探究

1. 在信号调理电路的调试过程中，测量放大器同相输入端、反相输入端及输出端的直流电压值时，若测量值与理论值偏差较大，可能的原因有哪些？

可能原因：元器件损坏，如电阻损坏、电容漏电等，这些都会影响电路的分压和信号传输；焊接问题，如虚焊、短路等，导致电路连接异常；电源问题，电源电压不稳定或纹波过大，影响电路的静态工作点；测量仪器误差，测量仪器精度不够或未校准。

2. 在数字电位器控制模块中，X9C103 的片选信号 CS 一直赋值为低电平，这种设置在实际应用中有什么优缺点？

优点：简化了程序设计，无须频繁控制片选信号，使数字电位器始终处于激活状态，便于及时响应按键操作调整音量。缺点：增加了功耗，因为片选信号一直有效，数字电位器始终处于工作状态；同时可能会受到其他干扰信号的影响，若系统中有噪声干扰控制信号，可能导致数字电位器误动作。

3. 当数码管上显示不同信息时，通过 case 语句进行选择。当显示内容增多时，case

语句会变得冗长复杂，影响代码的可读性和执行效率，有哪些优化方法可以改善这种情况？

可以将显示内容的处理逻辑封装成函数，在 case 语句中调用相应函数，使代码结构更清晰。也可使用状态机管理显示状态，每个状态对应一种显示内容，通过状态转换实现不同显示，提高代码的可读性和可维护性。还可以利用数组或结构体存储显示数据和相关处理逻辑，通过索引或指针访问，简化 case 语句的复杂度。

学习反思

内容	观察点	达成度（按最优为 5、最差为 1，逐项对观察点达成情况进行自我评估，并在相应栏中打√）				
		5	4	3	2	1
知识目标	1. 掌握 CD4053 的控制原理					
	2. 掌握 X9C103 的工作原理					
	3. 掌握 ADC TLC549 的工作时序					
能力目标	1. 能根据需求进行扩展板的硬件设计					
	2. 能应用分频器、技术器、状态机等					
	3. 能对复杂程序进行联合调试					
素质目标	1. 培养层次化设计的工程思维					
	2. 具备综合运用软、硬件资源的工程素养					
	3. 培养团队协作能力					
学习态度	如学习的参与度、主动性、耐受力等					
学习方法	如工具使用、资源利用、策略运用等					
学习习惯	如学习的计划、调控、评价、反思等					

学习目标没有达成的原因分析

改进措施 （针对上述观察点中的弱项，提出具体和可行的改进措施）

巩固练习

1. 请设计以下程序：将音量大小“0 ～ 99”分为 1 ～ 5 个等级，“0 ～ 19”为 L1 级，

“20 ～ 39” 为 L2 级，“40 ～ 59” 为 L3 级，“60 ～ 79” 为 L4 级，“80 ～ 99” 为 L5 级，数码管显示当前的音量等级，如音量为 “15” 时，显示音量等级为 “L1”。

2. 请设计以下程序：根据输入 AUD1 和 AUD2 自动调整音量的大小。输入为 “AUD1” 时，音量为 “20”，输入为 “AUD2” 时，音量为 “40”。

*挑战进阶

请尝试完成数字音频功放的自动待机（在 60s 无按键操作后或无音频输入时进入低功耗模式，即音量设置为 “0”）程序的编写。

*项目10 基于图像处理的实时边缘特征提取

学习目标

1. 了解边缘特征提取的工作原理：包含摄像头控制原理、SDRAM 工作原理、图像处理原理和 VGA 驱动原理。

2. 能熟练使用计数器实现 SCCB 协议时序、SDRAM 的突发读写、VGA 的行、场时序。

3. 能正确使用状态机实现摄像头 SCCB 协议驱动、SDRAM IP 核的读写。

4. 能熟练使用乒乓操作缓存数据到 SDRAM。

5. 能熟练使用三态门控制信号的输入 / 输出切换。

6. 能熟练使用 case 语句逐一发送摄像头的寄存器地址和配置寄存器参数。

7. 能熟练使用移位寄存器将摄像头输出的 8 位数据变为 16 位数据，以得到完整 RGB565 数据。

8. 能熟练使用拼接操作将 RGB565 数据扩编为 RGB888 数据，并使用灰度算法将原始图像变为灰度图像。

9. 能正确使用高斯滤波算法对灰度图像进行高斯滤波处理，去除图像噪点。

10. 能正确使用 Sobel 算法将二值图像变为 Sobel 数据。

11. 提升复杂数字系统设计与集成、验证与调试的工程素养。

应用场景

采用 FPGA 实现的边缘提取在多种应用场景中发挥着重要作用，其高速处理能力和可定制性使其成为边缘提取任务的理想选择。在工业自动化和生产线中，边缘提取用于识别和定位工件、零件或产品。通过检测物体的边缘，可以确保产品的正确组装、定位和分类，从而提高生产效率和准确性。在自动驾驶和智能交通系统中，边缘提取用于识别和跟踪车辆。通过检测车辆的边缘，系统可以实时获取车辆的位置、速度和方向等信息，从而实现安全驾驶和交通管理。在图像监控系统中，边缘提取用于检测异常事件和潜在威胁。例如，通过检测监控视频中的人物边缘，可以识别出入侵者、徘徊者等异常情况，从而及时发出警报。在虚拟现实（VR）和增强现实（AR）应用中，边缘提取用于构建和渲染逼真的三维场景。通过检测图像中的边缘信息，生成更准确的深度图和三维模型，从而提供更好的沉浸感和交互体验。

项目描述

1）根据 SCCB 协议驱动 OV5640 摄像头。

2）将摄像头采集的数据逐一进行处理：

① 灰度处理：将原始图像数据通过算法转换为灰度图像。

② 高斯滤波处理：对灰度图像进行滤波，以消除图像噪点。

③ 二值化处理：将滤波后的灰度图像转换为黑白图像。

④ Sobel 处理：将黑白图像通过算法转换为边缘特征提取图像。

3）将 Sobel 处理后的数据缓存到 SDRAM 中。

4）将 SDRAM 存储的数据根据 VGA 的操作时序进行显示。

项目实施

10.1　本项目使用的软、硬件资源

1）硬件：AWC_C4 开发板（见图 10-1）、OV5640 摄像头（见图 10-2）、VGA 转 USB 连接线（见图 10-3）、计算机（见图 10-4）。

2）软件：Quartus Prime、ModelSim。

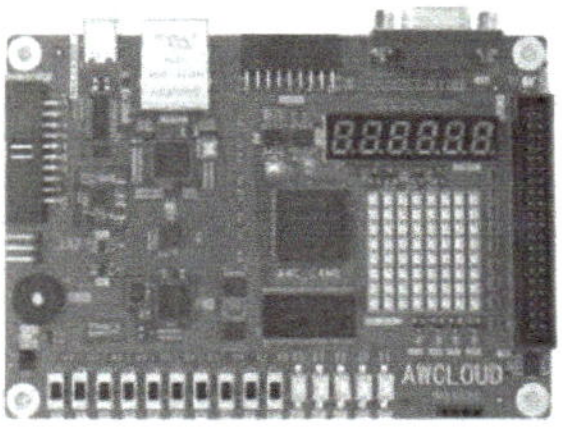

图 10-1　AWC_C4 开发板

图 10-2　OV5640 摄像头

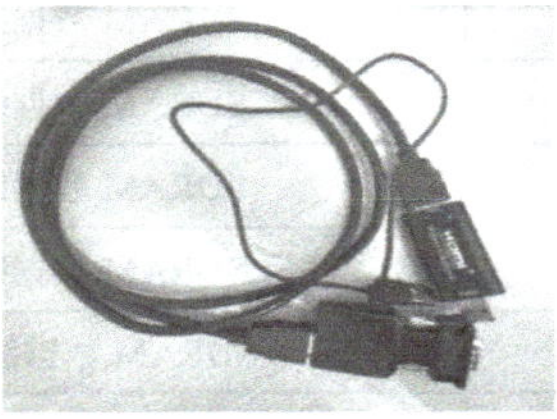

图 10-3　VGA 转 USB 连接线

图 10-4　计算机

FPGA 核心板与 OV5640 摄像头、VGA、SDRAM 之间的引脚分配见表 10-1。

表 10-1　引脚分配

硬件模块	引脚分配	说明
clk	E1	系统时钟
rst_n	E15	系统复位（按键）
SDRAM_clk	R4	SDRAM 时钟
SDRAM_cke	R14	SDRAM 时钟使能
SDRAM_csn	T6	SDRAM 片选
SDRAM_rasn	R6	SDRAM 列有效
SDRAM_casn	T5	SDRAM 行有效
SDRAM_wen	N1	SDRAM 写有效
SDRAM_addr[0]	T8	SDRAM 地址 0
SDRAM_addr[1]	P9	SDRAM 地址 1
SDRAM_addr[2]	T9	SDRAM 地址 2
SDRAM_addr[3]	R9	SDRAM 地址 3
SDRAM_addr[4]	L16	SDRAM 地址 4
SDRAM_addr[5]	L15	SDRAM 地址 5
SDRAM_addr[6]	N16	SDRAM 地址 6
SDRAM_addr[7]	N15	SDRAM 地址 7
SDRAM_addr[8]	P16	SDRAM 地址 8
SDRAM_addr[9]	P15	SDRAM 地址 9
SDRAM_addr[10]	R8	SDRAM 地址 10
SDRAM_addr[11]	R16	SDRAM 地址 11
SDRAM_addr[12]	T15	SDRAM 地址 12
SDRAM_dq[0]	R5	SDRAM 数据线 0
SDRAM_dq[1]	T4	SDRAM 数据线 1
SDRAM_dq[2]	T3	SDRAM 数据线 2
SDRAM_dq[3]	R3	SDRAM 数据线 3
SDRAM_dq[4]	T2	SDRAM 数据线 4
SDRAM_dq[5]	R1	SDRAM 数据线 5
SDRAM_dq[6]	P2	SDRAM 数据线 6
SDRAM_dq[7]	P1	SDRAM 数据线 7
SDRAM_dq[8]	R13	SDRAM 数据线 8
SDRAM_dq[9]	T13	SDRAM 数据线 9
SDRAM_dq[10]	R12	SDRAM 数据线 10
SDRAM_dq[11]	T12	SDRAM 数据线 11
SDRAM_dq[12]	T10	SDRAM 数据线 12
SDRAM_dq[13]	R10	SDRAM 数据线 13

（续）

硬件模块	引脚分配	说明
SDRAM_dq[14]	T11	SDRAM 数据线 14
SDRAM_dq[15]	R11	SDRAM 数据线 15
SDRAM_bank[0]	R7	SDRAM 的 bank 地址 0
SDRAM_bank[1]	T7	SDRAM 的 bank 地址 1
SDRAM_dqm[0]	N2	SDRAM 数据掩码 0
SDRAM_dqm[1]	T14	SDRAM 数据掩码 1
VGA_rgb[0]	C15	VGA 数据线 0
VGA_rgb[1]	B16	VGA 数据线 1
VGA_rgb[2]	A15	VGA 数据线 2
VGA_rgb[3]	B14	VGA 数据线 3
VGA_rgb[4]	A14	VGA 数据线 4
VGA_rgb[5]	B13	VGA 数据线 5
VGA_rgb[6]	A13	VGA 数据线 6
VGA_rgb[7]	B12	VGA 数据线 7
VGA_rgb[8]	A12	VGA 数据线 8
VGA_rgb[9]	B11	VGA 数据线 9
VGA_rgb[10]	A11	VGA 数据线 10
VGA_rgb[11]	B10	VGA 数据线 11
VGA_rgb[12]	A10	VGA 数据线 12
VGA_rgb[13]	B9	VGA 数据线 13
VGA_rgb[14]	A9	VGA 数据线 14
VGA_rgb[15]	C8	VGA 数据线 15
VGA_hsync	C16	VGA 行同步
VGA_vsync	D15	VGA 场同步
CMOS_vsync	F6	CMOS 场同步
CMOS_href	D1	CMOS 行同步
CMOS_pclk	D5	CMOS 数据像素时钟
CMOS_xclk	D3	CMOS 工作时钟
CMOS_reset	F1	CMOS 复位
CMOS_pwdn	G2	CMOS 电源休眠选择
CMOS_scl	C6	CMOS 的 SCCB_SCL 线
CMOS_sda	D6	CMOS 的 SCCB_SDA 线
CMOS_din[0]	F5	CMOS 数据线 0
CMOS_din[1]	G5	CMOS 数据线 1
CMOS_din[2]	D4	CMOS 数据线 2

（续）

硬件模块	引脚分配	说明
CMOS_din[3]	M1	CMOS 数据线 3
CMOS_din[4]	F3	CMOS 数据线 4
CMOS_din[5]	F2	CMOS 数据线 5
CMOS_din[6]	E5	CMOS 数据线 6
CMOS_din[7]	C3	CMOS 数据线 7

10.2 技术分析

本项目主要包含以下四项关键技术。

1）摄像头驱动。状态机时序控制主要包括有限状态机的设计，用于管理 SCCB 协议的各个阶段，包括起始、数据发送 / 接收、响应及停止条件，并且包含采用计数器设计时钟信号，在对应的状态进行计数，产生 SCCB 协议所需时序。采用 case 语句有序发送摄像头配置信息，第一个阶段发送写请求信号，第二个阶段发送摄像头寄存器地址高位，第三个阶段发送摄像头寄存器地址低位，第四个阶段发送配置寄存器参数。

2）图像处理。包括设计移位寄存器将完整的 RGB565 格式的数据分两次发送，每次 8bit，对拼接后的 RGB565 颜色分量进行扩展，根据转换后的 RGB888 数据计算每个像素的亮度值，实现图像从彩色到灰度的转换。由于转换得到的灰度图像可能含有噪点，需要采用高斯滤波算法来平滑图像，减少噪声干扰。对于经过高斯滤波处理的灰度图像，通过设定阈值进行二值化处理，即当像素值超过预设阈值时判定为白色（1），否则为黑色（0），以此获得清晰的二值化图像。最后，在二值化图像的基础上应用 Sobel 算子进行边缘特征提取。同样地，根据设定的阈值判断 Sobel 运算的结果，若结果大于阈值，则输出白色（1），表示存在边缘；反之，输出黑色（0）。整个过程中，通过移位寄存器、颜色扩展、灰度转换、高斯滤波、二值化处理和 Sobel 边缘特征提取等关键技术实现了从原始 RGB565 数据到 Sobel 边缘特征提取图像的完整转换。

3）SDRAM 读写数据。包括设计状态机来控制 SDRAM IP 核，包括初始状态、写数据状态、读数据状态和完成状态，并使用计数器实现突发读写操作。同时，采用乒乓缓存策略，利用 SDRAM 的两个 Bank（Bank0 和 Bank3）交替进行读写操作，确保在向一个 Bank 缓存数据的同时从另一个 Bank 读取数据，直到两个 Bank 各自完成一帧数据的读写后再进行 Bank 切换。

4）VGA 显示驱动。包括设计行计数器和场计数器，分别用于对 VGA 图像的行数据和场数据进行计数，以满足 VGA 显示时序的要求。行计数器确保每行像素的正确显示，而场计数器则管理图像的帧刷新，两者同时工作以维持 VGA 信号的稳定输出。

10.3 设计框架

边缘提取的顶层模块如图 10-5 所示。

输入信号：系统时钟信号 clk、系统复位信号 rst_n、摄像头行同步信号 cmos_href、摄像头场同步信号 cmos_vsync、像素时钟 cmos_pclk、8bit 宽图像数据 cmos_din[7:0]。

输出信号：摄像头工作时钟信号 cmos_xclk、摄像头时钟选择信号 cmos_pwdn、摄像头复位信号 cmos_reset、摄像头 SCCB 协议的 SCL 信号 cmos_scl、摄像头 SCCB 协议的 SDA 信号（双向）cmos_sda、SDRAM 时钟信号 sdram_clk、SDRAM 时钟使能信号 sdram_cke、SDRAM 片选信号 sdram_csn、SDRAM 行有效信号 sdram_rasn、SDRAM 列有效信号 sdram_casn、SDRAM 写有效信号 sdram_wen、SDRAM 的 Bank 地址 sdram_bank[1:0]、SDRAM 地址总线 sdram_addr[12:0]、SDRAM 数据总线 sdram_dq[15:0]、SDRAM 数据掩码 sdram_dqm[1:0]、VGA 数据总线 vga_rgb[15:0]、VGA 行同步信号 vga_hsync、VGA 场同步信号 vga_vsync。

根据信号定义和项目描述，本项目包含五个部分，如图 10-6 所示。

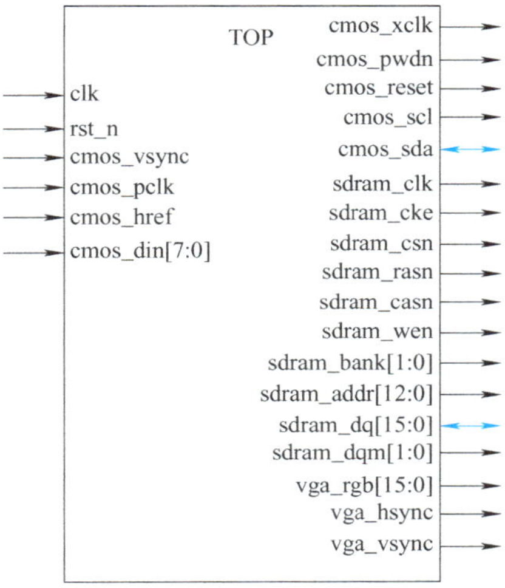

图 10-5　边缘提取顶层模块

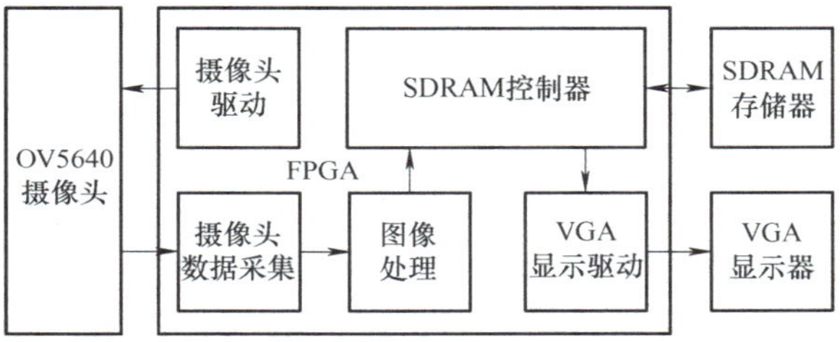

图 10-6　项目模块框图

1）摄像头驱动：实现 OV5640 摄像头的上电初始化及寄存器配置。

2）摄像头数据采集：将摄像头采集的图像数据及行、场同步信号整合，并传递给图像处理单元。

3）图像处理：对图像数据进行处理，包括灰度化、高斯滤波、二值化、Sobel 边缘特征提取。

4）SDRAM 控制器：将图像处理单元的数据通过写 FIFO IP 核发送给 SDRAM 芯片，以及通过读 FIFO IP 核从 SDRAM 芯片中读出数据。

5）VGA 显示驱动：从 SDRAM 控制器中读出图像数据，并在显示器上显示。

10.4　技术设计

相关代码请下载本书配套资料查看。

1. 摄像头驱动（cmos_top）

摄像头驱动框图如图 10-7 所示，包含两部分：I^2C 驱动模块（i2c_master）和 I^2C 配置模块（cmos_config）。I^2C 配置模块发送请求信号给 I^2C 驱动模块，表示要发送数据了。I^2C 驱动模块每发送完一字节的数据后回传一个 done 信号告知 I^2C 配置模块完成一次发送，可以发送下一字节数据。I^2C 驱动模块通过 i2c_scl 和 i2c_sda 与摄像头进行通信。

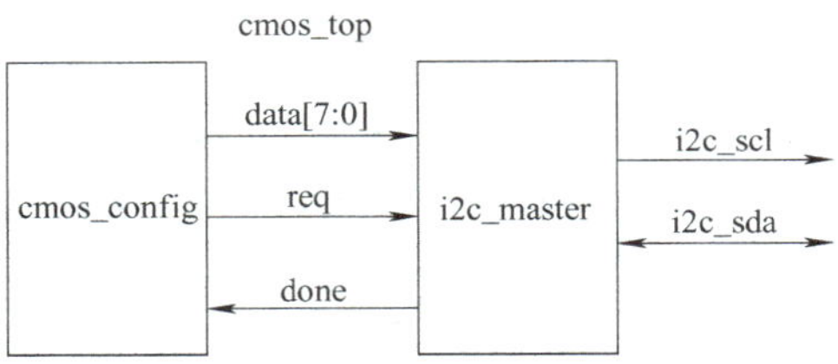

图 10-7　摄像头驱动框图

（1）I^2C 驱动模块（i2c_master）

技术要求：本模块用于根据 I^2C 协议将摄像头配置模块发送来的数据传输给摄像头。根据技术要求，由于配置摄像头的通信协议 SCCB 与 I^2C 协议类似，可以按照 I^2C 协议发送数据到摄像头。采用状态机来完成，包含初始状态、开始状态、写数据状态、从机响应状态、读数据状态、主机响应状态、停止状态。

同时定义状态跳转条件标志信号，这样做的目的是更直观地观察和控制每一个状态之间的跳转。状态跳转条件如下。

初始状态到开始状态（idle2start）：当处于初始状态且请求信号有效，输入命令与开始命令参数一致时，此标志信号有效。

初始状态到写数据状态（idle2write）：当处于初始状态且请求信号有效，输入命令与写数据命令参数一致时，此标志信号有效。

初始状态到读数据状态（idle2read）：当处于初始状态且请求信号有效，输入命令与读数据命令参数一致时，此标志信号有效。

开始状态到写数据状态（start2write）：当处于开始状态且比特计数结束信号有效，输入命令与写数据命令参数一致时，此标志信号有效。

开始状态到读数据状态（start2read）：当处于开始状态且比特计数结束信号有效，输入命令与读数据命令参数一致时，此标志信号有效。

写数据状态到从机响应状态（write2rack）：当处于写数据状态且比特计数结束信号有效时，此标志信号有效。

读数据状态到主机响应状态（read2sack）：当处于读数据状态且比特计数结束信号有效时，此标志信号有效。

从机响应状态到停止状态（rack2stop）：当处于从机响应状态且比特计数结束信号有效，输入命令与停止命令参数一致时，此标志信号有效。

主机响应状态到停止状态（sack2stop）：当处于主机响应状态且比特计数结束信号有效，输入命令与停止命令参数一致时，此标志信号有效。

从机响应状态到初始状态（rack2idle）：当处于从机响应状态且比特计数结束信号有效，输入命令与停止命令参数为 0 时，此标志信号有效。

主机响应状态到初始状态（sack2idle）：当处于主机响应状态且比特计数结束信号有效，输入命令与停止命令参数为 0 时，此标志信号有效。

停止状态到初始状态（sack2idle）：当处于停止状态且比特计数结束信号有效时，此标志信号有效。

I^2C 协议在发送数据和接收数据所使用到的时钟信号并不是系统时钟，而需要使用专门的 SCL 时钟。因此，需要设计一个计数器，在除初始状态外的其他状态产生 SCL 时钟信号。

无论是命令数据还是配置参数数据，向摄像头发送数据都是逐位串行发送的，需要设计计数器对发送的数据进行比特计数。

状态机跳转到对应的状态输出对应的数据，但由于 I^2C 的 SDA 信号线是一根双向信号线，数据只能逐位串行发送，需要设计三态门逻辑控制数据的输入、输出时机。

（2）I^2C 配置模块（cmos_config）

技术要求：该模块用于将摄像头寄存器地址及相关的配置参数发送给 I^2C 驱动模块，包含将写请求状态、写数据状态等发送给驱动模块。驱动模块和摄像头通信，使得摄像头正确接收配置数据，做好传输数据到 FPGA 的准备。该模块内部寄存了两百多个配置数据，发送配置数据的流程可以通过状态机来实现，包含的状态有上电等待状态、初始状态、写数据状态、写请求状态。同时定义状态跳转条件标志信号，观察和控制每一个状态之间的跳转。状态跳转条件如下。

上电等待状态到初始状态（wait2idle）：当处于上电等待状态，且延时计数结束信号有效时，此标志信号有效。

初始状态到写请求状态（idle2wreq）：当处于初始状态，且配置标志信号有效时，此标志信号有效。

写数据状态到写请求状态（write2wreq）：当处于写数据状态，且一次参数配置完成标志信号有效，配置参数状态计数结束标志信号取反有效时，此标志信号有效。

写数据状态到初始状态（write2idle）：当处于写数据状态，且配置参数状态计数结束标志信号有效时，此标志信号有效。

需要注意的是，摄像头在上电后不能马上发送数据，需要等待约 20ms。同时，为了减少代码量，需要设计一个计数器复用，兼顾 20ms 的延时，并能够对两百多个配置数据进行计数，只需根据状态的不同切换对应的计数。

同时配置数据的结构是寄存器地址加配置参数，其中，配置地址占 2B，地址分为高字节地址和低字节地址，配置参数占 1B。而且不仅需要发送配置数据，还要发送控制命令、设备 ID 等信息，所以此处需要定义计数器，根据计数的状态分段发送数据。

当计数器为 0 时，发送请求信号、开始命令或写命令参数、设备 ID；当计数器为 1 时，发送请求信号、写命令参数、高字节地址；当计数器为 2 时，发送请求信号、写命令参数、低字节地址；当计数器为 3 时，发送请求信号、停止命令或写命令参数、配置参数。

（3）模块整合

把两个模块连接起来，req 用于请求把 cmos_config 模块内的数据通过 data 信号端发送给 i2C_master 模块；i2C_master 模块每接收一个数据，就回传一个 done 信号给 cmos_config 模块，告知可以发送下一个数据。i2C_sda 用于将接收到的 cmos_config 数据发送给摄像头，i2C_scl 用于对 i2C_sda 进行数据同步。

通过例化一个模拟 I^2C 的器件模型来模拟摄像头，然后向其发送数据，以此检测程序是否能正常发送数据。

配置寄存器仿真结果如图 10-8 所示，可以看出每一个命令参数、每一个寄存器地址及配置参数都能正常发送。例如，复用计数器 cnt0 在计数到 73 时，应该输出的参数就是 24’h5807_08，且应该在状态计数器 cnt1 计数到 3 时输出 08，波形和程序是一致的。

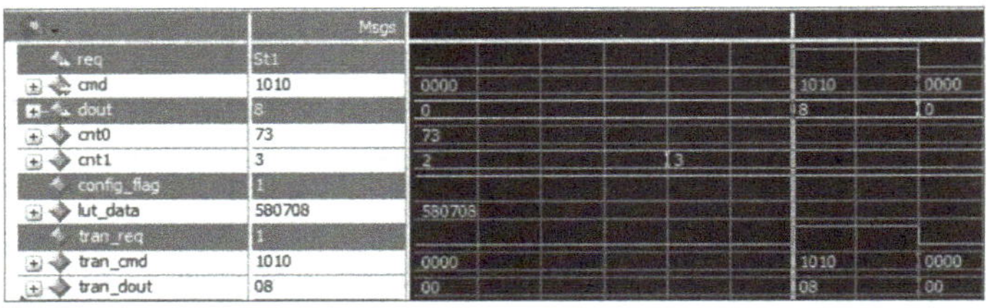

图 10-8　配置寄存器仿真结果

2. 摄像头数据采集（capture）

摄像头数据采集模块框图如图 10-9 所示。将摄像头提供的 cmos_pclk 作为工作时钟，根据摄像头输出的行、场同步信号，将采集到的 8bit 数据转换为 16bit 数据输出，并输出数据有效信号、帧起始有效信号和帧结束有效信号。

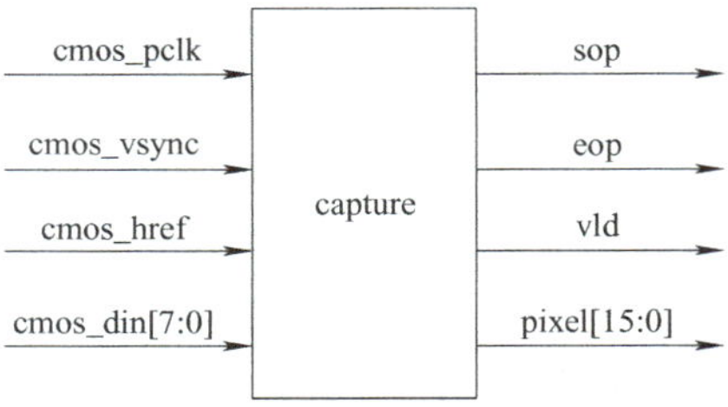

图 10-9　摄像头数据采集模块框图

技术要求：实现摄像头的数据采集。根据技术要求，需要设计两个计数器：行时序计数器和场时序计数器。行时序计数器用于对一帧内的每一行进行计数，场时序计数器用于对连续帧（即整场图像）进行计数。同时，设计一个 16bit 宽的寄存器，用于寄存转换后的 16bit 数据，以及设计以下三个标志信号。

行时序开始信号：当行时序计数器开始计数时，此信号激活，表示一帧图像的开始。

场时序结束信号：当场时序计数器计数结束时，此信号激活，表示一帧图像的结束。

数据有效信号：当行时序计数器开始计数时，此信号激活，表示输出的数据是有效的。

其中，行时序计数器帮助系统跟踪当前处理到哪一行图像，这对于图像显示和处理至关重要；场时序计数器则用于跟踪帧的序列，确保图像能够连续、无误地显示；16bit 寄存器用于存储转换后的图像数据，这些数据用于进一步的处理。三个标志信号提供了关键的时间点和数据状态信息，使得系统能够正确地同步和处理图像数据。

例化模拟摄像头输出数据的模型“Video_Image_Simulate_CMOS”，8bit 数据输出至图像采集模块，再通过拼接操作输出 16bit 数据。

图像采集仿真结果如图 10-10 所示。可以看出，第一次 cmos_data 数据为 0000 0001，第二次为 0000 0010，合并后输出的 dout 数据为 00000001 00000010，波形和程序一致。

3. 图像处理（imag_process）

图像处理单元框图如图 10-11 所示，包含四个部分：灰度化处理（rgb2gray）、高斯滤波（gauss_filter）、二值化处理（gray2bin）和 Sobel 处理（sobel）。将输入的原始图像数据逐级加工得到边缘特征图像。

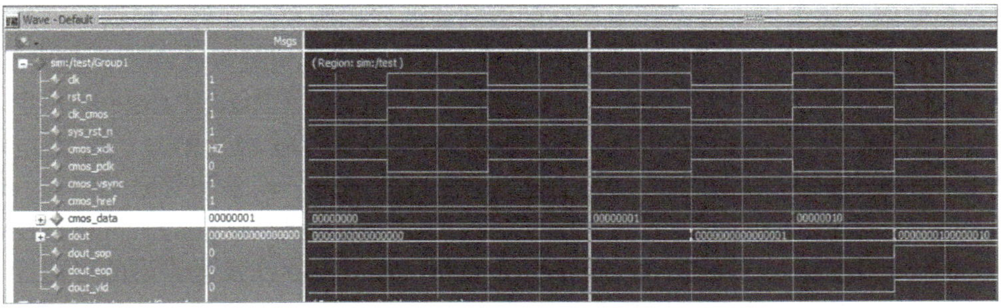

图 10-10　图像采集仿真结果

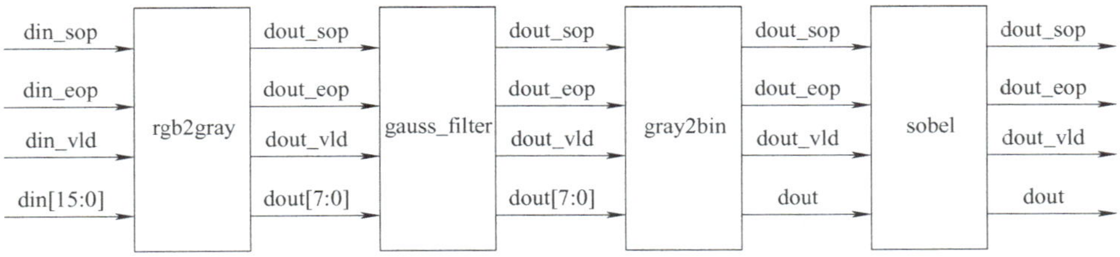

图 10-11　图像处理单元框图

（1）灰度化处理（rgb2gray）

技术要求：将 RGB565 数据转换为 RGB888 数据，并把彩色原图像转换为灰度图像。

根据技术要求，首先将输入进来的 RGB565 数据转换成 RGB888。定义三个寄存器信号对三个颜色分量进行补位，即补五位红色分量的低三位得到八位数据，补六位绿色分量的低两位得到八位数据，蓝色分量和红色分量相同。补完位后定义另外三个寄存器，分别存储三个补位后的颜色分量乘以对应的权值，权值被放大 1024 倍，最后定义一个寄存器来存储三个补位后的颜色分量乘以权值后相加的结果。最后将得到的数据缩小到 1/1024，并输出。

灰度算法公式如下：

$$\text{Gray}=0.299\text{Red}+0.587\text{Green}+0.114\text{Blue} \tag{1}$$

由于 FPGA 无法处理浮点数运算，因此需要将 Red、Green、Blue 三个分量对应的系数进行放大，如放大 256 倍得到整数结果。改进的灰度算法公式如下：

$$\begin{aligned}\text{Gray}&=(0.299\times256\text{Red}+0.587\times256\text{Green}+0.114\times256\text{Blue})>>10\\&=(77\text{Red}+150\text{Green}+29\text{Blue})>>10\end{aligned} \tag{2}$$

第一步将三个颜色分量乘以对应权值，第二步相加，第三步右移 10 位（数值缩小至 1/1024）。

（2）高斯滤波（gauss_filter）

技术要求：去除灰度图像的噪点，使图像更加平滑。根据技术要求，高斯滤波对图像的一个区域进行滤波，区域大小为 3×3，如果直接用 Verilog HDL 代码编写则较为复杂，可以直接在 Quartus 软件中调用高斯滤波器 IP 核。

IP 核（Intellectual Property Core），在集成电路的可重用设计方法学中，指某一方提供的、形式为逻辑单元、芯片设计的可重用模块。这些模块可以授权给另一方，也可以由一方拥有和使用。该术语来自设计中存在的专利或源代码版权的许可，根据不同的标准和特性，有多种分类方式。其中，最常见的分类方式是根据其实现方式和设计程度的不同，将其分为软核（Soft IP Core）、固核（Firm IP Core）和硬核（Hard IP Core）三类。

在 EDA 设计领域，软核指的是综合之前的寄存器传输级（RTL）模型；具体在 FPGA 设计中指的是对电路的硬件语言描述，包括逻辑描述、网表和帮助文档等。软核只经过功能仿真，需要经过综合及布局布线才能使用。其优点是灵活性高、可移植性强，允许用户自配置；缺点是对模块的预测性较低，在后续设计中存在发生错误的可能性，有一定的设计风险。软核是 IP 核应用最广泛的形式。简单来说，软核是用硬件描述语言（如 Verilog HDL/VHDL）描述的功能块，但并不涉及具体的电路元件。其开发过程与普通的 HDL 设计相似，但所需的开发硬软件环境较为昂贵，可复用性高，灵活性强，适用于不同工艺和库的实现。

在 EDA 设计领域，固核指的是带有平面规划信息的网表，具体在 FPGA 设计中可以看作带有布局规划的软核，通常以 RTL 代码和对应具体工艺网表的混合形式提供。将 RTL 描述结合具体标准单元库进行综合优化设计，形成门级网表，再通过布局布线工具即可使用。和软核相比，固核的设计灵活性稍差，但在可靠性上有较大提高。目前，固核也是 IP 核的主流形式之一。相对于软核，固核更接近具体的电路实现，但仍具有一定的灵活性，可以在不同的 FPGA 或 ASIC 工艺中实现，但需要进行适当的配置和布局布线。

在 EDA 设计领域，硬核指经过验证的设计版图，具体在 FPGA 设计中指布局和工艺固定、经过前端和后端验证的设计，设计人员不能对其进行修改。不能修改的原因有两个：首先是系统设计对各个模块的时序要求很严格，不允许打乱已有的物理版图；其次是保护知识产权的要求，不允许设计人员对其有任何改动。IP 硬核的不许修改特点使其复用有一定的困难，因此只能用于某些特定应用，因而使用范围较窄。简单来说，硬核是基于物理描述并经过工艺验证的 IP 核，提供设计的最终阶段产品——掩膜。硬核的设计和实现最为具体，通常与特定的工艺和库紧密相关。硬核的性能和功耗等指标通常最优，但灵活性较差，难以在不同工艺和库之间移植。常见的硬核包括各种处理器核、存储器核等。

高斯滤波 IP 核调用流程如下。

1）在 IP 搜索栏中搜索“shift IP”，如图 10-12 所示。

2）在 Quartus 项目所在的“prj”同级目录下创建新目录“ip”文件夹，在该目录下创建“gs_line_buf”文件夹，设置 shift register IP 的名称为“gs_line_buf.v”，如图 10-13 所示。

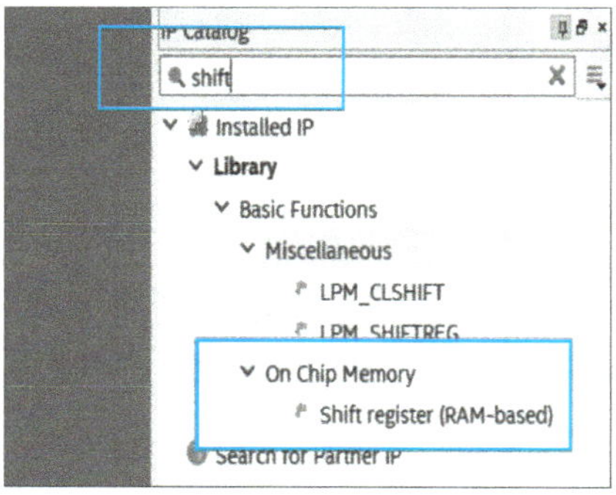

图 10-12　搜索 shift

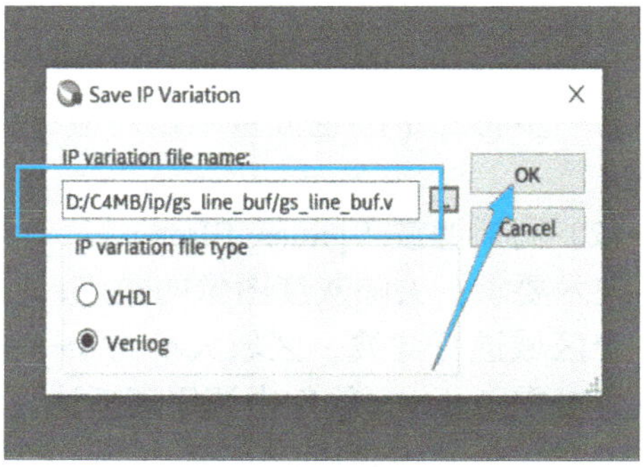

图 10-13　设置 IP 名称

3）配置 IP 核，如图 10-14 所示。

4）勾选例化文件，如图 10-15 所示。

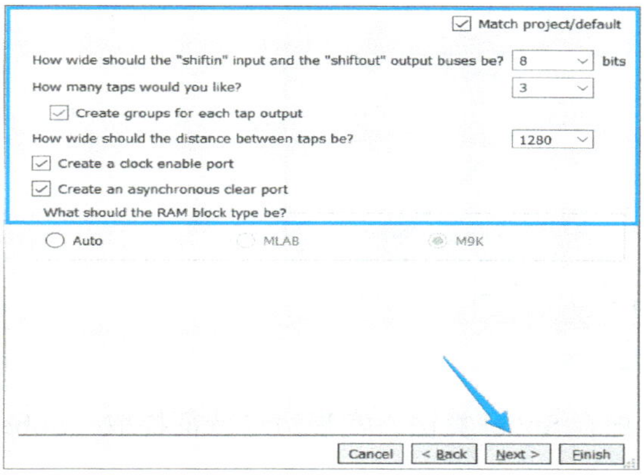

图 10-14　配置 IP 核

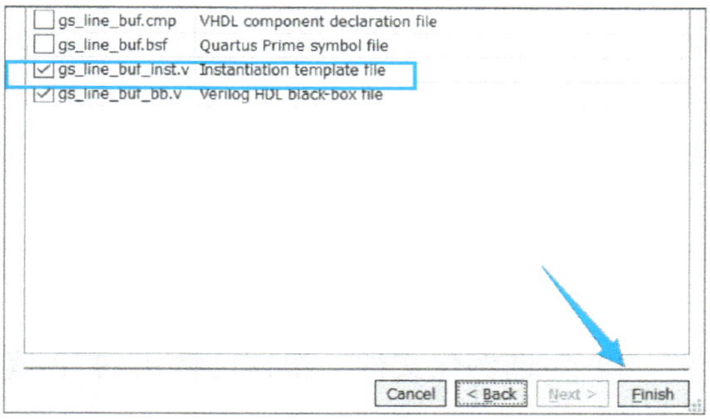

图 10-15　勾选例化

IP 核调用成功后，根据调用的 IP 核，结合高斯滤波算法，实现高斯滤波功能。

高斯滤波的原理如下式：

$$\begin{aligned}G(x,y)&=I\times H\\&=I(x-1,y-1)+I(x-1,y)\times 2+I(x-1,y+1)+\\&\quad I(x,y-1)\times 2+I(x,y)\times 4+I(x,y+1)\times 2+\\&\quad I(x+1,y-1)+I(x+1,y)\times 2+I(x+1,y+1)\end{aligned}\tag{3}$$

式中，$I(x, y)$ 表示原图像中坐标为（x, y）的像素值；$G(x, y)$ 表示高斯滤波之后的值。采用 Verilog HDL 语言实现高斯滤波。第一步，通过调用 IP 核生成 3×3 图像模板，将模板第一行、第二行、第三行坐标像素值分别乘以对应的系数；第二步，将每行的计算结果相加，第三步，将最后三行结果再次相加得到滤波图像。

（3）二值化处理（gray2bin）

技术要求：将经过高斯滤波后的灰度图像转换为只有黑色和白色的图像，即黑白图像。根据技术要求，须对输入的 8bit 灰度数据（取值范围为 0～255）进行二值化处理：若像素值大于阈值 100，则输出 1（白色）；否则，输出 0（黑色）。

（4）Sobel 处理（sobel）

技术要求：用于提取图像的边缘特征，俗称边缘特征提取。

使用 Sobel 算法对图像某个 3×3 区域进行计算，通常通过调用 IP 核来实现。shift IP 调用过程和高斯核调用过程类似，步骤如下。

1）在搜索栏中搜索“shift IP”，然后在 Quartus 项目所在的“prj”同级目录下创建新目录“ip”文件夹，在该目录下创建“sobel_line_buf”文件夹，设置 shift register IP 的名称为“sobel_line_buf.v”。

2）配置 IP 核，如图 10-16 所示。

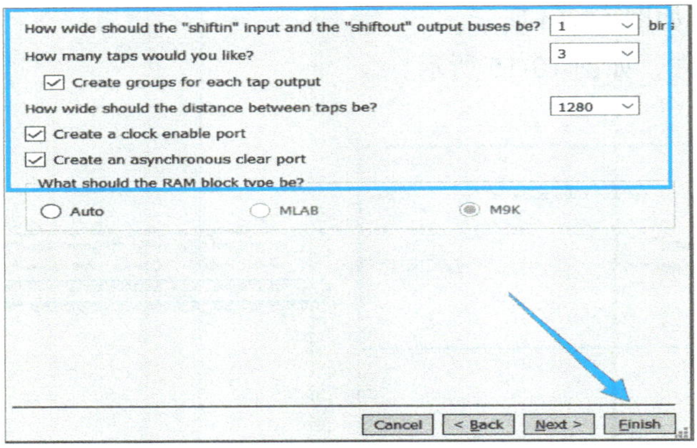

图 10-16　配置 IP 核

3）勾选例化文件，根据已调用的 IP 核，配合 Sobel 算法，实现边缘特征提取，Sobel 算法如下：

$$
\begin{aligned}
G(x)=S(x)\times I=&-1\times I(x-1,y-1)+1\times I(x-1,y+1)-2\times I(x,y-1)\\
&+2\times I(x,y+1)+1\times I(x+1,y-1)+1\times I(x+1,y+1)\\
G(y)=S(y)\times I=&1\times I(x-1,y-1)+2\times I(x,y-1)+1\times I(x+1,y-1)\\
&-1\times I(x+1,y-1)-2\times I(x-1,y-1)\times I(x+1,y+1)
\end{aligned}
\tag{4}
$$

通过此算法即可得到水平方向与垂直方向的梯度值，$G(x)$ 表示水平方向图像梯度值；$G(y)$ 表示垂直方向的梯度值。其中，$I(x,y)$ 表示模板掩盖的 3×3 图像模板的像素点。

第一步，水平和垂直坐标上的像素值乘以各自对应的系数，并全部相加；第二步，计算水平和垂直方向的绝对值：

$$G=|G(x)|+|G(y)| \tag{5}$$

最后，将得到的绝对值相加，如果大于 3 就为 1；否则为 0。

（5）模块整合（imag_process）

将四个图像处理模块合为一个整体，原始图像经过一层一层地处理，得到边缘提取图像。

例化模拟摄像头输出数据的模型“Video_Image_Simulate_CMOS”，摄像头模型输出 8bit 数据到图像采集模块“capture”，通过拼接操作输出 16bit 数据到图像处理单元。

原图转灰度仿真结果如图 10-17 所示，输入的 16bit 原始图像数据经过灰度算法处理后输出 8bit 灰度图像数据，波形与程序一致。

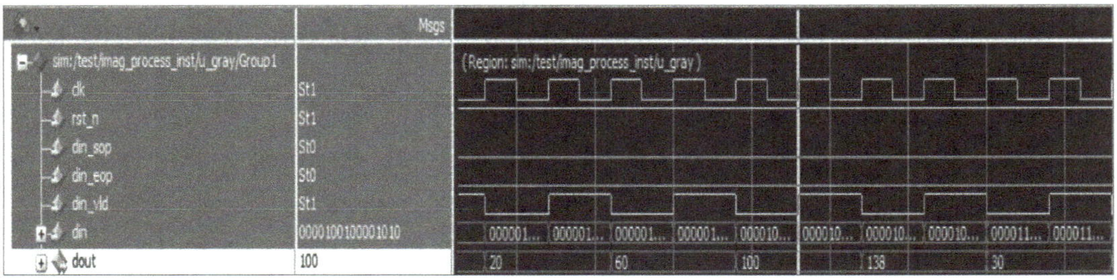

图 10-17　原图转灰度仿真结果

灰度转高斯滤波仿真结果如图 10-18 所示，输入的灰度图像经过高斯滤波算法处理后输出 8bit 灰度图像，波形与程序一致。

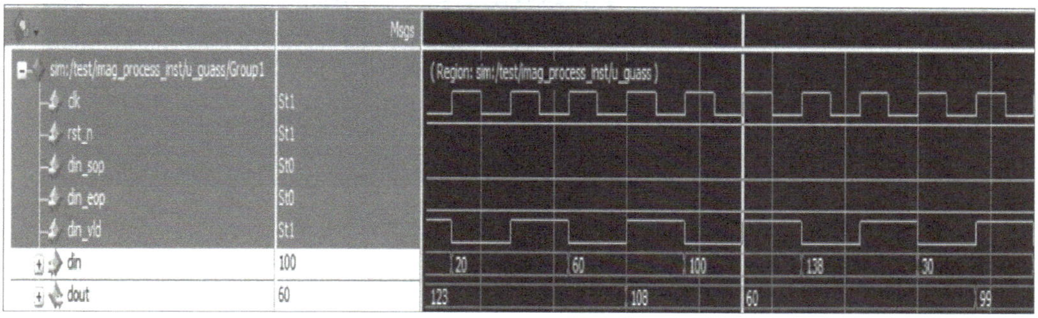

图 10-18　灰度转高斯滤波仿真结果

高斯滤波转二值化仿真结果如图 10-19 所示，判断输入滤波后的灰度图像数据，是否大于 100 阈值，大于就输出 1；否则就输出 0，波形与程序一致。

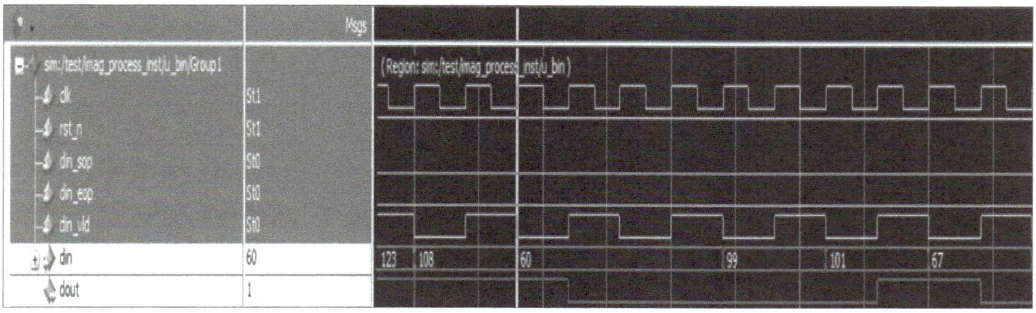

图 10-19　高斯滤波转二值化仿真结果

二值化转 Sobel 仿真结果如图 10-20 所示，根据输入的二值化数据，配合 Sobel 算法得出的数据，如果大于等于阈值 3，就输出 1；否则，就输出 0，波形和程序一致。

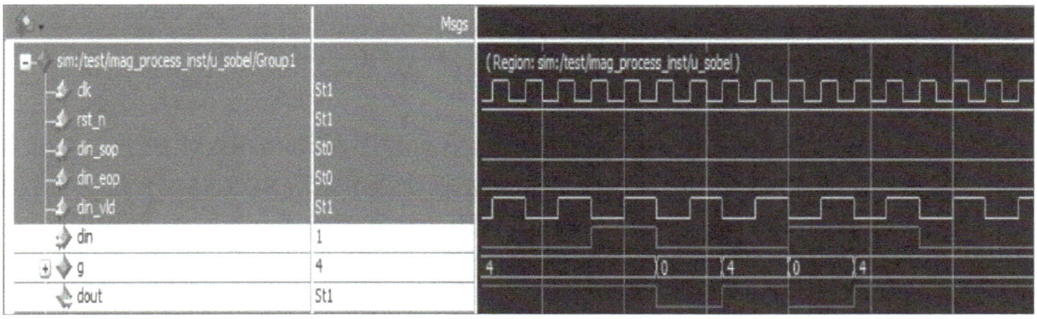

图 10-20　二值化转 Sobel 仿真结果

顶层模块输出仿真结果如图 10-21 所示，图像处理模块能正常工作。这里需要注意一下，图像采集模块例化到测试文件时，是无法调用全局参数的，需要手动在模块内部编写参数。

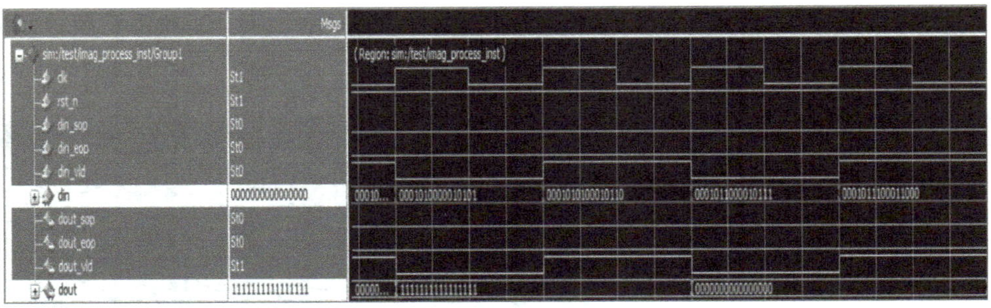

图 10-21　顶层模块输出仿真结果

4. SDRAM 控制器

SDRAM 控制模块包含两个部分：SDRAM 驱动器（sdram_ctrl）和 SDRAM IP 核（sdram_interface），如图 10-22 所示。

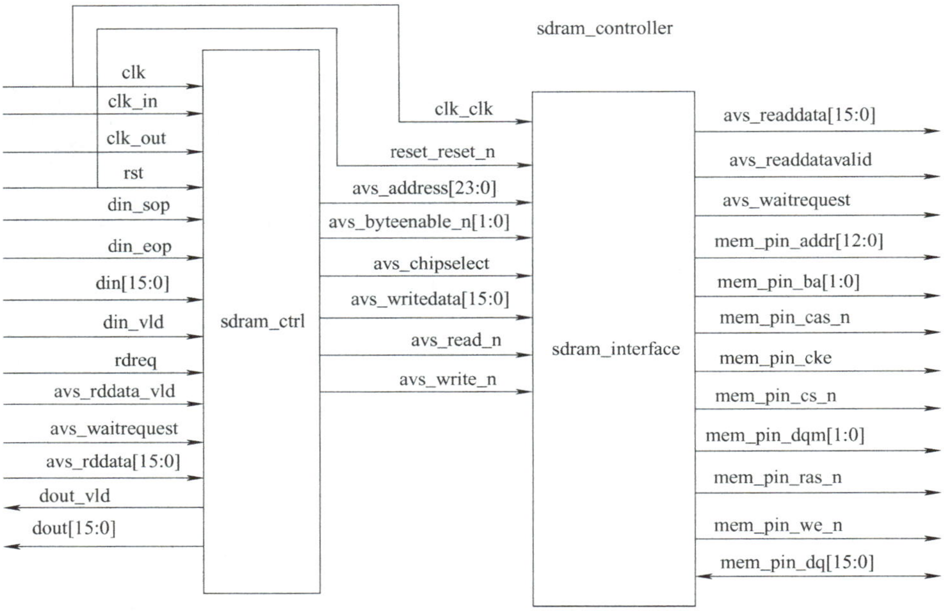

图 10-22　SDRAM 控制模块

技术要求：通过写 FIFO 核，按照 SDRAM 驱动程序驱动 SDRAM IP 核，将数据写入 SDRAM 芯片，再通过读 FIFO，按照 SDRAM 驱动程序驱动 SDRAM IP 核，将数据读出到 VGA。其中，FIFO 核是一种在 FPGA 中使用的数据缓存器，具有先进先出（First In First Out FIFO）的特性。它主要用于数据缓存和跨时钟域信号传递，确保数据按照进入的顺序被读取和发送。

（1）SDRAM 驱动器

通过 FIFO 核的调用进行数据缓存，然后控制 SDRAM IP 核。下面是写和读 FIFO IP 核调用过程。

1）写 FIFO IP 核调用。

① 搜索 FIFO IP 核，如图 10-23 所示。

② 在 Quartus 项目所在的“prj”同级目录下创建新目录“ip”文件夹，在该目录下创建“wrfifo”文件夹，设置 FIFO 的名称为“wrfifo.v”，如图 10-24 所示。

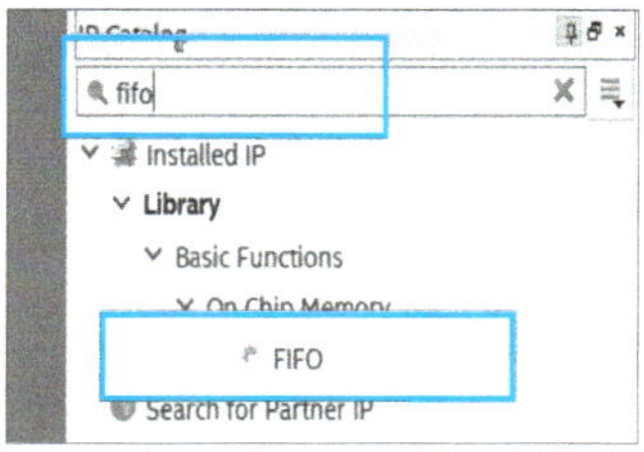

图 10-23　搜索 FIFO IP 核

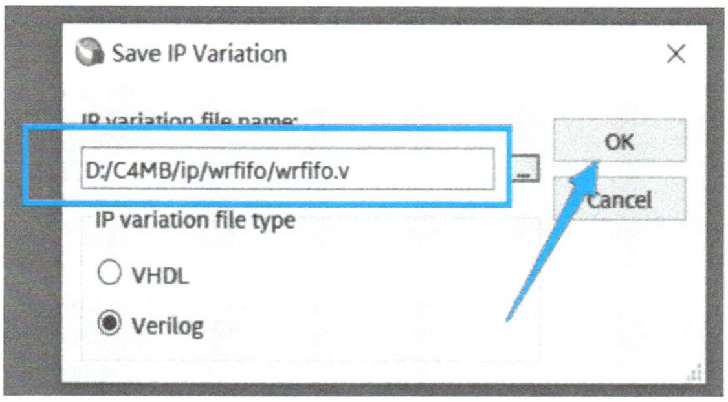

图 10-24　设置 FIFO 名称

③ 配置 IP 核，如图 10-25 所示。

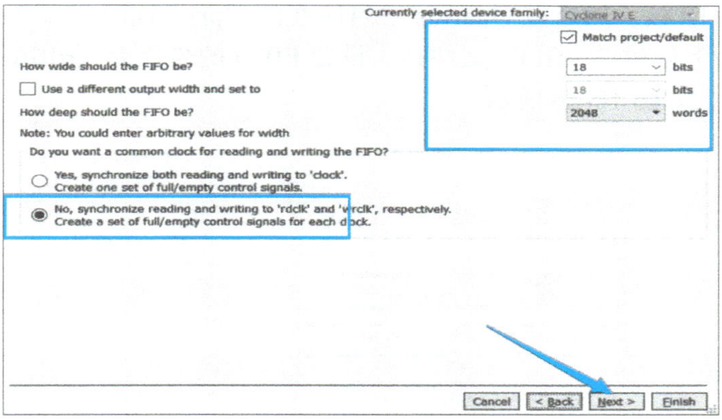

a) 配置位宽及异步时钟

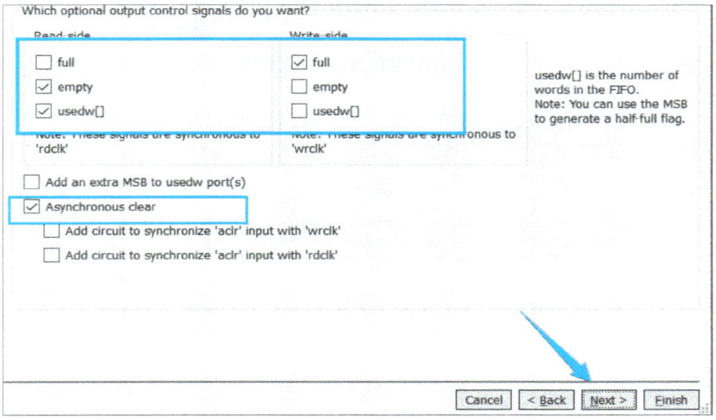

b) 配置空/满标志

图 10-25　配置 IP 核（一）

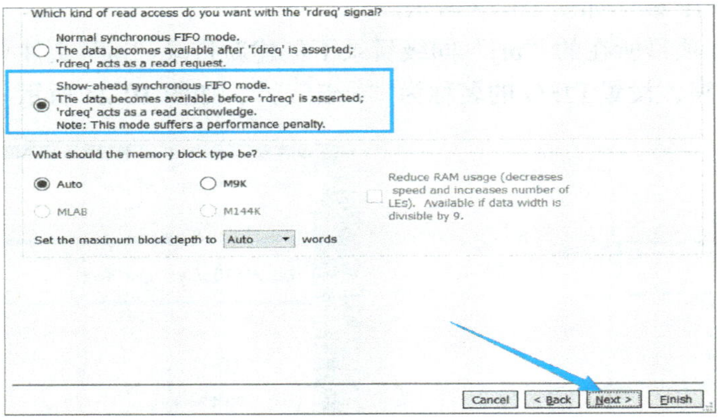

c) 配置预显同步FIFO模式

图 10-25　配置 IP 核（一）（续）

④ 勾选例化文件。

2）读 FIFO IP 核调用。

① 搜索 FIFO IP 核，然后在 Quartus 项目所在的“prj”同级目录下创建新目录“ip”文件夹，在该目录下创建“rdfifo”文件夹，设置 FIFO 的名称为“rdfifo.v”。

② 配置 IP 核，如图 10-26 所示。

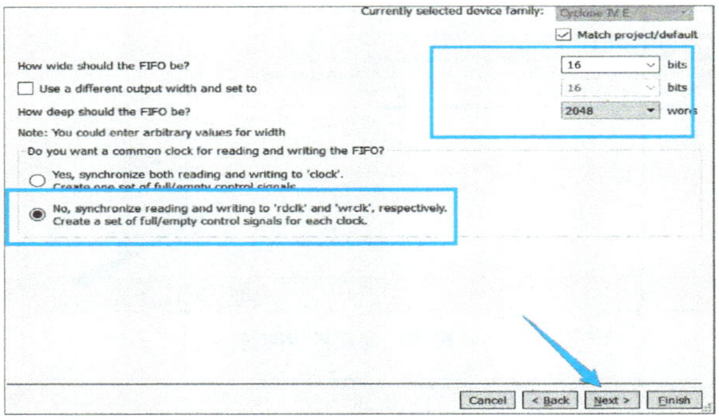

a) 配置位宽及异步时钟

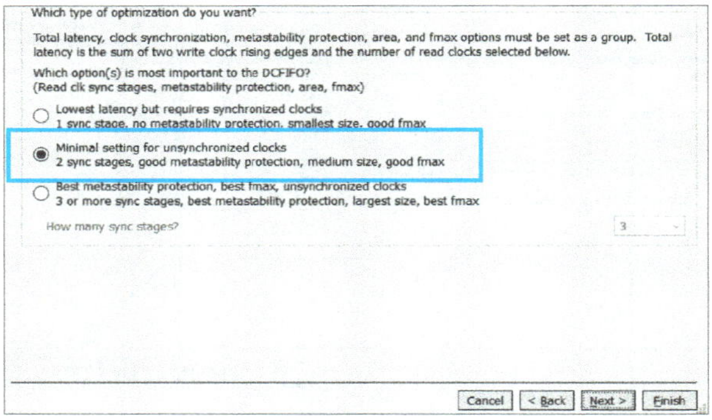

b) 配置不同步时钟的最低设置

图 10-26　配置 IP 核（二）

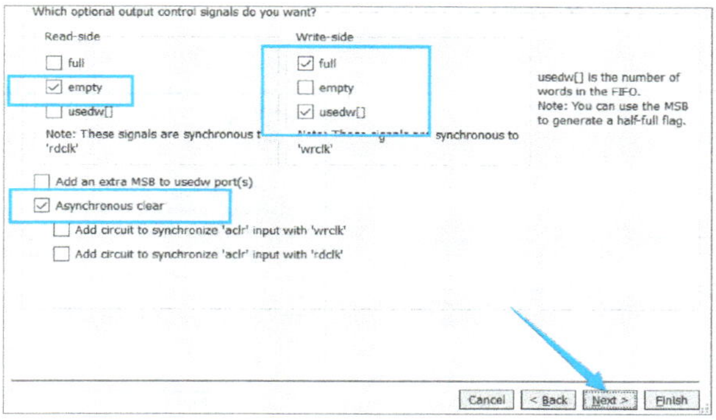

c) 配置空/满标志

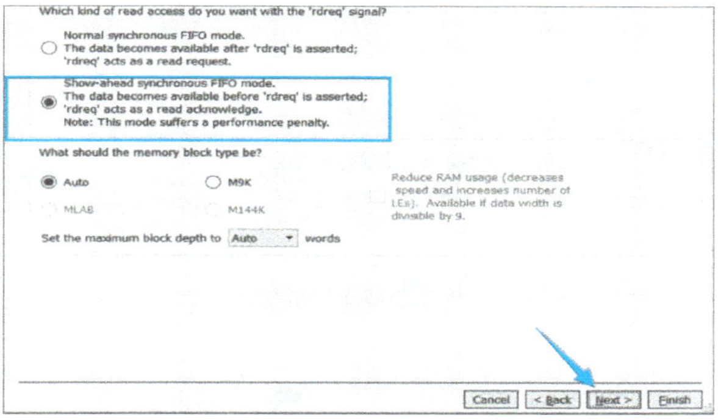

d) 配置预显同步FIFO模式

图 10-26　配置 IP 核（二）（续）

③ 勾选例化文件。

通过定义状态机来实现 SDRAM 的驱动，包括四个状态：初始状态、写数据状态、读数据状态、操作完成状态。SDRAM 芯片的读写采用突发传输方式，如写突发 50B，即一次性向 SDRAM 芯片写入 50B 的数据，读突发与此相同。利用突发计数器对突发数据进行计数，同时调用两个 FIFO IP 核，用于对需要发送和接收的数据进行缓存。

（2）SDRAM IP 核调用

1）在 Quartus 主页面单击 Platform Designer 按钮，如图 10-27 所示。

2）在弹出的“IP Catalog”界面左上角搜索栏中搜索“sdram”，如图 10-28 所示。

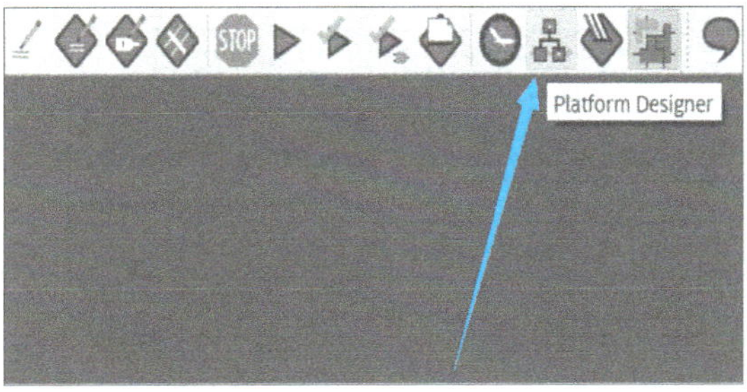

图 10-27　单击 Platform Designer 按钮

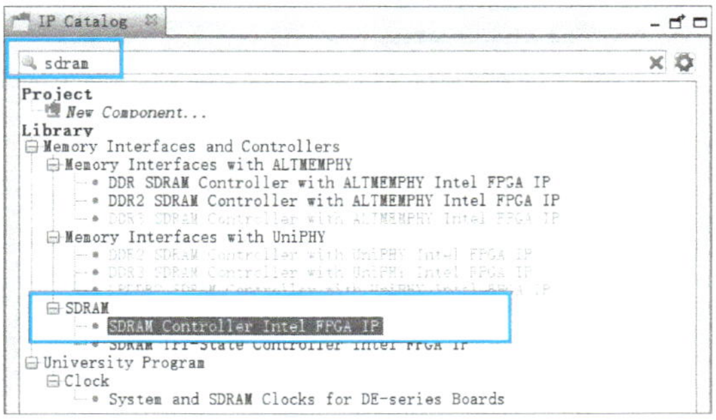

图 10-28　搜索“sdram”

3）配置 IP 核，如图 10-29 所示。

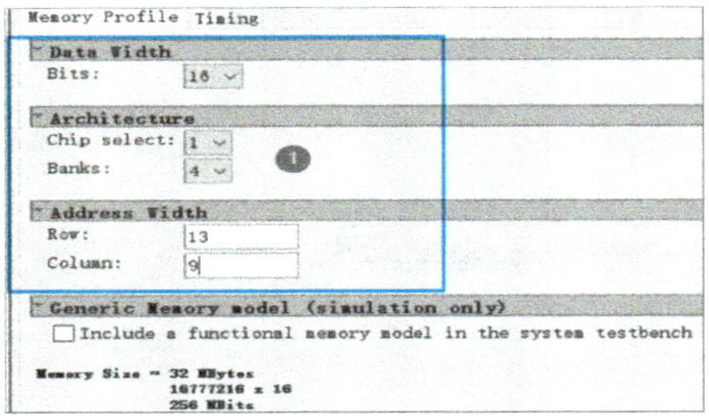

a) 配置SDRAM存储

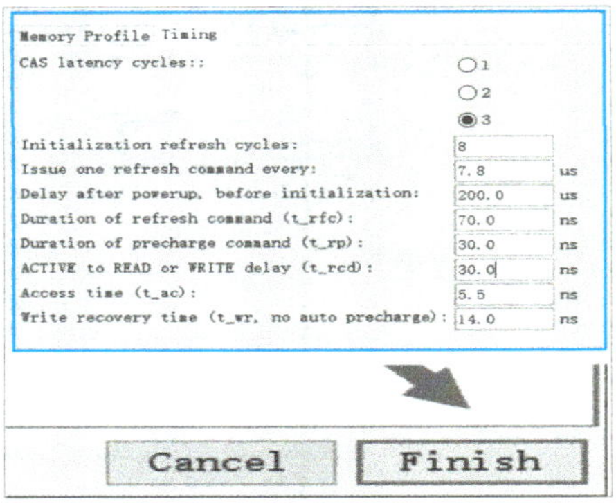

b) 配置SDRAM时序

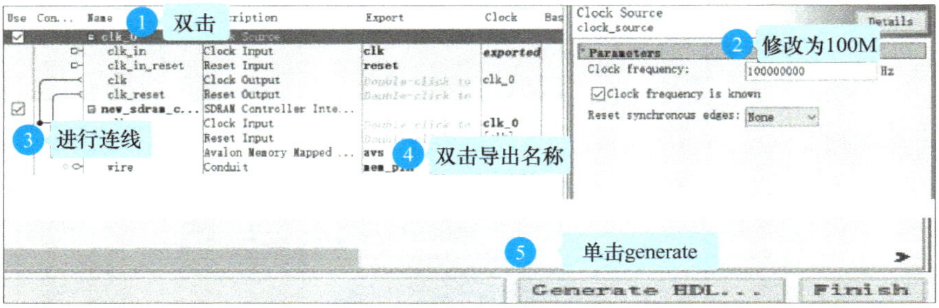

c) 配置100MHz时钟并连接SDRAM

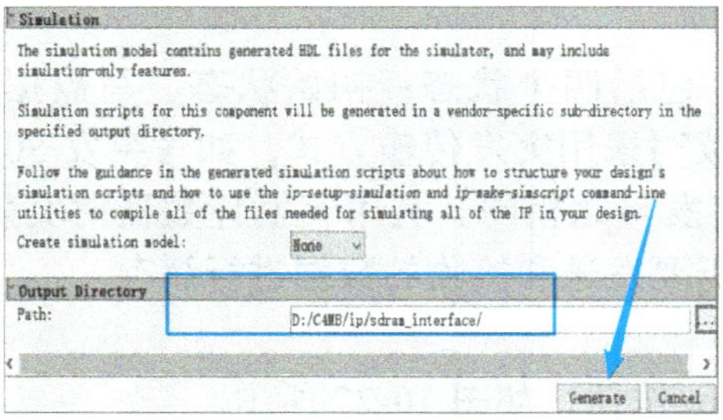

d) 选择生成路径

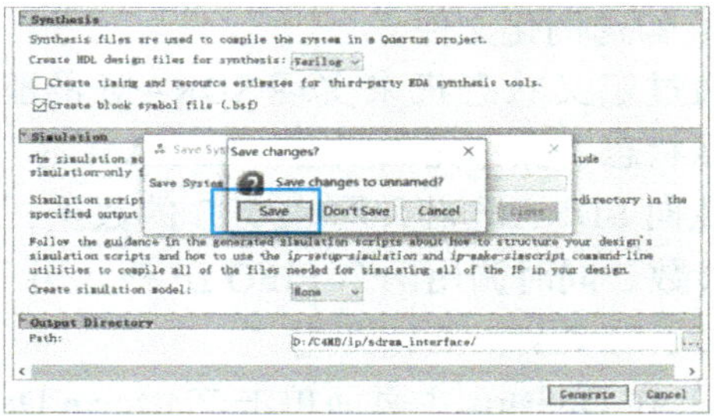

e) 单击保存

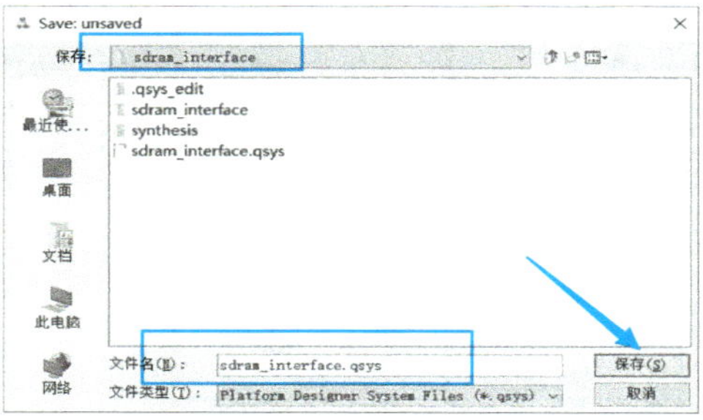

f) 取一个文件名

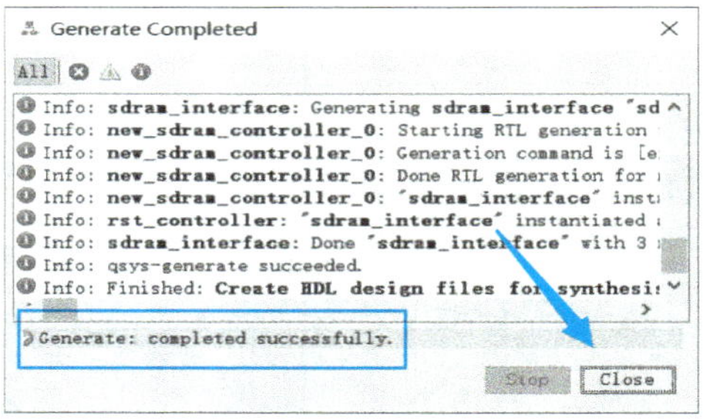

g) 单击关闭

图 10-29　配置 IP 核（三）

4）单击右下角的完成按钮即可。

（3）模块整合

连接 SDRAM 驱动程序（包含 FIFO）与调用的 SDRAM IP 核，组成 SDRAM 芯片控制模块。

需另写一个用于仿真的模块整合代码。

SDRAM 读写仿真结果如图 10-30 所示，仅对 SDRAM 进行读写控制，以验证数据能否在 SDRAM 的 IP 核中正确写入和读出。新建 top（顶）层，例化 SDRAM 模块和图像采集模块，同时例化 PLL 时钟 iobuf，用于增强时钟信号的 IP。在仿真代码里面添加 SDRAM 模型，由摄像头模型输出数据，通过 top（顶）层对 SDRAM 模型进行读写操作，可以看出，数据能正常写入和读出到 SDRAM 模型，但由于没有添加 VGA 模块，所以系统没有请求信号，不会输出数据给 VGA 模块，导致 rdfifo_q 值是 X。

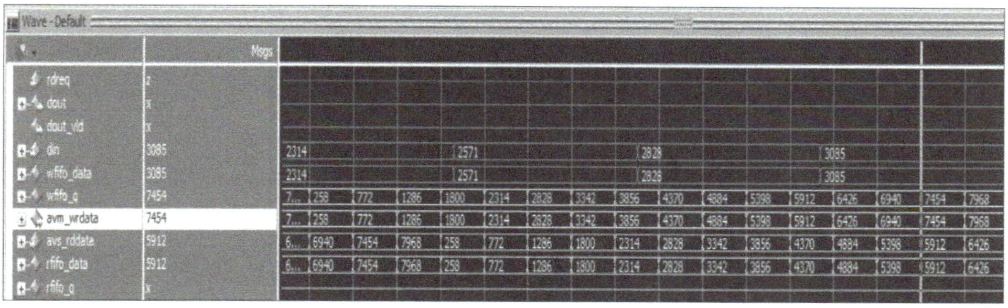

图 10-30　SDRAM 读写仿真结果

5. VGA 显示驱动（vga_interface）

该模块用于发送请求信号给 SDRAM 控制器，将存进 SDRAM 芯片的数据传输到 VAG 内部的 FIFO IP 核进行缓存，然后按照 VGA 时序输出给显示设备，完成边缘特征提取图像的显示，如图 10-31 所示。

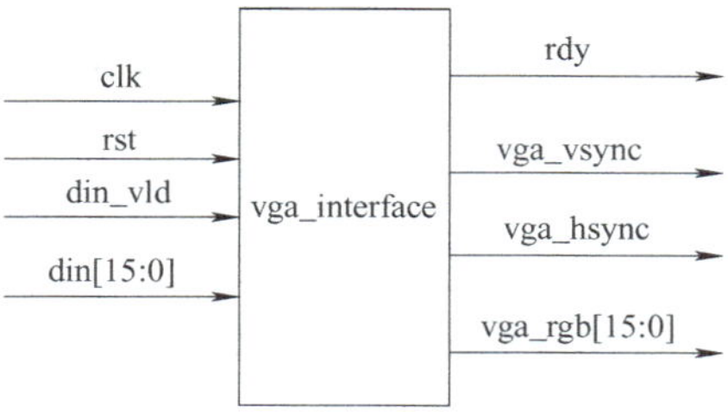

图 10-31　VGA 显示驱动框图

设计两个计数器，分别用于计数行数据和场数据；同时定义两个标志信号，分别用于记数行有效数据的范围和场有效数据的范围。定义三个标志信号，其中两个用于标记行同步信号和场同步信号，另一个用于向 SDRAM 控制器发出请求信号，使 SDRAM 控制器将数据输出给 VGA 模块。最后，调用 FIFO IP 核缓存数据并输出给显示器。

FIFO IP 调用如下：

1）搜索 IP 核，然后在 Quartus 项目所在的“prj”同级目录下创建新目录“ip”文件夹，在该目录下创建“vga_buf”文件夹，设置 FIFO 的名称为“vga_buf.v”。

2）配置 IP 核，如图 10-32 所示。

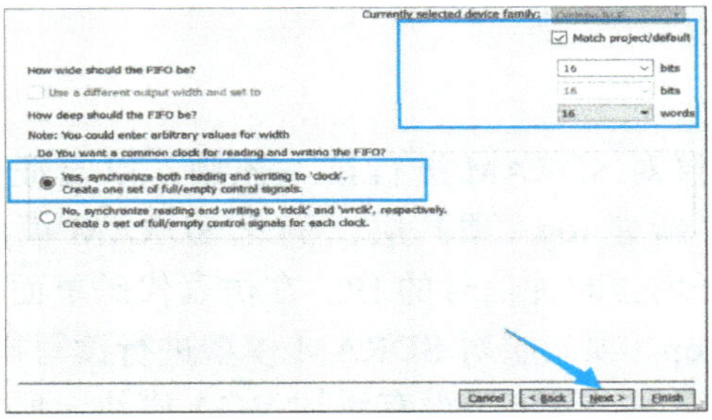

a) 配置位宽使用同步时钟

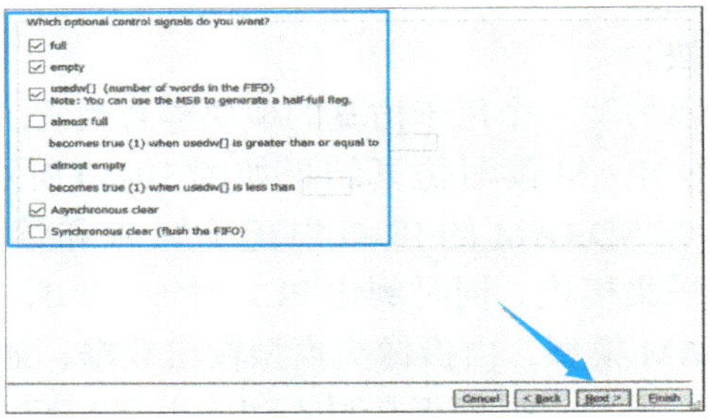

b) 选择空/满标志

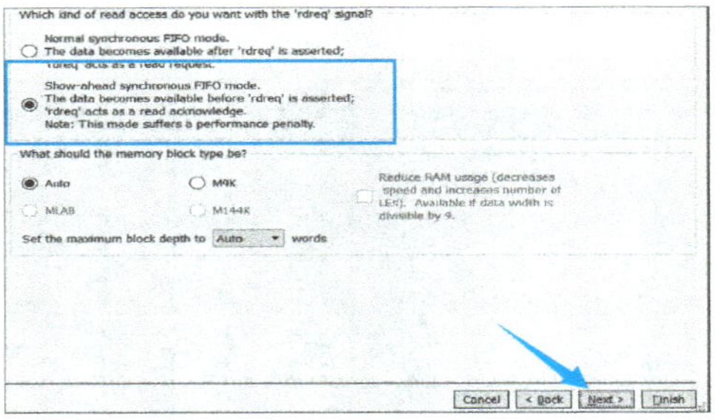

c) 配置预显同步FIFO模式

图 10-32　配置 IP 核（四）

3）勾选例化文件。VGA 显示驱动仿真结果如图 10-33 所示，数据直接通过 VGA 模块输出。在源码中注释了 FIFO 及与 FIFO 相关的信号，同时没有与 SDRAM 模块联动，也将与 SDRAM 模块相关的信号注释掉，只保留与 VGA 相关的信号。可以观察到，输入进来的数据能够按照正常的 VGA 时序输出至显示器。

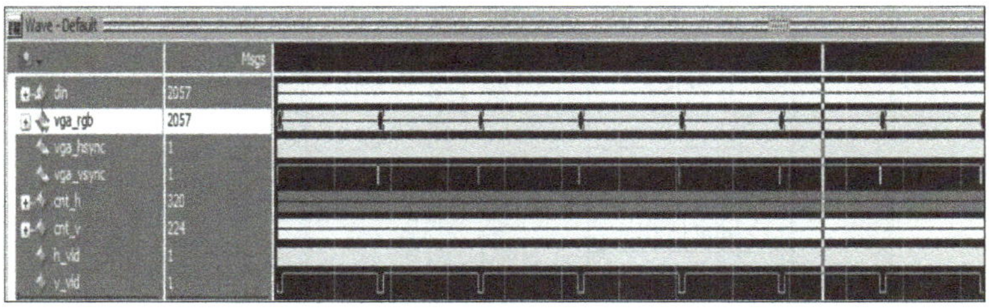

图 10-33　VGA 显示驱动仿真结果

6. 边缘特征提取项目模块整合

将上述 5 个模块连接，组成边缘特征提取项目。为使各个模块正常工作，需要调用 PLL 时钟 IP 核生成特定的工作时钟。

1）搜索 IP 核，然后在 Quartus 项目所在的“prj”同级目录下创建新目录“ip”文件夹，在该目录下创建“pll0”文件夹，设置 PLL IP 的名称为“pll0.v”。

2）配置 IP 核，如图 10-34 所示。

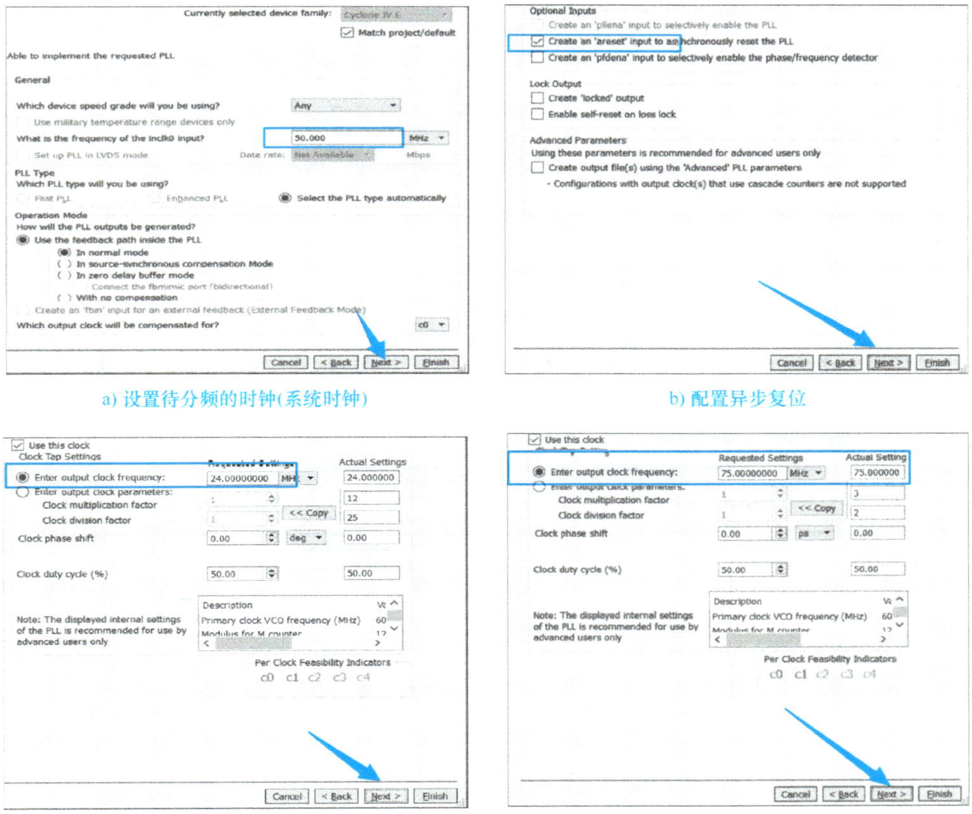

a) 设置待分频的时钟(系统时钟)　　b) 配置异步复位

c) 配置24MHz时钟　　d) 配置75MHz时钟

图 10-34　配置 IP 核（五）

3）勾选例化文件。

下面进行 SDRAM 控制器时钟和 SDRAM 外设同步时钟调用。

1）搜索 PLL IP 核，然后在 Quartus 项目所在的“prj”同级目录下创建新目录“ip”文件夹，在该目录下创建“pll1”文件夹，设置 PLL IP 的名称为“pll1.v”。

2）配置 IP 核，如图 10-35 所示。

3）勾选例化文件。

增强摄像头输出像素时钟的扇出能力 IP 核调用步骤如下。

1）搜索 IOBUF IP 核，然后在 Quartus 项目所在的“prj”同级目录下创建新目录“ip”文件夹，在该目录下创建“iobuf”文件夹，设置 iobuf 的名称为“iobuf.v”。

2）配置 IP 核，如图 10-36 所示。

3）勾选例化文件。

7. 板级验证

板级验证的流程如下。

1）创建项目并输入项目名。这里使用“C4MB_test”作为项目名，也可以自行取名。接下来选择器件，选定 C4MB 板上的 FPGA 型号为“EP4CE6F17C8”，接着设置仿真工具为“ModelSim-Altera”，格式为“Verilog HDL”，最后单击完成，如图 10-37 所示。

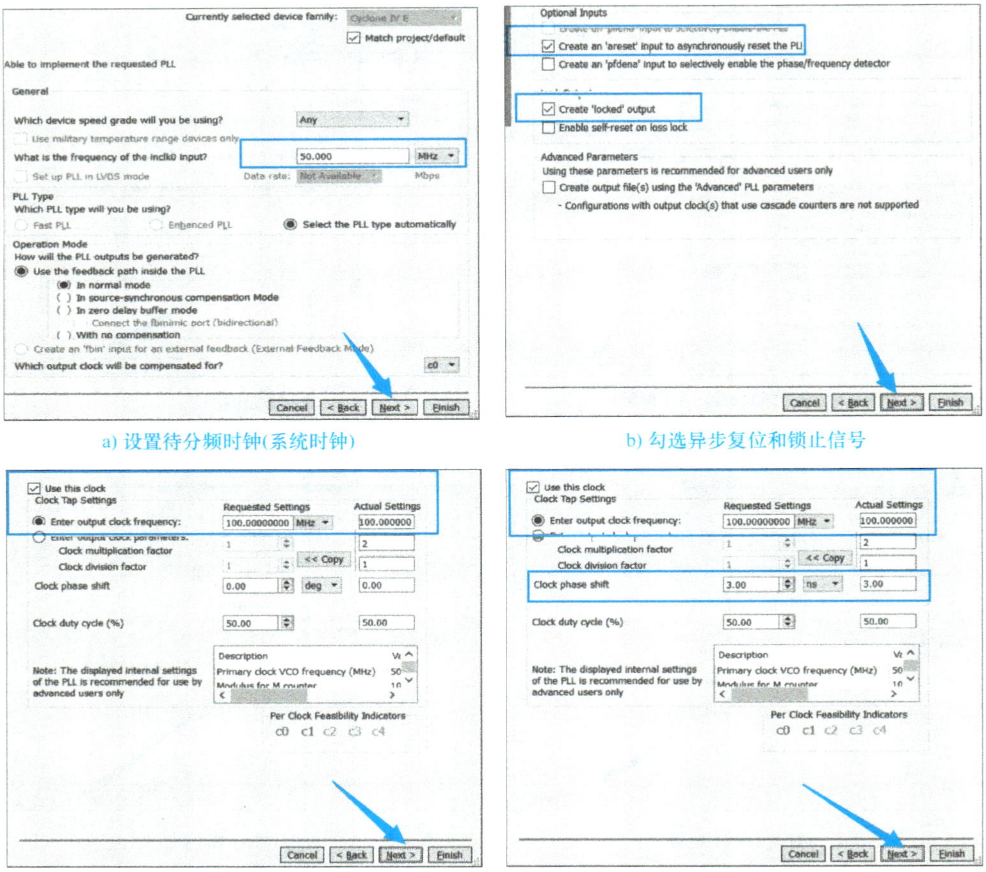

a) 设置待分频时钟(系统时钟)　　b) 勾选异步复位和锁止信号

c) 配置100MHz时钟　　d) 配置偏移3ns的100MHz时钟

图 10-35　配置 IP 核（六）

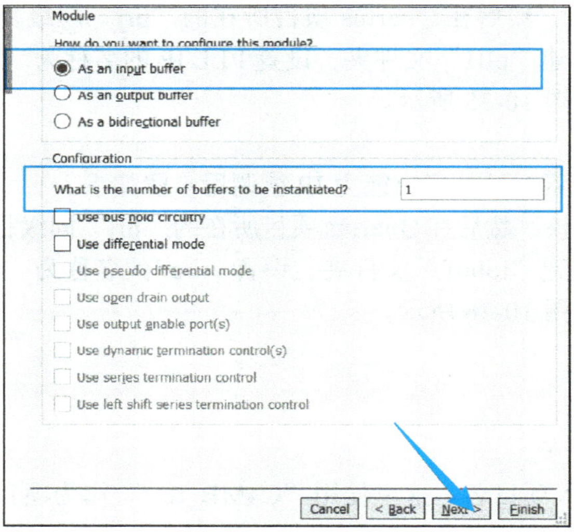

图 10-36　配置 IP 核（七）

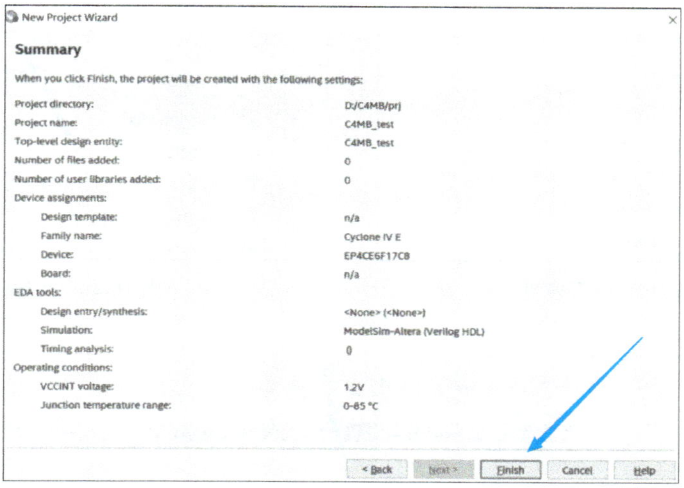

图 10-37　创建项目

2）依次将所有设计好的程序文件添加到项目中，如图 10-38 所示。

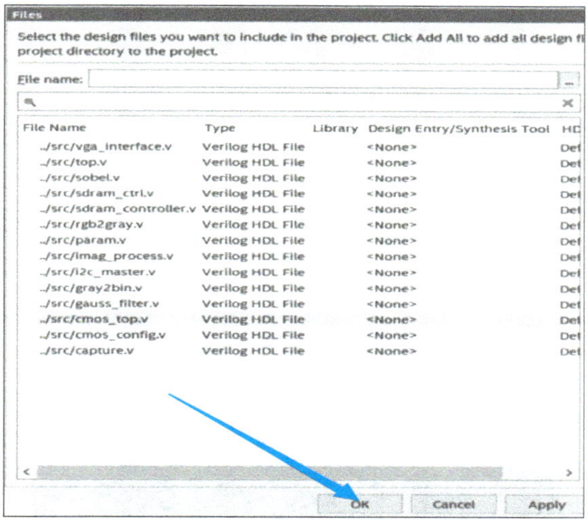

图 10-38　添加文件

3）将“top.v”设置为顶层，综合项目，直到综合成功，如图 10-39 所示。

4）引脚约束，在 Assignments 菜单中选择“Pin Planner”命令，打开引脚约束窗口，根据项目实施提供的引脚列表，将端口约束到相应的引脚，如图 10-40 所示。

5）引脚约束完成后，关闭窗口，在完成全编译后，选择 Tools 主菜单下的“Programmer”命令，打开下载窗口，单击“Start”按钮开始下载。当 Progress 变为 100%（successful），说明程序已下载成功，如图 10-41 所示。

6）板级验证，观察显示器实际显示的效果，与理论效果进行对比，如果没有明显差异，则项目完成，如图 10-42 所示。

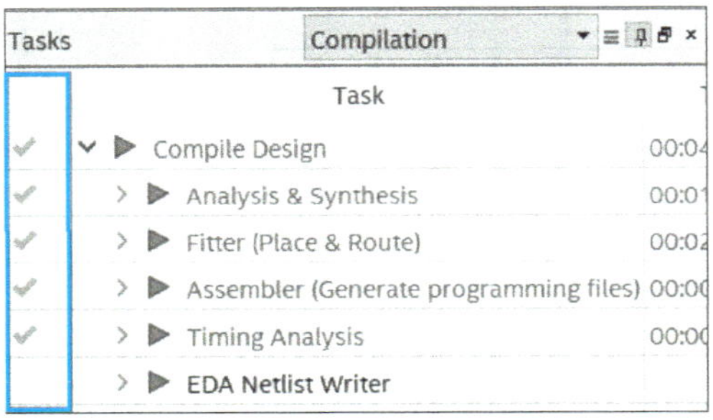

图 10-39 综合项目

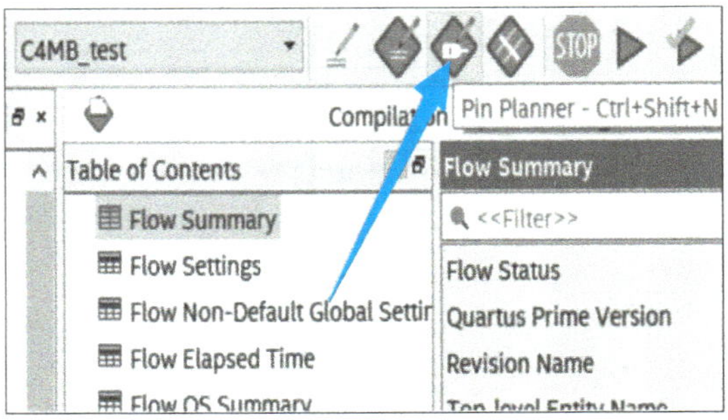

图 10-40 引脚约束

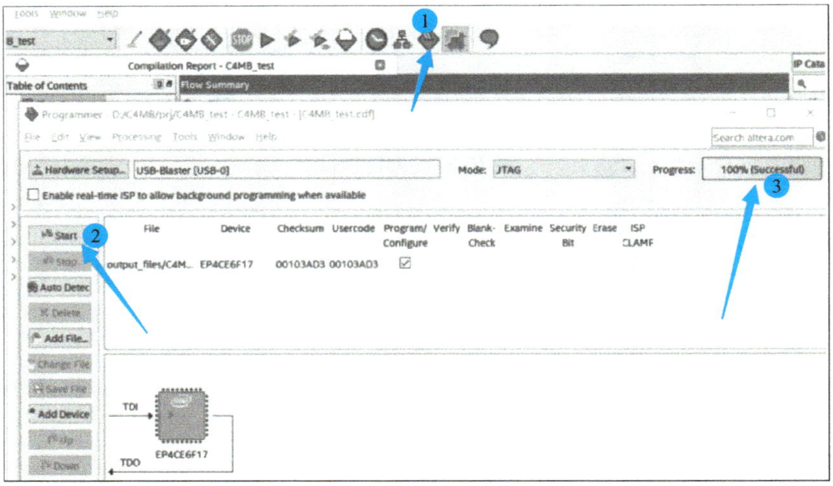

图 10-41 下载程序

图 10-42 显示效果

问题探究

1. 边缘提取的阈值选取有什么要注意的吗？

阈值的选取与边缘提取的原理密切相关。这是因为边缘检测本质上是识别图像中亮度急剧变化的区域。这一过程通常依赖于计算图像强度梯度（gradient），即像素强度在空间上的变化率。边缘提取算法（如 Sobel 算子、Prewitt 算子、Canny 算子等）首先计算每个像素点在其邻域内的强度梯度，这涉及计算 *x* 方向和 *y* 方向的梯度分量，然后将这些分量组合以获得该点的梯度幅值和方向。

在本项目的程序中，边缘提取是通过计算图像像素在 *x* 方向和 *y* 方向上的梯度绝对值之和（g=x_abs+y_abs）来实现的，其中 x_abs 和 y_abs 分别代表 *x* 方向和 *y* 方向的梯度绝对值。阈值选取直接影响边缘检测的结果：程序中设定当梯度值 g≥3 时（dout=g>=3），认为该像素点是一个边缘点。这个阈值的选择至关重要，它决定了哪些像素强度变化足够显著以至于被视为边缘。若阈值过低，则可能导致过多噪声被误识别为边缘；反之，若阈值过高，则可能遗漏实际的边缘信息。因此，根据具体应用场景中的图像特性和噪声水平进行适当调整至关重要。

2. 如何使 OV5640 摄像头分辨率达到 640×480？

OV5640 摄像头支持多种分辨率，常见的如 480p、720p、1080p、5Mp 等。需要考虑分辨率的配置是否和时钟频率、输出格式有关联，就要同步调整。

步骤 1：找到控制图像尺寸的寄存器地址及配置参数

分辨率水平尺寸垂直尺寸寄存器配置代码（640×480）

步骤 2：修改关键的寄存器地址及配置参数

```
208:lut_data = {24'h3035_11}; 229:lut_data = {24'h380e_03};
209:lut_data = {24'h3036_46}; 230:lut_data = {24'h380f_d8};
210:lut_data = {24'h3c07_08}; 231:lut_data = {24'h3813_06};
212:lut_data = {24'h3821_00}; 236:lut_data = {24'h3a02_17};
218:lut_data = {24'h3803_04}; 237:lut_data = {24'h3a03_10};
221:lut_data = {24'h3806_07}; 238:lut_data = {24'h3a14_17};
222:lut_data = {24'h3807_9b}; 239:lut_data = {24'h3a15_10};
223:lut_data = {24'h3808_02}; 245:lut_data = {24'h460b_35};
224:lut_data = {24'h3809_80}; 246:lut_data = {24'h460c_22};
225:lut_data = {24'h380a_01}; 247:lut_data = {24'h4837_22};
226:lut_data = {24'h380b_e0}; 248:lut_data = {24'h3824_02};
228:lut_data = {24'h380d_68}; 249:lut_data = {24'h5001_a3};
```

3. 如何配置 OV5640 摄像头的颜色矩阵?

一般来说，颜色校正矩阵是一个 3×3 的矩阵，用于校正传感器捕获的颜色，使其更准确地匹配人眼的感知。这个矩阵的值通常由传感器厂商根据具体光学设计和应用场景进行校准，颜色矩阵的作用是将传感器原始数据转换为标准 RGB 或 YUV 颜色空间，补偿光学系统的色彩偏差，以下是配置步骤。

（1）定位关键寄存器

OV5640 摄像头的颜色矩阵寄存器为 0x5381 ～ 0x538b（不同版本的寄存器略有不同）

（2）配置寄存器参数

```
176: lut_data = {24'h5381_12};
177: lut_data = {24'h5382_55};
178: lut_data = {24'h5383_00};
```

```
179: lut_data = {24'h5384_05};
180: lut_data = {24'h5385_7a};
181: lut_data = {24'h5386_80};
182: lut_data = {24'h5387_0c};
183: lut_data = {24'h5388_9c};
184: lut_data = {24'h5389_11};
185: lut_data = {24'h538a_99};
186: lut_data = {24'h538b_ab};
```

4. 在基于 FPGA 图像边缘提取系统中，如何实现多尺度边缘提取以提高检测精度和鲁棒性？

多尺度边缘提取是一种通过在不同尺度下对图像进行边缘提取来提高检测精度和鲁棒性的方法。在 FPGA 上实现多尺度边缘提取时，可以考虑以下几点。

1）多尺度融合：将不同尺度下的边缘提取结果进行融合，以获得更准确的边缘信息。可以通过设计融合算法来实现，如加权平均或最大值融合等。

2）硬件资源优化：在实现多尺度边缘提取时，需要合理利用 FPGA 的硬件资源。通过优化存储访问、减少资源占用和降低功耗等措施可以提高系统的整体性能。

3）算法验证与调优：在 FPGA 实现过程中，需要对多尺度边缘提取算法进行验证和调优。通过与实际图像数据进行比较和分析，可以评估算法的性能并进行必要的调整和优化。

学习反思

内容	观察点	达成度（按最优为 5、最差为 1，逐项对观察点达成情况进行自我评估，并在相应栏中打√）				
		5	4	3	2	1
知识目标	1. 掌握 OV5640 摄像头的工作原理及配置方法					
	2. 掌握图像处理的工作原理及算法					
	3. 掌握 SDRAM 及 VGA 的工作原理					
能力目标	1. 能用 SCCB 协议对 OV5640 进行控制					
	2. 能用图像算法对图像进行处理					
	3. 能调用 IP 核对 SDRAM 进行控制并设计 VGA 时序					
素质目标	1. 培养层次化设计的工程思维					
	2. 具备综合运用软硬件资源的工程素养					
学习态度	如学习的参与度、主动性、耐受力等					
学习方法	如工具使用、资源利用、策略运用等					
学习习惯	如学习的计划、调控、评价、反思等					

（续）

学习目标没有达成的原因分析
改进措施 （针对上述观察点中的弱项，提出具体和可行的改进措施）

巩固练习

1. 根据对应的寄存器地址及参数设计摄像头输出上下颠倒图像的程序。

2. 根据对应的寄存器地址及参数设计摄像头输出水平镜像图像的程序。

*挑战进阶

本项目给出了边缘特征提取的整套操作流程，并成功实现了边缘特征提取，但在实际应用中，此流程并不能直接起到作用，而只是得到了边缘图像的数据，同时，VGA 的传输速率太慢，在实际应用中满足不了需求。请在此项目的基础上，试完成以下三个对阿拉伯数字体识别的项目：

1）实现将识别到的数字，通过数码管显示出来。

2）实现将识别到的数字，通过串口显示到上位机。

3）实现将识别到的数字，通过以太网显示到上位机。

附 录

附录 A　Verilog HDL 基本要素及语法规则

1. Verilog HDL 概述

硬件描述语言（Hardware Desciption Language，HDL）是用于电子系统硬件行为描述、结构描述、数据流描述的语言。利用这种语言，数字电路系统的设计可以从顶层到底层（从抽象到具体）逐层描述自己的设计思想，用一系列分层次的模块来表示极其复杂的数字系统。利用电子设计自动化（EDA）工具，逐层进行仿真验证，再把其中需要变为实际电路的模块组合，经过自动综合工具转换到门级电路网表。利用专用集成电路（ASIC）或现场可编程门阵列（FPGA）自动布局布线工具，把网表转换为要实现的具体电路布线结构。

Verilog HDL 和 VHDL 是世界上最流行的两种硬件描述语言，都是在 20 世纪 80 年代中期开发出来的，两种 HDL 均为 IEEE 标准。Verilog HDL 是基于 C 语言发展起来的硬件描述语言，于 1983 年由 GDA（Gateway Design Automation）公司（该公司于 1989 年被 Cadence 公司收购）首创。它是以文本形式来描述数字电路系统硬件的结构和行为的语言，可以表示逻辑电路图、逻辑表达式，还可以表示数字电路系统所完成的逻辑功能。

1995 年 Verilog HDL 语言成为 IEEE 标准，编号为 IEEE Std1364-1995。Verilog HDL 语言具有简捷、高效、易学易用、功能强大等优点，逐步为设计人员所接受和喜爱。Verilog HDL 语言支持的 EDA 工具较多，适合于寄存器传输级（RTL）和门电路级的描述，其综合过程比 VHDL 简单，但在高级描述方面不如 VHDL。

2. Verilog HDL 语言基本要素

Verilog HDL 的设计初衷是成为一种基本语法与 C 语言相近的硬件描述语言。这是因为 C 语言在 Verilog HDL 设计之初已经在许多领域广泛应用，C 语言的许多语言要素已经被许多人熟悉。一种与 C 语言相似的硬件描述语言，可以使电路设计人员更容易学习和接受。不过，Verilog HDL 与 C 语言仍存在许多差异。此外，作为一种与普通计算机编程语言不同的硬件描述语言，它还有一些独特的语言要素，例如向量形式的线网和寄存器、过程中的非阻塞赋值等。总体而言，掌握 C 语言的设计人员将能够较快掌握 Verilog HDL 硬件描述语言。

（1）词法规定

1）关键字。关键字（又称保留字），是小写的英文字符串。如 module、endmodule、input、output、wire、reg、and、assign、always 等。

2）格式。Verilog HDL 是自由格式的，即结构可以跨越多行编写，也可以在一行内编写。空白符（换行、换页、Tab 和空格）没有特殊的意义，但使用空白符可以提高代码的可读性。在综合时，空白符被忽略。

3）标识符。标识符（identifier）是程序代码中给对象（如模块、端口、变量等）取名所用的字符串，由字母、数字字符、下划线“_”和美元符号“$”组成，区分大小写。第一个字符必须是英文字母或下划线，不能是数字或“$”。以“$”开始的字符串是为系统函数保留的，如“$display”。最长可以是 1023 个字符。标识符区分大小写，sel 和 SEL 是不同的标识符。※ 关键字不能作为标识符使用。

标识符举例：

```
output  a,A;
     wire  clk;
     34net;
a*b_net;
```

4）注释。为了方便代码的修改或其他人的阅读，设计人员通常会在代码中加入注释。与 C 语言一样，有两种方式书写注释。第一种为多行注释，即注释从 /* 开始，直到 */ 才结束；另一种为单行注释，注释从 // 开始，从这里到这一行末尾的内容会被系统识别为注释。某些电子设计自动化工具，会识别出代码中以特殊格式书写、含有某些预先约定关键词的注释，并从这些注释中提取出有用的信息。这些注释不是供人阅读的，而是向第三方工具提供有关设计项目的额外信息。例如，某些逻辑综合工具可以从注释中读取综合的约束信息。

（2）数据类型

1）四值逻辑。Verilog HDL 采用具有八种信号强度的四值逻辑（four-valued logic），数字电路中的信号可以用逻辑值、信号强度加以描述。当系统遇到信号之间的竞争时，需要考虑各组信号的状态和强度。如果驱动同一线网的信号强度不同，则输出结果是信号强度高的值；如果两个强度相同的信号之间连接到同一个线网，将会发生竞争，结果为不确定值 x。

2）变量的数据类型。Verilog HDL 所用到的所有变量都属于两个基本的类型：线网型和寄存器型。线网与实际使用的电线类似，它的数值一般只能通过连续赋值（continuous assignment），由赋值符右侧连接的驱动源决定。线网在初始化之前的值为 x（trireg 类型的线网是一个例外，它相当于能够储存电荷的电容器）。如果未连接驱动源，则该线网型变量的当前数值为 z，即高阻态。线网型变量有以下几种：wire、tri、wor、trior、wand、triand、tri0、tri1、supply0、supply1、trireg，其中 wire 作为一般的电路连线使用最为普遍，而其他几种用于构建总线（即多个驱动源连接到一条线网的情况）或搭建电源、接地等。当进行模块的端口声明时，如果没有明确指出其类型，那么这个端口会被隐含地声明为 wire 型。因此，在声明输出端口时应注意是否有必要加上 reg 关键字。以下面的代码片段为例：

```
module my_module(out1,out2,in1,in2);        // 该模块具有两个输出端口
output reg out1;                            // out1 端口被声明为 reg 型，它可以
                                            // 保存当前值
output out2;                                // out2 端口隐含地被声明为 wire 型，
                                            // 其数值必须依赖连续赋值语句维持
endmodule
```

线网类型除了常用的 wire、tri 型，还有一些其他的类型，见表 A-1。

表 A-1 线网类型

线网类型	功能说明	可综合性说明
wire tri	表示单元（元件）之间的连线，wire 为一般连线，tri 为三态线	√
supply0 supply1	用于对电源建模	√
wand triand	多重驱动，具有线与特性的线网型	
wor trior	多重驱动，具有线或特性的线网型	
tril tri0	上拉电阻，用于开关级建模	
trireg	具有电荷保持特性的线网型，用于开关级建模	

寄存器型与之不同，可以保存当前的数值，直到另一个数值被赋值给它。在保持当前数值的过程中，不需要驱动源对它进行作用。如果未对寄存器型变量赋值，它的初始值则为 x。Verilog HDL 中所说的寄存器型变量与真实的硬件寄存器不同，它指的是一个存储数值的变量。如果要在 initial 过程或 always 过程中对变量赋值，这个变量必须是寄存器型。寄存器型变量有以下几种：reg（普通寄存器）、integer（整数）、time（时间）、real（实数），其中 reg 作为一般的寄存器使用最为普遍。利用寄存器型变量的数组，还可以对 ROM 进行建模。

在 Verilog HDL 程序模块中，被声明为 input 型或者 inout 型的端口，只能被定义为线网型变量，被声明为 output 型的端口可以被定义为线网型或者寄存器型变量。输入输出信号类型缺省时自动定义为 wire 型。wire 型信号可以用作任何方程式的输入，也可以用作“assign”语句或实例元件的输出，不可以在 initial 和 always 模块中被赋值。关于选择线网型还是寄存器型，需要遵循一定的规定。模块的输入端口可以与外界的线网或寄存器类型的变量连接，但是这个模块输出端口只能连接到外界的线网。简而言之，就是在两个模块的信号连接点，提供信号的一方可以是寄存器或者线网，但是接收信号的一方只能是线网。此外，在 initial、always 过程代码块中赋值的变量必须是寄存器型变量，而连续赋值的对象只能是线网型变量。

3）常量。常量有三种类型：整数型常量（整数）、实数型常量（实数）和字符串型常量。

① 整数型常量。整数型常量表示的基本语法结构为 <位宽>'<数制的符号><数值>。其中，位宽是与数据大小相等的对应二进制数的位数加上占位所用 0 的位数，这个位数需要使用十进制来表示。位宽是可选项，如果没有指明位宽，则默认的数据位宽与仿真器有关（最小 32 位）。数制需要用字母来表示，h 对应十六进制，d 对应十进制，o 对应八进制，b 对应二进制。如果没有指明数制，则默认数据为十进制数。例如：

```
12'h123        // 十六进制数 123（使用 12 位）
20'd44         // 十进制数 44（使用 20 位，高位自动使用 0 填充）
4'b1010        // 二进制数 1010（使用 4 位）
6'o77          // 八进制数 77（使用 6 位）
```

如果某个数的最高位为 x 或 z，那么系统会自动使用 x 或 z 来填充没有占据的更高位。如果最高位为其他情况，系统会自动使用 0 来填充没有占据的更高位。

② 实数型常量。实数的表示方法有两种：十进制格式和指数格式。十进制格式由数字和小数点组成（必须有小数点）。例如 0.1，3.1415，2.0，但是如果写成“3.”，则是错误的。

指数格式（科学计数法）由数字和字符 e（E）组成，e（E）的前面必须要有数字且后面必须为整数。例如：

```
135.1e2        // 其值为 13510.0
8.5E2          // 850.0(e 与 E 相同)
4E-4           // 0.0004
```

③ 字符串型常量。Verilog HDL 中的字符串总体来说与 C 语言中的字符串较为类似，其中每个字符以 ASCII 表示，占 8 位。字符串存储在位宽足够的向量寄存器中。字符串中的空格、换行等特殊内容以转义标识符的形式表示。例如，存储字符串“hello world!”，需要定义一个 8*12 位的变量：

```
reg[1:8*12] stringvar;
    initial
        begin
          stringvar = “ hello world!”;
          end
```

4）向量。向量形式的数据是 Verilog HDL 相对 C 语言较为特殊的一种数据，但是这种数据在硬件描述语言中十分重要。在 Verilog HDL 中，标量的意思是只具有一个二进制位的变量，而向量表示具有多个二进制位的变量。如果没有特别指明位宽，系统默认为标量。

在真实的数字电路中，例如两个四位二进制数相加的进位加法器中，可以发现，每个四位二进制数是通过四条电线（每条线表示四位中的某一位）连接到加法器上的，可以用一个向量来表示这个多位数，分别用这个向量的各个分量来表示“四条电线”，即四位中的某一位。这样做的好处是可以方便地在 Verilog HDL 代码的其他地方选择其中的一位（位选）或多位（域选）。当然，如果没有进行位选或域选，则这个多位数整体被选择。

向量的表示需要使用方括号，方括号里的第一个数字为向量第一个分量的序号，第二个数字为向量最后一个分量的序号，中间用冒号隔开。向量分量的序号不像 C 语言的数组一样必须从 0 开始，不过为了和数字电路里二进制数高低位的表示方法一致，常常使最低位为 0（即对于四位二进制数，其最高位为第 3 位，次高位为第 2 位，次低位为第 1 位，最低位为第 0 位），当然这只是一种习惯。例如，上面提到的四位二进制数用向量表示为：

```
wire [3:0] input_add;        // 声明名为 input_add 的 4 位 wire 型向量
wire [4:1] input_add1;       // 也是 4 位 wire 型向量，但是分量序号从 4 到 1
wire [0:3] input_add2;       // 也是 4 位 wire 型向量，但是分量序号从 0 到 3
```

上面的向量声明之后，就可以方便地选择其中的某几个分量进行操作。应注意用于域选的方括号的位置在向量名称之后，方括号内的数字为所需的位数。例如可以进行以下操作：

```
input_add [3] = 1'b1;        // 将 1 赋值给 input_add 向量的第 3 位（最高位）
input_add [1:0] = 2'b01;     //将 0 和 1 分别赋值给 input_add 向量的第 1、0 位（最低两位）
```

当对向量进行赋值时，如果右边的数值位宽大于左边的变量，则多出来的位被丢弃；如果右边的数值位宽小于左边的变量，则不足的位用 0 填补。

5）数组。Verilog HDL 中寄存器类型的数据（包括 reg、integer、time、real）以及由这几种数据构成的向量，都可以构成数组。声明数组时，方括号位于数组名的后面，括号内的第一个数字为第一个元素的序号，第二个数字为最后一个元素的序号，中间用冒号隔开。如果数组是由向量构成的，则数组的其中某个元素是向量。同样，出于习惯考虑，一般数组第一个元素的序号为 0，后面元素的序号依次递增。此外，和 C 语言类似，用户可以声明多维数组。例如：

```
integer number [0:100];           // 声明一个有 101 个元素的整数数组
number [25] = 1234;               // 将 1234 赋值给 25 号（第 26 个）元素
reg [7:0] my_input [65535:0];     // 声明一个有 65536 个元素的 8 位向量寄存器
my_input [97] = 8'b10110101;      // 将 10110101 分别赋值给 97 号（第 98 个）元
                                  // 素的 7 至 0 位
reg my_reg [0:3][0:4];            // 声明一个具有 20 个元素的二维寄存器数组
my_reg [1][2] = 1'b1;             // 将 1 赋值给上述二维数组的第 2 行、第 3
                                  // 列元素
```

由于数组和向量的表示都使用了方括号，因此使用时需要注意这个变量或向量的名称在最初被声明为何种类型的数据。上面第三行的例子是 65536 个 8 位向量组成的向量数组，它可以描述一个 64KB 的存储器。

表示数组某个元素时，允许使用变量来表示元素的索引（如 number[i]=1234;），但是表示一个向量的一位或者几位时，必须使用具体的数字来表示位的索引。此外，使用数组时一次只能对一个元素进行操作，而不能像向量那样同时对连续的几位进行操作，例如：

```
my_input [65535][7:4]=4'b1010;  // 将一个四位二进制数赋值给第 65536 个元素的高四位
```

6）参数。可以通过 parameter 关键字声明参数。参数与常数的意义类似，不能够通过赋值运算改变它的数值。在模块进行实例化时，可以通过 defparam（即参数重载语句块）来改变模块实例的参数。另一种方法是在模块实例化时，使用 # () 将所需的实例参数覆盖模块的默认参数。局部参数可以用 localparam 关键字声明，它不能够进行参数重载。

在设计中使用参数，可以使模块代码在不同条件下被重复利用，例如四位数全加器和十六位数全加器可以通过参数实例化同一个通用全加器模块。

（3）运算符

Verilog HDL 的许多运算符和 C 语言类似，但是有一部分运算符是特有的，例如拼接运算符、缩减运算符、带有无关位的相等运算符等。

1）按位。

① 按位取反（～）：对一个多位操作数按位取反。例如：a=4'b1011，则～ a 的结果为 4'b0100。

② 按位与（&）：对两个多位操作数按位进行与运算，各位的结果按顺序组成一个新的多位数。例如：a=2'b10，b=2'b11，则 a&b 的结果为 2'b10。

③ 按位或（|）：对两个多位操作数按位进行或运算，各位的结果按顺序组成一个新的多位数。例如：a=2'b10，b=2'b11，则 a|b 的结果为 2'b11。

④ 按位异或（^）：对两个多位操作数按位进行异或运算，各位的结果按顺序组成一个新的多位数。例如：a=2'b10，b=2'b11，则 a^b 的结果为 2'b01。

⑤ 按位同或（～ ^ 或 ^ ～）：对两个多位操作数按位进行同或运算，各位的结果按顺序组成一个新的多位数。例如：a=2'b10，b=2'b11，则 a ～ ^b 的结果为 2'b10。

2）逻辑。

① 逻辑取反（!）：对一个操作数进行逻辑取反，如果这个操作数为 0，则结果为 1；如果这个操作数不为 0，则结果为 0。

② 逻辑与（&&）：对两个操作数进行逻辑与，如果二者同为 0 或同不为 0，则结果为 1，否则为 0。例如：3 && 0 的结果为 0。

③ 逻辑或（||）：对两个操作数进行逻辑或，如果二者其中至少有一个不为 0，则结果为 1，否则为 0。例如：3||0 的结果为 1。

3）缩减。

① 缩减与（&）：对一个多位操作数进行缩减与操作，先它最高位与次高位进行与操作，其结果再与第二次高位进行与操作，直到最低位。例如：&（4'b1011）的结果为 0。

② 缩减与非（～ &）：对一个多位操作数进行缩减与非操作，先将它最高位与次高位进行与非操作，其结果再与第二次高位进行与非操作，直到最低位。例如：～ &（4'b1011）的结果为 1。

③ 缩减或（|）：对一个多位操作数进行缩减或操作，先将最高位与次高位进行或操作，其结果再与第二次高位进行或操作，直到最低位。例如：|（4'b1011）的结果为 1。

④ 缩减或非（～ |）：对一个多位操作数进行缩减或非操作，先将最高位与次高位进行或非操作，其结果再与第二次高位进行或非操作，直到最低位。例如：|（4'b1011）的结果为 0。

⑤ 缩减异或（^）：对一个多位操作数进行缩减异或操作，先将最高位与次高位进行异或操作，其结果再与第二次高位进行异或操作，直到最低位。例如：^（4'b1011）的结果为 1。

⑥ 缩减同或（～ ^or^ ～）：对一个多位操作数进行缩减同或操作，先将最高位与次高位进行同或操作，其结果再与第二次高位进行同或操作，直到最低位。例如：～ ^（4'b1011）的结果为 0。

4）算术。

① 加（+）：两个操作数相加。

② 减（-）：两个操作数相减或取一个操作数的负数（二进制补码表示）。

③ 乘（*）：两个操作数相乘。

④ 除（/）：两个操作数相除。

⑤ 求幂（**）：两个操作数求幂，前一个操作数为底数，后一个操作数为指数关系。

⑥ 大于（>）：比较两个操作数，如果前者大于后者，结果为真。

⑦ 小于（<）：比较两个操作数，如果前者小于后者，结果为真。

⑧ 大于或等于（>=）：比较两个操作数，如果前者大于或等于后者，结果为真。

⑨ 小于或等于（<=）：比较两个操作数，如果前者小于或等于后者，结果为真。

⑩ 相等（==）：两个操作数比较，如果各位均相等，结果为真。如果其中任何一个操作数中含有 x 或 z，则结果为 x。

⑪ 逻辑不等（!=）：两个操作数比较，如果各位不完全相等，结果为真。如果其中任何一个操作数中含有 x 或 z，则结果为 x。

⑫ case 相等（===）：两个操作数比较，如果各位（包括 x 和 z 位）均相等，结果为真。

⑬ case 不等（!==）：两个操作数比较，如果各位（包括 x 和 z 位）不完全相等，结果为真。

5）移位。

① 逻辑右移（>>）：一个操作数向右移位，产生的空位用 0 填充。

② 逻辑左移（<<）：一个操作数向左移位，产生的空位用 0 填充。

③ 算术右移（>>>）：一个操作数向右移位。如果是无符号数，则产生的空位用 0 填充；有符号数则用其符号位填充。

④ 算术左移（<<<）：一个操作数向左移位，产生的空位用 0 填充。

6）其他

① 拼接（{,}）：两个操作数分别作为高低位进行拼，例如：{2'b10,2'b11} 的结果是 4'b1011。

② 重复（{n{m}}）：将操作数 m 重复 n 次，拼接成一个多位数。例如：A=2'b01，则 {2{A}} 的结果是 4'b0101。

③ 条件（?:）：根据？前的表达式是否为真，选择执行后面位于：左右两个语句。例如：(a>b)?(a=a-1):(b=b-2)，如果 a 大于，则将 a-1 的值赋给 a，否则将 b-2 的值赋给 b。

3. Verilog HDL 语句语法

（1）过程语句

在 Verilog HDL 中，可以声明两种不同的过程：always 过程和 initial 过程。过程可以是包含时序的过程描述，而不包含时序的过程还可以表达组合逻辑。always 过程从关键字 always 开始，可以连续多次运行，当过程的最后一行代码执行完成后，再次从第一行代码开始执行。如果没有使用系统任务 $finish，always 过程将不断循环执行。initial 过程从关键字 initial 开始，它只能执行一次。initial 语句指定的内容只执行一次，initial 语句主要用于仿真测试，不能进行逻辑综合。在每一个模块（module）中，使用 initial 次数是不受限制的，所有的 initial 语句都是从 0 时刻并行执行。

一个模块中可以包含多个过程，各个过程相互之间是并发执行的。不过，过程不能嵌套使用。如果过程中有多个语句，则需要使用关键字 begin、end 或 fork、join 将它们组成一个代码块。这两种关键字组合分别代表顺序代码块和并行代码块，后文会讲述这两种结构。例如，利用 always 过程循环执行的特点，可以为模块提供一个时间脉冲（注意第一个 initial 过程为时钟的初始化，这个过程只需要进行一次）：

```
initial a = 1'b0;
always #1 a=～a;
end
```

虽然 always 代码块和 while 语句、forever 语句都能提供循环功能，但是 always 代码块的循环更侧重过程的循环执行，而后两者更侧重代码的循环执行。因此，为了使代码更具条理，过程的循环应当用 always 语句描述。当然，在实际使用过程中，强制使用其中的某一种在功能实现上都是可行的。

（2）块语句

Verilog HDL 语句块提供了将两条或更多条语句组成语法结构上相当于一条语句的机制。主要包括两种类型：顺序块和并行块。

顺序块用关键字 begin 和 end 来表示。顺序块中的语句是一条条执行的。当然，非阻塞赋值除外。顺序块中每条语句的时延总是与其前面语句执行的时间相关。格式如下：

```
begin
        语句 1;
        语句 2;
           ⋮
        语句 n;
end
```

例如：

```
begin
     rega = regb;
     regc = rega;  //regc 的值为 regb 的值
end
```

【例 A.1】用 begin_end 串行块实现延时器。

```
`timescale 100ns/100ns          //定义仿真时间单位为 100ns
module begin_end(dout,din);    //本例为一个延时器，将输入数据延时 300ns 后输出
input din;
output dout;
wire  din;
reg  dout;
reg  temp1,temp2;              //中间变量
```

```
always @(din)
begin                        //begin…end 之间的语句是顺序执行的
      #1  temp1 = din;       //延时 100ns 执行
      #1  temp2 = temp1;     //当 temp1 = din 执行完毕后，延时 100ns 执行
      #1  dout = temp2;      //当 temp2 = temp1 执行完毕后，延时 100ns 执行
end
endmodule
```

并行块由关键字 fork 和 join 来表示。并行块中的语句是并行执行的，即便是阻塞形式的赋值。并行块中每条语句的时延都是相对于块语句开始执行的时间。格式如下：

```
fork
        语句 1;
        语句 2;
        ⋮
        语句 n;
join
```

例如：

```
fork
    rega = regb;
    regc = rega;
join  //regc 与 rega 的值是不同的
```

【例 A.2】用 fork_join 并行块实现延时器。

```
`timescale 100ns/100ns         //定义仿真基本周期为 100ns
module begin_end(dout,din);//本例为一个延时器，将输入数据延时 300ns 后输出
input din;
output dout;
wire  din;
reg  dout;
reg  temp1,temp2;             //中间变量
always @(din)
   fork                       //fork…join 之间的语句是并行执行的
      #1  temp1 = din;        //相对于块开始延时 100ns
      #2  temp2 = temp1;      //相对于块开始延时 200ns
      #3  dout = temp2;       //相对于块开始延时 300ns
   join
endmodule
```

（3）过程赋值

在 Verilog HDL 中，有两种赋值运算，一种叫作阻塞赋值（blocking assignment），其运算符为 =；另一种叫作非阻塞赋值（non-blocking assignment），其运算符为 <=。在顺序代码块中使用阻塞赋值语句，如果这一句没有执行完成，那么后面的语句不会执行；如果在顺序代码块中使用非阻塞赋值，则执行这一句的同时，并不会阻碍下一句代码的执行。而且，如果后一个语句涉及前面一个非阻塞赋值语句中的变量，由于这两个语句

“同时”执行，因此后一个语句所用到的是前面一个语句执行前的数值。非阻塞赋值是 Verilog HDL 作为硬件描述语言与普通编程语言的一个重大区别。

带有两个触发器输出端的简单示例如下：

```
always @(posedge reset or posedge clock)
begin
a <= b;
b <= a;
end
endmodule
```

上面的例子如果没有使用非阻塞赋值，而使用阻塞赋值，那么 a 和 b 的数值就不能被交换。a 和 b 在执行完毕后的数值都与之前 b 的数值相同。在传统的编程语言中，可能需要一个临时的变量，或者使用指针，才能够达到交换两个变量的目的。这里使用了非阻塞赋值，相当于引入了一个隐含的临时变量。第二个非阻塞赋值右边的 a 是第一句赋值之前的数值，变量交换的目的得以实现。信号边缘敏感的过程语句块内常使用非阻塞赋值，使语句块的多个赋值语句能够同时进行，虽然功能上似乎可以用阻塞赋值实现，但是仿真时会产生不正常的结果。通常的过程赋值语句仅在触发或循环等情况下（即赋值语句被执行时）才会使左边的寄存器变量改变一次。而线网变量的连续赋值则持续“监视”右边表达式的变化，一旦其结果发生变化，就会立即更新左边的线网变量。如果需要对寄存器变量进行过程连续赋值，则可以使用 Verilog HDL 提供的 assign 或 force 关键字，强制将赋值运算符右边表达式的结果连续不断地施加在左边的寄存器变量上。

（4）线网型变量的连续赋值

对线网型变量的连续赋值是数字电路数据流建模的重要步骤。数字系统中不含时序的组合逻辑部分可以使用线网的连续赋值来描述。线网不能像寄存器那样存储当前数值，它需要驱动源提供信号，这种驱动是连续不断的，因此线网型变量的赋值称为连续赋值。这与寄存器变量在过程中的单次赋值不同，而且所用的运算符也有所区别。在 Verilog HDL 里，线网型变量连续赋值的关键字为 assign，例如：

```
wire out;
wire in1,in2;
assign out = in1 & in2;
```

在这个例子中，线网型变量 out 在系统运行过程中始终为两个输入线网型变量 in1 和 in2 逻辑与的结果。

线网型变量的连续赋值可以在关键字 assign 后附加延迟信息，例如上面的代码可以改为：

```
assign #5 out = in1 & in2;//in1 和 in2 逻辑与的结果在 5 个时间周期后才施加在 out 上
```

（5）条件语句

1）if 语句。if 语句用来判定所给定的条件是否满足，根据判定的结果（真或假）决定执行给出的两种操作之一。Verilog HDL 语言提供了 3 种形式的 if 语句。

① 无分支。语法形式为：

```
if(表达式)语句;
```

例如：

```
if(a > b) out1 <= int1;    //若 a 大于 b,将 int1 赋予 out1
```

② 单级分支。语法形式为：

```
if(表达式)语句 1;
else 语句 2;
```

例如：

```
if(a>b)out1<=int1;//若 a 大于 b,将 int1 赋予 out1;否则,将 int2 赋予 out1
else out1<=int2;
```

③ 多级分支。语法形式为：

```
if(表达式 1)语句 1;
else  if(表达式 2)语句 2;
else  if(表达式 3)语句 3;
 ⋮
else  if(表达式 m)语句 m;
else 语句 n;
```

例如：

```
if(a>b)out1<=int1;                 //若 a 大于 b,将 int1 赋予 out1
else  if(a==b)out1<=int2;          //否则,如果 a 等于 b,将 int2 赋予 out1
else out1<=int3;                   //否则,将 int3 赋予 out1
```

关于 if 语句有如下几点说明：

a. 3 种形式的 if 语句中，在 if 后面都有“表达式”，一般为逻辑表达式或关系表达式。系统对表达式的值进行判断，若为 0、x 或 z，按“假”处理；若为 1，按“真”处理，执行指定的语句。

b. 第②、③种形式的 if 语句中，在每个 else 前面有一个分号，整个语句结束处有一个分号。分号是 Verilog HDL 语句中不可缺少的部分，分号是 if 语句中的内嵌套语句所要求的。如果无此分号，则出现语法错误。但应注意，不要误认为上面是两个语句（if 语句和 else 语句），它们都属于同一个 if 语句，else 子句不能作为语句单独使用，它必须是 if 语句的一部分，与 if 配对使用。

c. 在 if 和 else 后面可以包含一个内嵌的操作语句，也可以有多个操作语句，此时需要用 begin 和 end 这两个关键词将几个语句包含起来，形成一个复合块语句。

d. 允许一定形式的表达式简写方式，例如：

```
if(expression) 等同于 if(expression == 1)
if(!expression) 等同于 if(expression!= 1)
```

e. if 语句的嵌套。在 if 语句中又包含一个或多个 if 语句，称为 if 语句的嵌套，一般形式如下：

```
if(expression1)
    if(expression2)  语句 1  ( 内嵌 if)
    else 语句 2
else if(expression3)  语句 3 ( 内嵌 if)
else 语句 4
```

应当注意 if 与 else 的配对关系，else 总是与它上面最近的 if 配对。如果 if 与 else 的数目不一致，为了实现程序设计者的意图，可以用 begin_end 块语句来确定配对关系。

2）case 语句。case 语句是一种多分支选择语句，if 语句只有两个分支可供选择，而实际问题中常常需要用到多分支选择。Verilog HDL 语言提供的 case 语句直接处理多分支选择。case 语句通常用于微处理器的指令译码，case 语句的一般形式如下：

```
case ( 表达式 )
 <case 分支项 >
endcase
```

<case 分支项 > 的一般语法格式如下：

```
分支表达式 : 语句
缺省项 (default 项 ) : 语句
```

default 项可有可无，一个 case 语句里只能有一个 default 项。

case 语句与 if 语句的区别主要有以下两点：

① 与 case 语句中的控制表达式和多分支表达式相比，if 结构中的条件表达式更为直观。

② 对于那些分支表达式中存在不定值 x 和高阻值 z 时，case 语句提供了处理这种情况的手段。

针对电路的特性，Verilog HDL 提供了 case 语句的其他两种形式用来处理不必考虑的情况。其中 casez 语句用来处理不考虑高阻值 z 的比较过程，casex 语句则将高阻值 z 和不定值都视为不必关心的情况。所谓不必考虑的情况，即在表达式进行比较时，不将该位的状态考虑在内。这样在 case 语句表达式进行比较时，就可以灵活地设置，以对信号的某些位进行比较。

a. casez 语句。忽略比较过程中值为 z 的位，即如果比较的双方（表达式的值与分支表达式的值）有一方的某一位的值是 z，那么对这些位的比较就不予考虑，只需关注其他位的比较结果。casez 语句的一般形式如下：

```
casez ( 表达式 )
 <case 分支项 >
endcase
```

b.casex 语句。在 casex 语句中，这种处理方式进一步扩展到对 x 的处理，即将 z 和 x 均视为无关值。casex 语句的一般形式如下：

```
casex ( 表达式 )
 <case 分支项 >
endcase
```

case 语句、casez 语句和 casex 语句的比较见表 A-2。

表 A-2　case 语句、casez 语句和 casex 语句的比较

case	0	1	x	z
0	1	0	0	0
1	0	1	0	0
x	0	0	1	0
z	0	0	0	1

casez	0	1	x	z
0	1	0	0	1
1	0	1	0	1
x	0	0	1	1
z	1	1	1	1

casex	0	1	x	z
0	1	0	1	1
1	0	1	1	1
x	1	1	1	1
z	1	1	1	1

（6）循环语句

1）forever 语句。forever 表示永久循环，无条件地无限次执行其后的语句，相当于 while（1），直到遇到系统任务 $finish 或 $stop。如果需要从循环中退出，可以使用 disable。

forever 语句的格式如下：

```
forever  语句;
```

或

```
    forever
    begin
       语句1;
       语句2;
         ⋮
    end
```

forever 语句多用于生成时钟等周期性波形，它与 always 语句的不同之处在于不能独立写在程序中，而必须写在 initial 块中。例如：

```
initial
    begin
        clk = 0;
        forever #25 clk = ~clk;
    end
```

2）repeat 语句。repeat 语句执行指定循环次数，如果循环次数表达式的值不确定，即为 x 或 z 时，那么循环次数按 0 处理。repeat 循环语句的语法为：

```
repeat(循环次数表达式)
begin
语句块;
end
```

其中，“循环次数表达式”用于指定循环次数，可以是一个整数、变量或者数值表达式。如果是变量或者数值表达式，其数值只在第一次循环时得到计算，从而得以事先确定循环次数；“语句块”为重复执行的循环体。在可综合设计中，“循环次数表达式”必须在程序编译过程中保持不变。

【例 A.3】用 repeat 语句实现两个八位二进制乘法。

```
module mult_repeat(outcome,a,b);
parameter size=8;
input[size-1:0] a,b;
output[2*size-1:0] outcome;
reg[2*size-1:0] outcome,temp_a;
reg[size-1:0] temp_b;
always@(a or b)
begin
outcome=0;
temp_a=a;
temp_b=b;
repeat(size)
begin
if(temp_b[0])
outcome=outcome+temp_a;
temp_a=temp_a<<1;
temp_b=temp_b>>1;
end
end
endmodule
```

3）while 语句。while 语句实现的是一种“条件循环”，只有在指定的循环条件为真时才会重复执行循环体。如果循环条件表达式条件在开始时不为真（包括假、x 以及 z），那么过程语句将永远不会被执行。while 语句的语法为：

```
while(循环条件表达式)
begin
语句块
end
```

在上述格式中，“循环条件表达式”代表了循环体得以继续重复执行时必须满足的条件，通常是一个逻辑表达式。在每一次执行循环体之前，都需要对该表达式是否成立进行判断。“语句块”代表了被重复执行的部分，可以是单句或多句。while 语句在执行时，首先判断循环执行条件表达式是否为真，如果真，则执行后面的语句块，然后再重新判断循环执行条件表达式是否为真，如果为真，再执行一遍后面的语句块，如此不断，直到条件表达式不为真。因此，在执行语句中，必须有改变循环条件表达式的值的语句，否则循环就变成死循环。下面举例掌握 while 语句使用。

【例 A.4】用 while 语句实现 0 ～ 100 计数并显示出来。

```
initial
begin
    count = 0;
    while(count < 101)
    begin
```

```
            $display("count = %d",count);
            count=count+1;
        end
    end
```

【例 A.5】用 while 语句实现两个八位二进制数乘法运算。

```
module mult_while(outcome,a,b);
parameter size=8;
input[size-1:0] a,b;
output[2*size-1:0] outcome;
reg[2*size-1:0] outcome;
integer i;
always @(a or b)
begin
outcome=0;
i=0;
while(i<=size-1)
    begin
if(b[i])
 begin
outcome=outcome+(a<<(i));
end
i=i+1;
end
end
endmodule
```

4）for 语句。for 语句是有条件的循环语句。在 C 语言和其他编程语句中，for 语句经常用于循环操作，但是在 Verilog HDL 中，一般不在可综合的代码中使用，因为 for 语句会被综合器展开为所用变量情况的执行语句，每个变量独立占用寄存器资源，每条执行语句并不能有效地复用硬件逻辑资源，造成巨大的资源浪费。for 语句不能单独使用，通常放在 always 语句中，格式如下：

```
for(循环变量赋初值;条件表达式;循环变量增值)语句;
```

或

```
for(循环变量赋初值;条件表达式;循环变量增值)
begin
语句 1;
   语句 2;
      ⋮
end
```

【例 A.6】用 for 语句来实现 8 位数据的低 4 位左移到高 4 位。

```
integer i;
always @(inp or cnt)
```

```
begin
result[7:4]=0;
result[3:0]=inp;
if(cnt==1)
   begin
for(i=4;i<=7;i=i+1)
begin
   result [i] = result [i-4];
end
result[3:0]=0;
end
end
```

【例 A.7】在一个时钟周期内，用 for 语句计算出 13 路脉冲信号为高电平的个数。

```
module test_1(clk,rst,datain,numout);
input clk;
input rst;
input [12:0] datain;                    //输入 13 路数据
output [15:0] numout;                   //13 路数据电平为高的路数
wire [15:0] numout;
reg [3:0] i;
reg [15:0] num;
always @(posedge clk)
begin
   if(!rst)
    begin  num = 0;end
   else
    begin
     for(i = 0;i < 13;i = i + 1)   //用 for 循环进行计算
       begin
       if(datain [i]) num = num +1;
       end
    end
end
assign numout = num;
endmodule
```

5）disable 语句。一般情况下，循环语句都留有正常的出口用于退出循环，但是在有些特殊情况下，仍需要强制退出循环。disable 语句提供了一种强制退出循环的方法。例如以下代码实现了执行 4 次加 1 操作后强制退出循环，然后继续执行后续的操作。

```
begin:continue
      for(i = 0;i < 5;i = i+ 1)
      begin
         sum = sum + 1;
         if(i == 3)disable continue;
```

```
        end
    end
   后续操作 1;
   后续操作 2;
    ⋮
```

（7）编译指令

编译指令是 Verilog HDL 编译系统的一个组成部分，其含义是在程序被编译之前，先对编译指令进行预处理，再将预处理的结果和源程序一起进行编译处理。

1）宏定义语句 `define。

```
`define 标识符（宏名）字符串（宏内容）
```

宏定义主要可以起到两个作用：

① 用一个有意义的标识符取代程序中反复出现的含义不明显的字符串。例如：

```
`define  WORDSIZE  8
 reg[1:`WORDSIZE]  data;   //这相当于定义 reg[1:8] data;
```

② 用一个较短的标识符代替反复出现的较长的字符串。例如：

```
`define  sum1  ina+inb+inc+ind
module calculate(out1,out2,ina,inb,inc,ind,ine);
input ina,inb,inc,ind,ine;
output[2:0]out1,out2;
wire ina,inb,inc,ind,ine;
reg[2:0]out1,out2;
always@(ina or inb or inc or ine)
begin
   out1=`sum1+ine;
   out2=`sum1-ine;
end
endmodule
```

此外，在使用宏定义说明语句时，还需注意：

① 宏定义不是 Verilog HDL 语句，不必在行末加分号。如果加了分号会连分号一起进行置换。例如，如果把宏定义改为：

```
`define sum1  ina+inb+inc+ind;
```

经过宏展开以后：

```
out1= ina+inb+inc+ind;+ine;
out2= ina+inb+inc+ind;-ine;
```

显然出现语法错误。

② 宏定义语句可以出现在程序中的任意位置。通常，`define 命令写在模块定义的外面，作为程序的一部分，在此程序内有效。如果对同一个宏名做了多次定义，则只有最后一次定义生效。例如：

```
`define  a  1
module muti_define;
reg[1:0] out1,out2,out3;
initial
begin
    out1 = `a;
   `define a 2
     out2 = `a;
    define  a  3
    out3 = `a;
end
endmodule
```

经过宏展开以后，out1=1；out2=2；out3=3。

③ 在进行宏定义时，可以引用已定义的宏名，实现层层置换。如：

```
`define aa a + b
`define cc c + `aa
module test;
reg  a,b,c,d;
wire out;
assign out =`cc+d;
endmodule
```

这样经过宏展开以后，assign 语句为“assign　out = c + a + b+d；”。

2）文件包含语句 `include。其格式为：

```
`include  "文件名"    //需要把文件放在同一个目录下
```

使用文件包含语句完成顶层模块对多个子模块的调用，例如：

```
`include "source1.v"
`include "source2.v"
`include "source3.v"
module top;
source1 s1();        //调用 source1 模块
source2 s2();        //调用 source2 模块
source3 s3();        //调用 source3 模块
endmodule
```

3）条件编译命令 `ifdef、`else、`endif。条件编译命令有以下两种形式：

`ifdef 宏名 程序段 `endif	`ifdef 宏名 程序段 1 `else 程序段 2 `endif

例如：

```
`define sum a+b
module condition_compile(out,a,b,c);
output[2:0] out;
input a,b,c;
`ifdef sum
assign out=sum+c;
`else
assign out=a+c;
`endif
endmodule
```

在上面的例子中，因为定义了“`define sum”，所以程序执行“assign out=a+b+c；”。

4）时间尺度 `timescale。`timescale 用于定义模块的仿真时间单位和时间精度，格式如下：

```
`timescale<时间单位>/<时间精度>
```

例如：

```
//`timescale的使用举例
`timescale 10ns/1ns
module  delay(dout1,dout2,dout3,dout4,din);
input   din;
output  dout1,dout2,dout3,dout4;
wire    din;
reg     dout1,dout2,dout3,dout4;
parameter  d=1.55;
always @(din)
fork
#d  dout1=din;                //延时1.6个仿真时间单位，即16ns
    begin
      #3d  dout2=din;         //延时4.7个仿真时间单位，即47ns
      #d   dout3=din;         //延时6.2个仿真时间单位，即62ns
   end
     #2d  dout4=din;          //延时3.1个仿真时间单位，即31ns
join
endmodule
```

（8）任务与函数

在 Verilog HDL 中，可以利用任务（关键字为 task）或函数（关键字为 function），将重复性的行为级设计进行提取，并在多个地方调用，来避免重复代码的多次编写，使代码更加简洁、易懂。注意 task 和 function 定义和调用都包含在一个 module 模块内部，格式与 module 模块类似，但也有不同。它们一般用于行为建模，在编写测试验证程序时用得较多，很多逻辑综合软件都不能很好地支持任务和函数。

1）task 说明语句。

① task 的定义。task 定义的形式如下：

```
task <任务名>;        //注意无端口列表
//定义端口以及内部变量
input   输入端口名;  //可以有一个或多个输入端口，也可以没有
output  输出端口名;  //可以有一个或多个输出端口，也可以没有
inout   双向端口名;  //可以有一个或多个双向端口，也可以没有
wire    内部变量名;  //可以有一个或多个内部变量，也可以没有
reg     内部变量名;
 //任务主体
begin
   语句1;
   语句2;
   ⋮
   语句n;
  end
endtask
```

② task 的调用。启动任务并传递输入输出变量的声明语句的语法如下：

```
<任务名>(端口1,端口2,…,端口n);
```

以下语句说明怎样定义任务和调用任务：

```
task  test;                              //任务定义
input a,b,c;
output d,e;
d = a & b;                               //对任务的输出变量赋值
e = a|c;
endtask
test(in1,in2,in3,out1,out2);             //任务调用
```

使用任务时，需注意：

a. 任务的定义与调用须在一个 module 模块内。

b. 定义任务时，没有端口名列表，但需要紧接着进行输入输出端口和数据类型的说明。

c. 当任务被调用时，任务被激活。任务的调用与模块调用一样通过任务名调用实现，调用时，需列出端口名列表，端口名的排序和类型必须与任务定义中的一致。

d. 一个任务可以调用别的任务和函数，可以调用的任务和函数个数不限。

【例 A.8】用 task 实现四位全加器。

```
module EXAMPLE(A,B,CIN,S,COUT);
input [3:0] A,B;
input CIN;
output [3:0] S;
output COUT;
reg [3:0] S;
reg COUT;
reg [1:0] S0,S1,S2,S3;
```

```
task ADD;
input A,B,CIN;
output [1:0] C;
reg [1:0] C;
reg S,COUT;
begin
S = A ^ B ^ CIN;
COUT =(A&B)|(A&CIN)|(B&CIN);
C = {COUT,S};
end
endtask
always @(A or B or CIN)
begin
ADD(A[0],B[0],CIN,S0);
ADD(A[1],B[1],S0[1],S1);
ADD(A[2],B[2],S1[1],S2);
ADD(A[3],B[3],S2[1],S3);
S = {S3[0],S2[0],S1[0],S0[0]};
COUT = S3[1];
end
endmodule
```

2）function 说明语句。

① function 定义。定义的形式如下：

```
function [返回值位宽或类型说明](函数名);          //注意无端口列表
//定义端口以及内部变量
input 输入端口名;                              //至少要有一个输入端口作为参数
wire  内部变量名;                              //定义内部变量
reg   内部变量名;                              //定义内部变量
//函数主体
begin
语句1;
语句2;
 ⋮
语句n;
end
endfunction
```

② function 调用。其调用格式如下：

```
<函数名>(<表达式> <表达式>);
```

例如，先定义一个四选一数据选择器的 function：

```
//function that specifies a mux4to1
function mux4to1;//注意:此处为分号。
input [3:0] X;
```

```
input [1:0] S4;
case(S4)
     0:mux4to1 = X[0];
     1:mux4to1 = X[1];
     2:mux4to1 = X[2];
     3:mux4to1 = X[3];
endcase
endfunction
```

调用四选一实现十六选一的数据选择器：

```
module mux16to1(W,S,f);
input [15:0] W;
input [3:0]  S;
output f;
reg  f;
always @(W,S)
   case(S[3:2])
     0:f = mux4to1(W[0:3],S[1:0]);          //函数调用
     1:f = mux4to1(W[4:7],S[1:0]);
     2:f = mux4to1(W[8:11],S[1:0]);
     3:f = mux4to1(W[12:15],S[1:0]);
   endcase
```

在使用函数时，需注意：

a. 函数的定义与调用须在一个（module）模块内。

b. 函数只允许有输入变量且必须至少有一个输入变量，输出变量由函数名本身担任，在定义函数时，需对函数名说明其类型和位宽。

c. 定义函数时，没有端口名列表，但调用函数时，需列出端口名列表，端口名的排序和类型必须与定义时的相一致。这一点与任务相同。

d. 函数可以出现在持续赋值 assign 的右端表达式中。

e. 函数不能调用任务，而任务可以调用别的任务和函数，且调用任务和函数个数不受限制。

【例 A.9】用 function 实现四位全加器。

```
module comb15(A,B,CIN,S,COUT);
input [3:0] A,B;
input CIN;
output [3:0] S;
output COUT;
wire [1:0] S0,S1,S2,S3;
function signed [1:0] ADD;
input A,B,CIN;
reg S,COUT;
begin
S = A ^ B ^ CIN;
```

```
COUT =(A&B)|(A&CIN)|(B&CIN);
ADD = {COUT,S};
end
endfunction
assign S0 = ADD(A[0],B[0],CIN);
S1 = ADD(A[1],B[1],S0[1]);
S2 = ADD(A[2],B[2],S1[1]);
S3 = ADD(A[3],B[3],S2[1]);
S = {S3[0],S2[0],S1[0],S0[0]};
COUT = S3[1];
endmodule
```

任务和函数的比较见表 A-3，在使用时要注意两者之间的区别。

表 A-3　任务与函数的比较

	任务（task）	函数（function）
输入与输出	可有任意个各种类型的参数	至少有一个输入，不能将 inout 类型作为输出
调用	任务只可在过程语句中调用，不能在连续赋值语句 assign 中调用	函数可作为表达式中的一个操作数来调用，在过程赋值和连续赋值语句中均可以调用
定时事件控制（#，@ 和 wait）	任务可以包含定时和事件控制语句	函数不能包含这些语句
调用其他任务和函数	任务可调用其他任务和函数	函数可以调用其他函数，但不可以调用其他任务
返回值	任务不向表达式返回值	函数向调用它的表达式返回一个值

（9）Verilog HDL 常用关键字汇总

Verilog HDL 常用关键字见表 A-4。

表 A-4　Verilog HDL 常用关键字

序号	关键字	说明	序号	关键字	说明
1	module	模块开始声明	16	repeat	循环语句
2	endmodule	模块结束声明	17	if	if else 语句标记
3	input	定义输入端口	18	else	if else 语句标记
4	output	定义输出端口	19	case/casez/casex	case 分支语句起始标记
5	inout	定义双向端口	20	default	case 语句默认分支
6	parameter	信号的参数定义	21	endcase	分支语句结束标记
7	wire	线网型数据类型定义	22	always	语句块（多次执行）
8	reg	寄存器型数据类型定义	23	initial	语句块（只执行一次）
9	begin	顺序块语句开始	24	task	任务定义
10	end	顺序块语句结束	25	endtask	任务结束标记
11	fork	并行块语句开始	26	function	函数定义
12	join	并行块语句结束	27	endfunction	函数结束标记
13	for	循环语句	28	posedge	上升沿
14	forever	循环语句	29	negedge	下降沿
15	while	循环语句	30	assign	连续赋值

4. Verilog HDL 层次化设计

（1）层次化设计和模块例化的概念

层次化设计就是在利用 Verilog HDL 语言编写程序实现相应功能时，不需要把所有的程序写在一个模块中，如果将系统中所有功能都放在一个模块中，那么其错误的检查功能、验证和调试的难度和复杂度将是无法想象的。

层次化设计方法的基本思想就是分模块、分层次地进行设计描述。描述系统总功能的设计为顶层设计，描述系统中较小单元的设计为底层设计。整个设计过程可理解为从硬件的顶层描述向最底层结构描述的一系列转换过程，直到最后得到可实现的硬件单元描述为止。层次化设计中所用的模块有两种：一是预先设计好的标准模块，二是由用户设计的具有特定应用功能的模块。在基于 Verilog HDL 的层次化设计中，其最明显的表现特征就是具备多个不同级别的 Verilog HDL 代码模块。

Verilog HDL 的模块例化也被称为程序调用，是指将已存在的 Verilog HDL 模块作为当前设计的一个组件，设计人员将其作为黑匣子看待，直接给定输入，即可得到相应的输出信号。通过模块例化，可在顶层模块中将各底层元件用 Verilog HDL 语言链接起来，即可逐次封装形成最终的顶层文件，满足系统要求。模块例化时，在一个模块中引用另一个模块，对其端口进行相关连接。模块例化建立了描述的层次，如图 A-1 所示，除顶层模块外，每个模块完成一项较为独立的功能。信号端口可以通过位置或名称关联，端口连接也必须遵循一些规则。

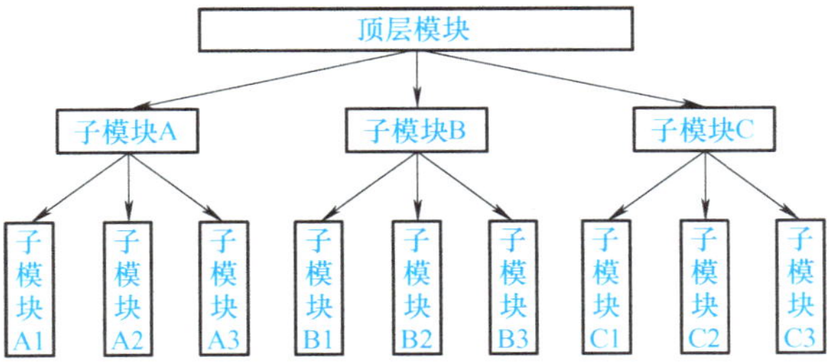

图 A-1　层次化设计

（2）基本门级元件

基本门级元件是 Verilog HDL 中自带的一套标准原语，可以直接实例化。Verilog HDL 中内置了 12 种类型的基本门级元件模型，见表 A-5，包括多输入与门、多输入与非门、多输入或门、多输入或非门、多输入异或门、多输入异或非门、多输出缓冲器、多输出反相器、控制信号高 / 低电平有效的三态缓冲器以及控制信号高 / 低电平有效的三态反相器等。

1）多输入门元件。Verilog HDL 中内置了 6 种类型多输入门元件，如图 A-2 所示。Verilog HDL 的输入有四种可能：0，1，x，z。由于多输入门的输出不可能为高阻态 z，故只要有一个输入为 x 或 z，则输出必定为 x。

表 A-5　Verilog HDL 中内置的 12 种类型的基本门级元件

类型	元件符号	功能说明
多输入门	and	多输入端的与门
	nand	多输入端的与非门
	or	多输入端的或门
	nor	多输入端的或非门
	xor	多输入端的异或门
	xnor	多输入端的异或非门（同或门）
多输出门	buf	多输出端的缓冲器
	not	多输出端的反相器
三态门	bufif0	控制信号低电平有效的三态缓冲器
	bufif1	控制信号高电平有效的三态缓冲器
	notif0	控制信号低电平有效的三态反相器
	notif1	控制信号高电平有效的三态反相器

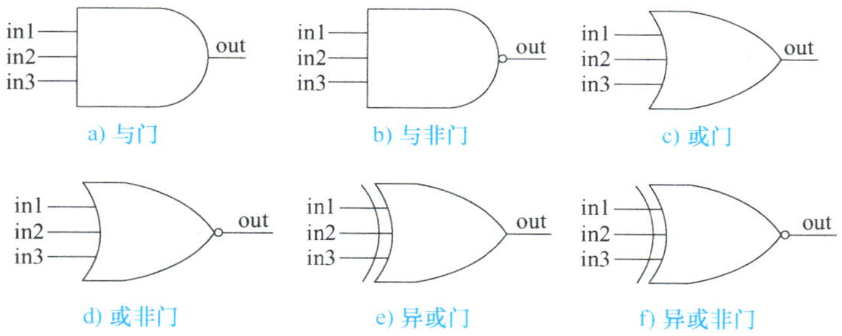

图 A-2　多输入门的元件模型

多输入门可以有多个输入，但只允许有一个输出。

2）多输出门元件。Verilog HDL 中内置了 2 种类型的多输出门元件：缓冲器（buf）和反相器（not）。这些元件可以有多个输出端，但只有一个输入端，如图 A-3 所示。图中输出端的数量可根据实际应用的需要确定。

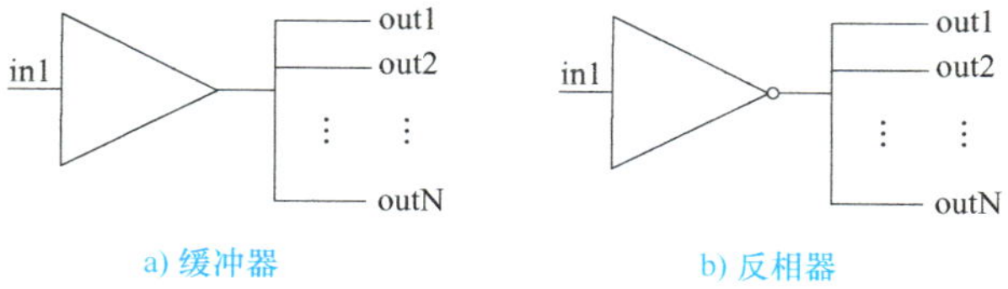

图 A-3　多输入缓冲器和反相器的元件模型

3）三态门元件。Verilog HDL 中内置了 4 种类型的三态门元件，分别为控制信号低电平有效的三态缓冲器、控制信号高电平有效的三态缓冲器、控制信号低电平有效的三态反相器和控制信号高电平有效的三态反相器，如图 A-4 所示。每种三态门元件都有一个数据输入端、一个输出端和一个控制输入端。三态门的输出除了 0 和 1，还可能是高阻态 z。

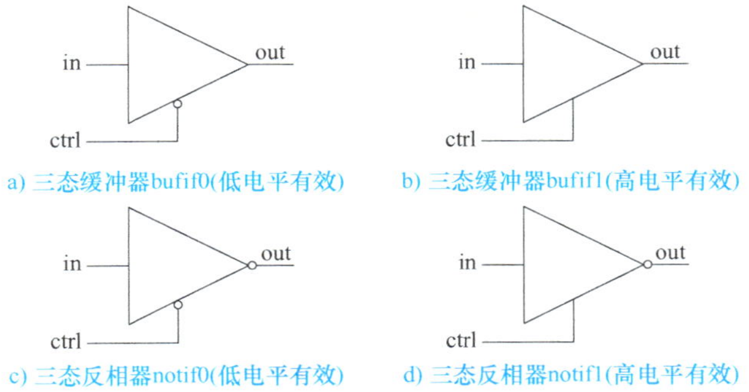

图 A-4　三态门元件模型

（3）模块例化语法和规则

模块例化的语法：

```
元件符号  实例化名（输出，输入）
```

Verilog HDL 语言中，常用 2 种模块调用的方法：位置映射法、信号名映射法。

1）位置映射法。位置映射法严格按照模块定义的端口顺序来链接，不用注明原模块定义时规定的端口名，语法为：

```
模块名  实例化名（链接端口 1 信号名，链接端口 2 信号名，……）;
```

① 实例化多输入门元件的一般形式为：

```
模块名  实例化名（链接端口 1 信号名，链接端口 2 信号名，……）;
```

例如：

```
nand  NA1(out,in1,in2,in3);
 xor  XOR1(out,in1,in2,in3);
```

其中，实例化名 NA1、XOR1 可省略；圆括号中输入变量、输出变量需与原理图对应，且第一个变量必须是输出变量。

② 实例化多输出门元件的一般形式为：

```
元件符号  实例化名（输出 1，输出 2，…，输出 n，输入）;
```

例如：

```
buf  B1(out1,out2,out3,…,in);
not  N1(out1,out2,out3,…,in);
```

其中，实例化名 B1、N1 可省略；圆括号中输入变量、输出变量需与原理图对应且输入变量必须放在最后。上述实例化代表的含义为：

a. 缓冲器 B1 的输入为 in，输出为 out1，out2，out3 等。

b. 反相器 N1 的输入为 in，输出为 out1，out2，out3 等。

③ 实例化三态缓冲器、三态反相器元件的一般形式为：

```
元件符号  实例化名（输出，输入，控制）;
```

例如：

```
bufif0 B0(out,in1,ctrl);
bufif1 B1(out,in1,ctrl);
notif0 N0(out,in1,ctrl);
notif1 N1(out,in1,ctrl);
```

其中，实例化名 B0、B1、N0、N1 可省略，圆括号中输入变量、输出变量、控制信号需与原理图对应，且顺序不能改变。

【例 A.10】用位置映射法实现四输入相等比较器。

```
module compare_core(result,a,b );
input  [7:0] a,b;
output  result;
assign result =(a == b)?1:0;
endmodule

module compare_app0(
result0,a0,b0,   result1,a1,b1   );
input    [7:0] a0,b0,a1,b1;
output    result0,result1;
compare_core  inst_compare_core0(   result0, a0,b0  );
compare_core  inst_compare_core1(   result1, a1,b1  );
endmodule
```

2）信号名映射法。信号名映射法利用“.”符号表明原模块定义时的端口名，其语法如下：

```
模块名 例化名(.端口 1 信号名(链接端口 1 信号名),.端口 2 信号名(链接端口 2 信号名),……);
```

显然，信号名映射法同时将信号名和被引用端口名列出来，不必严格遵守端口顺序。这不仅降低了代码的易错性，还提高了程序的可读性和可移植性。因此，在良好的代码中应尽量避免使用位置映射法，全部采用信号名映射法。

【例 A.11】用信号名映射法实现四输入相等比较器。

```
module compare_core(result,a,b);
input  [7:0] a,b;
output       result;
assign result =(a == b)?1:0;
endmodule

module compare_app1(
```

```
result0,a0,b0,
result1,a1,b1   );
input    [7:0] a0,b0,a1,b1;
output    result0,result1;
compare_core  inst_compare_core0( .result(result0),  .a(a0),  .b(b0));
compare_core  inst_compare_core1( .a(a1), .b(b1),.result(result1));
endmodule
```

3）特殊处理说明。

① 悬空端处理。在实际例化中，被调用模块的某些引脚可能不需要使用，因此要在例化时进行特殊处理。注意悬空例化模块端口只能在信号名映射法中完成。其方法有两种，一种方法是在模块例化时，在相应的端口映射处采用空白处理，其示例代码如下：

```
DFF d1(.Q(QS),
.Qbar(),         // 该引脚悬空
.Data(D),
.Preset(),       // 该引脚悬空
.Clock(CK));
```

另一种方法是直接在例化时，不调用该端口，示例代码如下：

```
DFF d1(
        .Q(QS),
        //.Qbar(),
        .Data(D),
        //.Preset(),
        .Clock(CK)
       );
```

a. 输入悬空：该引脚输入为高阻态 z。

b. 输出悬空：该输出引脚废弃不用。

c. 例化时一般不能将悬空的 input 端口删除，否则编译会报错。

② 位宽匹配。模块例化的另一大类异常就是端口的位宽匹配问题，其处理原则是，当模块例化端口和被例化模块端口的位宽不同时，端口通过无符号数的右对齐截断方式进行匹配。

【例 A.12】位宽不匹配处理示例。

```
module Child(Pha,Phy);
input  [5:0] Pha;
output  [2:0] Phy;
assign Phy[2]=Pha[5]|Pha[4];
assign Phy[1]=Pha[3]&&Pha[2];
assign Phy[0]=Pha[1]|Pha[0];
endmodule
module Top(Bdl,Mpr);
input  [1:2] Bdl;
output  [2:6] Mpr;
```

```
Child C1(Bdl,Mpr);
endmodule
```

4）端口连接规则。

① 输入端口。模块例化时，在模块外部，input 端口可以连接 wire 或 reg 型变量；在模块内部，input 端口必须是 wire 型变量。

② 输出端口。模块例化时，在模块外部，output 端口必须连接 wire 型变量；在模块内部，output 端口可以是 wire 或 reg 型变量。

③ 输入输出端口。模块例化时，在模块外部，inout 端口必须连接 wire 型变量。

④ 悬空端口。模块例化时，如果某些信号不需要与外部信号进行连接交互，可以将其悬空，即端口例化处保留空白即可。output 端口正常悬空时，甚至可以在例化时将其删除。input 端口正常悬空时，悬空信号的逻辑功能表现为高阻状态（逻辑值为 z）。但是，例化时一般不能将悬空的 input 端口删除，否则编译会报错。

（4）设计案例

1）一位全加器设计。通过一位半加器构建一位全加器的结构如图 A-5 所示。由图 A-5 可知，一位全加器由两个一位半加器和一个两输入或门构成，a、b、cin 为一位全加器的输入，fco 和 fsum 为输出，fco 为进位输出，fsum 为本位和。

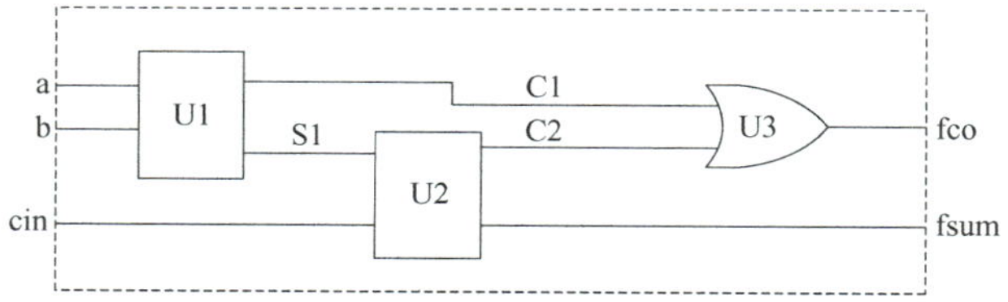

图 A-5　一位全加器的结构

① 通过模块例化设计一位全加器，代码如下：

```
module full_adder(fco,  fsum,   cin,  a,  b);
input  cin,a,b;
output  fco,fsum;
wire  cin,a,b;
wire  fco,fsum;
wire  c1,s1,c2;
half_adder  U1(c1,s1,a,b);
half_adder  U2(c2,fsum,s1,cin);
or  U3(fco,c1,c2);
endmodule
```

② 一位半加器电路的描述如下：

```
module half_adder(co,sum,a,b,);
input  a,b;
output  co,sum;
wire  a,b;
wire co,sum;
```

```
assign {co,sum} = a + b;
    endmodule
```

2）四位串行进位全加器设计。采用实例化一位全加器的方法设计一个四位串行进位全加器。本例一位全加器由基本门电路构成，其结构如图 A-6 所示，其逻辑表达式为

$$\text{Sum} = \text{A} \oplus \text{B} \oplus \text{Cin},\quad \text{Cout} = \text{A} \cdot \text{Cin} + \text{B} \cdot \text{Cin} + \text{A} \cdot \text{B}$$

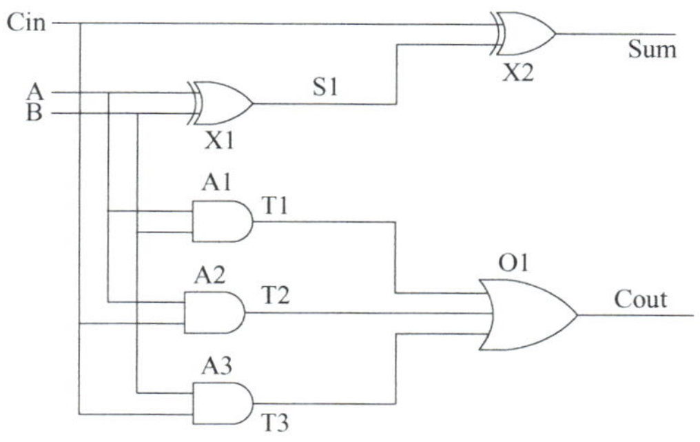

图 A-6　一位全加器的结构

代码设计如下：

```
module fulladder(A,B,Cin,Sum,Cout)
input A,B,Cin;                  //输入输出端口声明
output Sum,Cout;
wire S1,T1,T2,T3;              //内部线网
xor X1(S1,A,B);                //实例化逻辑门级原语
xor X2(Sum,S1,Cin);
and A1(T1,A,B);
and A2(T2,B,Cin);
and A3(T3,A,Cin);
or OR1(Cout,T1,T2,T3);
endmodule
```

四位串行进位全加器的结构如图 A-7 所示。

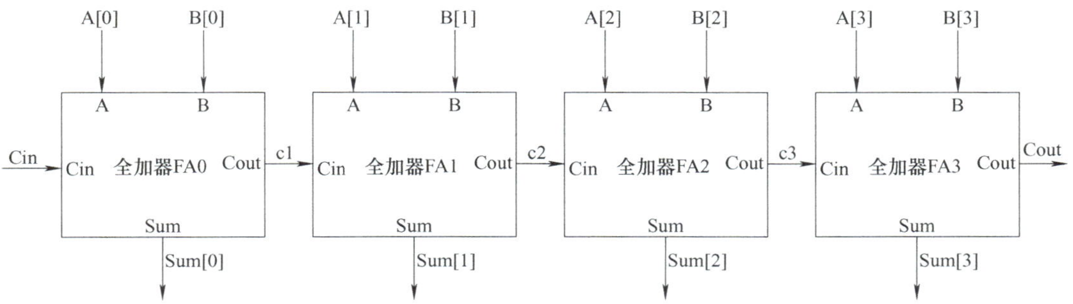

图 A-7　四位串行进位全加器的结构

四位串行进位全加器的代码设计如下：

```
module fulladder4(A,B,Cin,Sum,Cout);
input [3:0] A;
input [3:0] B;
input Cin;
output [3:0]  Sum;
output Cout;
wire c1,c2,c3;
fulladder FA0(.A(A[0]),.B(B[0]),.Cin(Cin),.Sum(Sum[0]),.Cout(c1));
fulladder FA1(.A(A [1]),.B(B [1]),.Cin(c1),.Sum(Sum[1]),.Cout(c2));
fulladder FA2(.A(A [2]),.B(B [2]),.Cin(c2),.Sum(Sum[2]),.Cout(c3));
fulladder FA3(.A(A [3]),.B(B [3]),.Cin(c3),.Sum(Sum[3]),.Cout(Cout));
endmodule
```

3）四选一数据选择器设计。四选一数据选择器可以由三个二选一数据选择器构成，如图 A-8 所示。图中 A、B、C、D 为数据输入端口，S1 和 S0 为两位选择信号，t1 和 t2 为内部变量。真值表如表 A-6 所示。

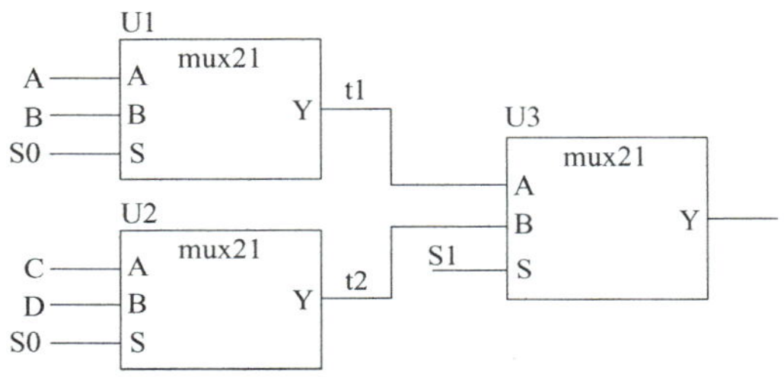

图 A-8　二选一数据选择器组成四选一数据选择器结构

表 A-6　四选一数据选择器真值表

输入		输出
S1	S0	Y
0	0	A
0	1	B
1	0	C
1	1	D

① 二选一数据选择器描述如下：

```
module mux21(A,B,S,Y);
input  A,B,S;
output  Y;
assign Y=S?B:A;
endmodule
```

② 四选一数据选择器描述如下：

```
module mux41(A,B,C,D,S1,S0,Y);
input A,B,C,D,S1,S0;
output Y;
wire t1,t2;
mux21 U1(A,B,S0,t1);
mux21 U2(C,D,S0,t2);
mux21 U3(t1,t2,S1,Y);
endmodule
```

附录 B　Quartus Prime 开发流程

Quartus Prime 软件中的项目由所有设计文件和与这些设计文件有关的设置组成。用户可以使用 Quartus Prime 的文本输入方式、原理图输入方式、模块输入方式和 EDA 设计输入工具等表达自己的电路构思。下面通过一个简单的例子学习文本输入方式的设计流程。

1. 建立新项目

1）指定项目名称。如图 B-1 所示，执行菜单命令“File”→“New Project Wizard...”后弹出图 B-2 所示向导对话框。单击“Next”按钮后弹出图 B-3 所示对话框，在此对话框中，从上至下分别输入新项目的文件夹名、项目名和顶层实体的名字（注意：项目名要和顶层实体的名字相同）。在此例中，建立的项目名称为“select_2”。

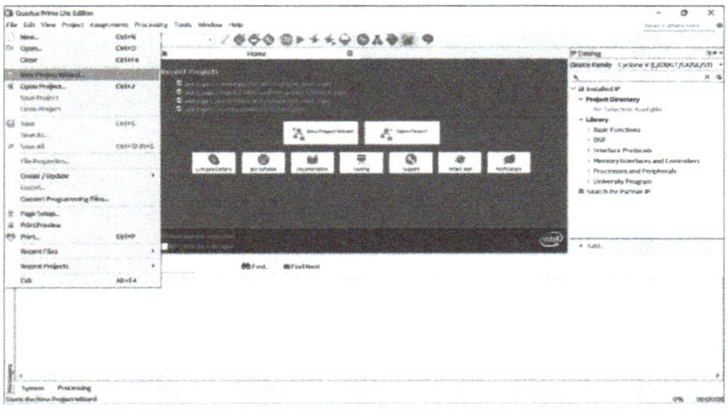

图 B-1　建立新项目

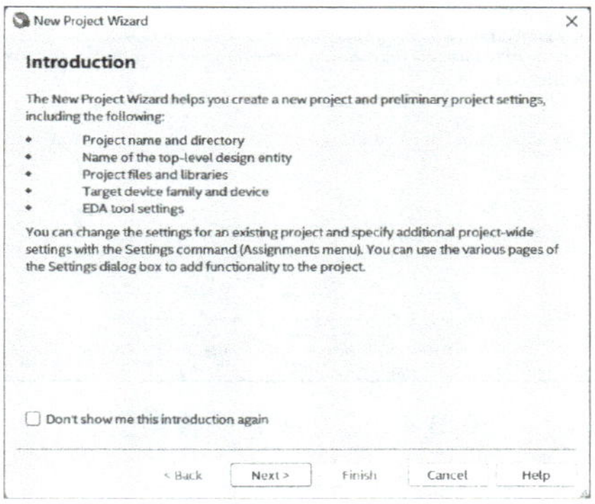

图 B-2　新项目向导

2）选择需要加入的文件和库。单击“Next”按钮（如果文件夹不存在，则系统会提示用户是否创建该文件夹，单击“Yes”按钮后会自动建立），出现图 B-4 所示对话框，选择要用到的项目模板类型，这里选择空的项目。单击“Next”按钮后出现图 B-5 所示对话框，如果此设计包括其他设计文件，可以在“File name”栏中选择文件，或者单击“Add All”按钮加入该目录下的所有文件。本例中没有需要添加的文件，直接单击“Next”按钮即可。如果需要用户自定义的库，则单击“User Libraries...”按钮来选择。在本例中没有需要添加的文件和库，可以不选。

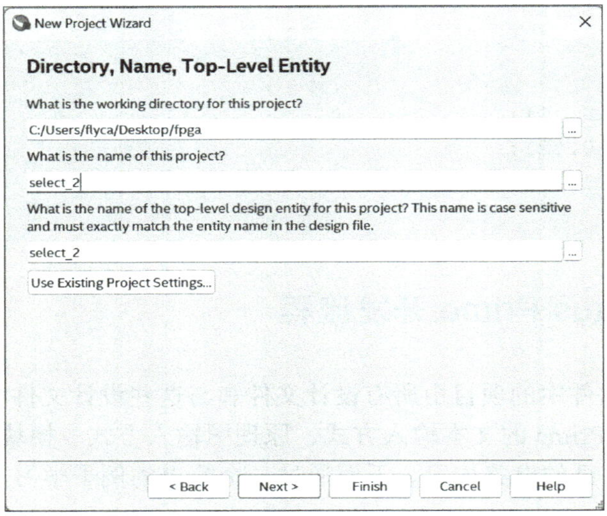

图 B-3　指定项目的基本信息

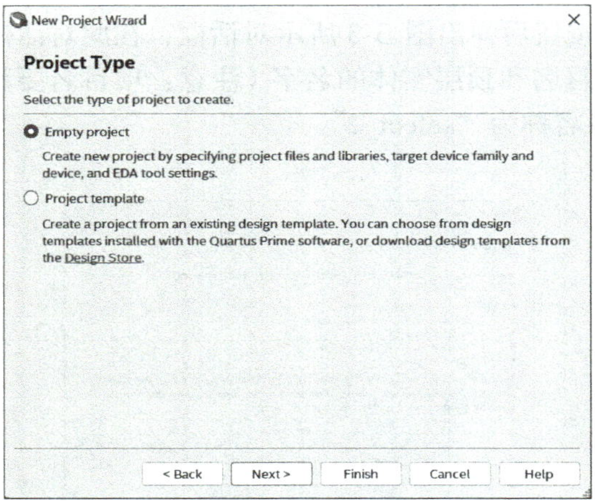

图 B-4　选择项目模板类型

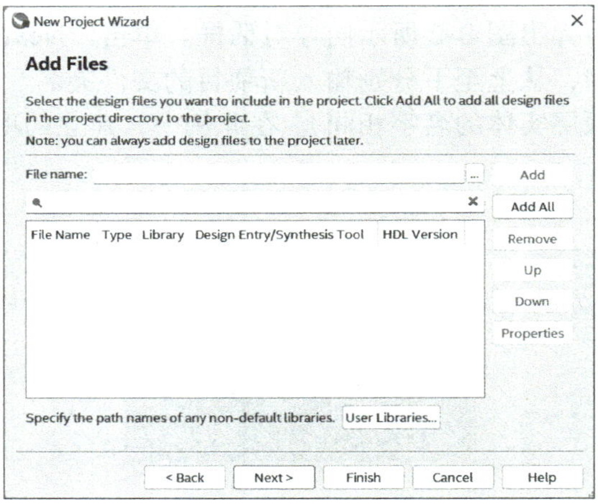

图 B-5　添加文件

3）选择目标器件。单击“Next”按钮，出现图 B-6 所示对话框，在此可以选择目标器件。在“Target device”区域勾选“Auto device selected by the Fitter”，系统会自动给所设计的文件分配一个器件；如果勾选“Specific device selected in ‘Available device list’”，用户需指定目标器件。在右侧的“Show in ‘Available devices’ list”区域可以选择器件的封装类型（Package）、引脚数量（Pin count）和速度等级（Core speed grade），以便快速查找用户需要指定的器件。

4）选择第三方 EDA 工具。单击“Next”按钮，弹出第三方工具选择对话框，如图 B-7 所示。用户可以选择所用到的第三方工具，如 ModleSim、Synplify 等。本例仿真使用的是 ModelSim-Altera，使用的语言是 Verilog HDL。

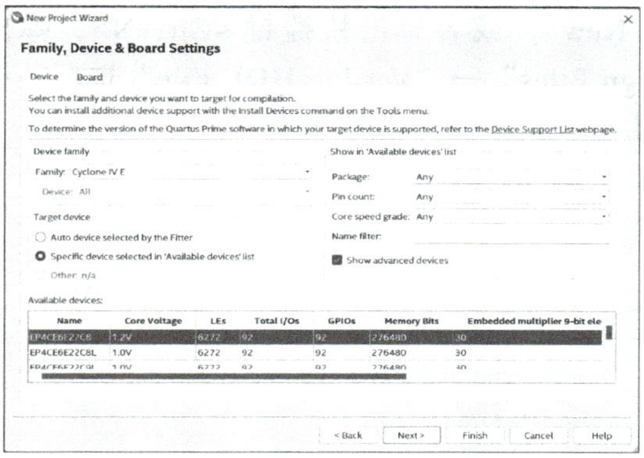

图 B-6　器件类型设置

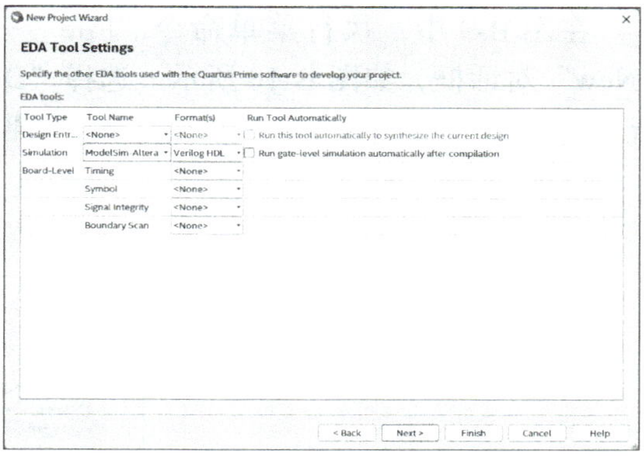

图 B-7　第三方工具选择

5）结束设置。单击“Next”按钮，弹出项目信息概要窗口，如图 B-8 所示。在此可以看到已建立的项目名称、已选择的器件和第三方工具等信息；如果信息无误，则可单击“Finish”按钮，弹出图 B-9 所示窗口，在资源管理窗口会看到新建的项目“select_2”。

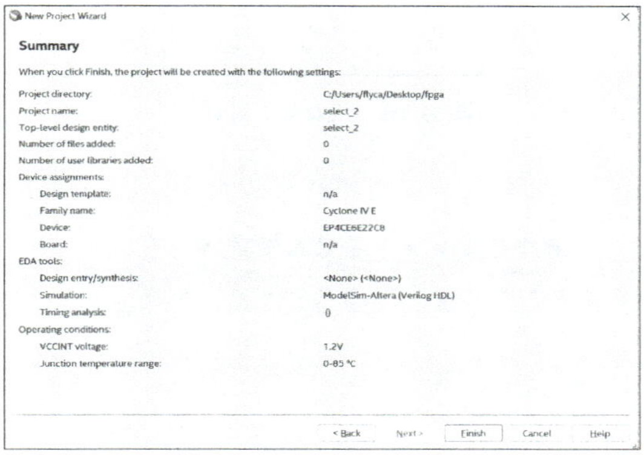

图 B-8　项目信息概要窗口

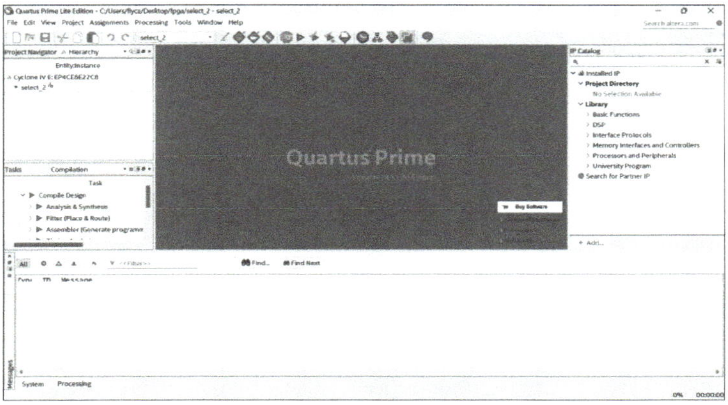

图 B-9　完成项目配置后的窗口

2. 新建文件

在图 B-9 中，执行菜单命令“File”→“New”，或者单击快捷键<Ctrl+N>，弹出“New”对话框，如图 B-10 所示。选择“Design Files”→“Verilog HDL File”选项，单击“OK”按钮，打开 Verilog HDL 文本编辑窗口，如图 B-11 所示。

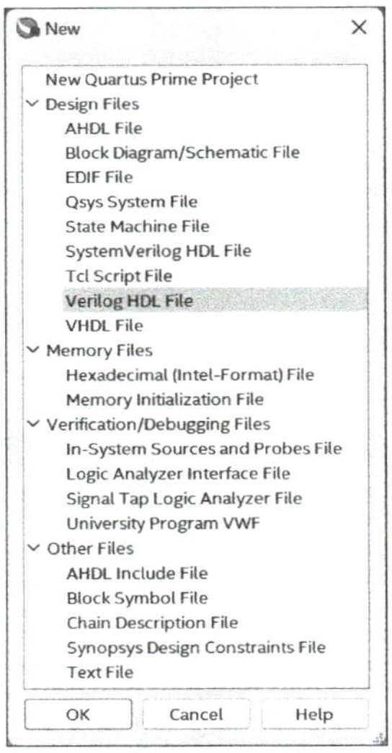

图 B-10 “New”对话框

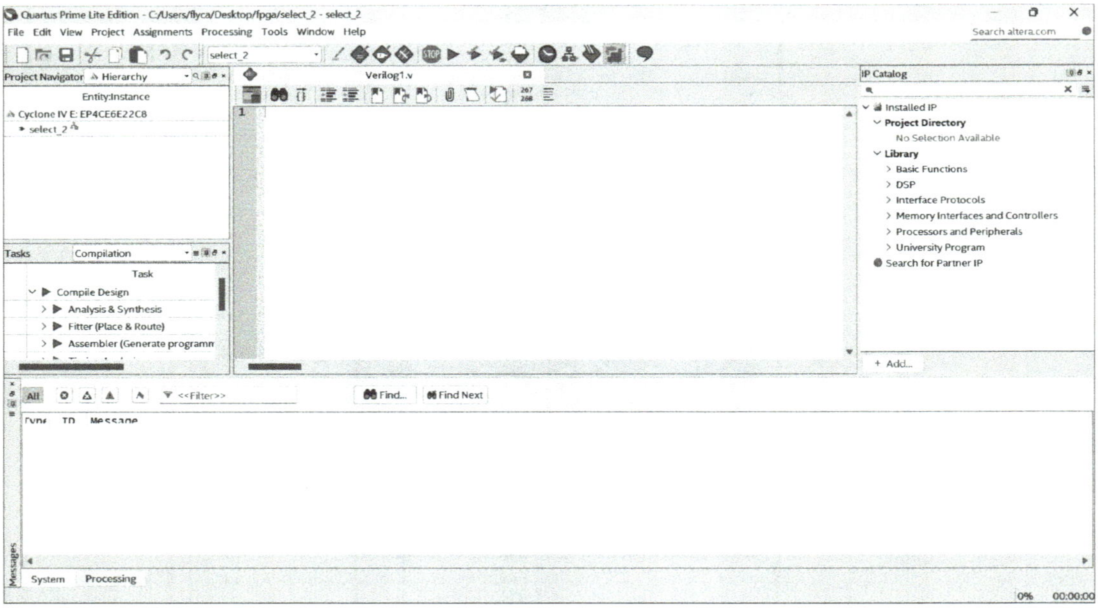

图 B-11 Verilog HDL 文本编辑窗口

3. 输入代码

在 Verilog HDL 文本编辑窗口中输入代码，如图 B-12 所示。

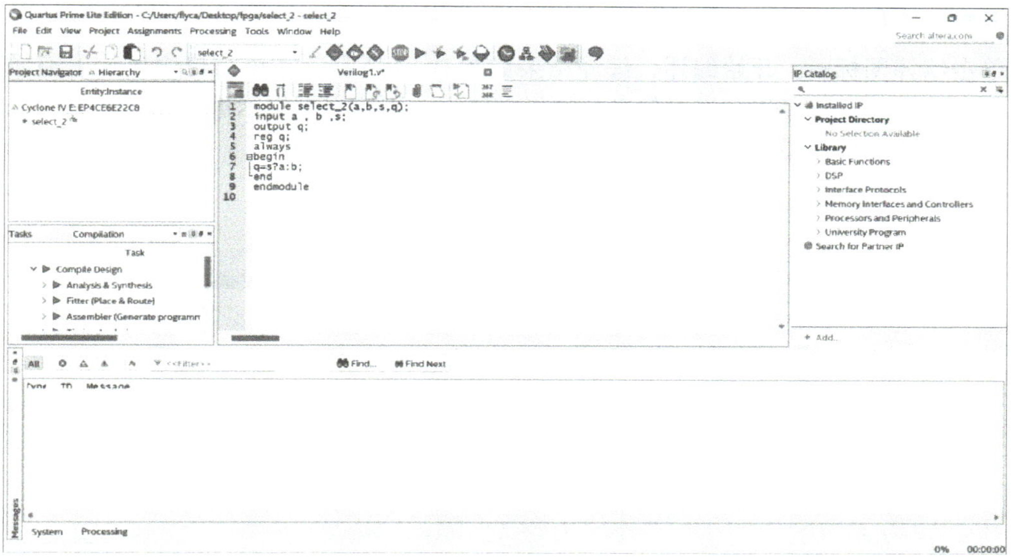

图 B-12　输入代码

为了方便输入，下面给出 select_2 的源代码：

```
module select_2(a,b,s,q);
input a,b,s;
output q;
reg q;
always
begin
q=s?a:b;
end
endmodule
```

4. 保存文件

单击保存文件图标，弹出“另存为”对话框，如图 B-13 所示。在默认情况下，“文件名（N）”栏中为项目名称“select_2”，单击“保存”按钮即可保存文件。

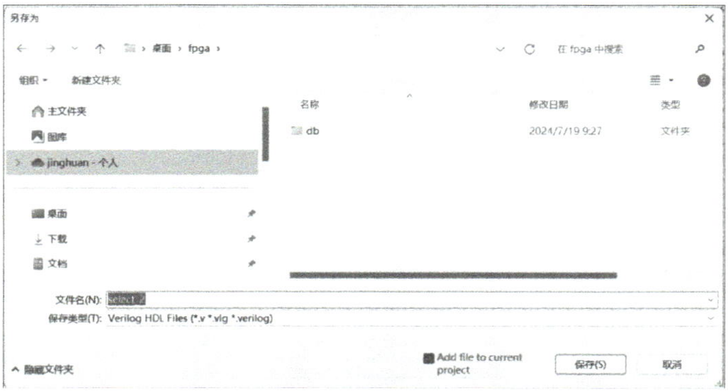

图 B-13　“另存为”对话框

5. 编译工程

单击编译图标▶，开始编译，编译结果如图 B-14 所示。在该窗口中显示了编译时的各种信息，其中包括警告和错误信息。如果有错误，则应根据提示进行相应的修改，并重新编译，直到没有错误提示为止。

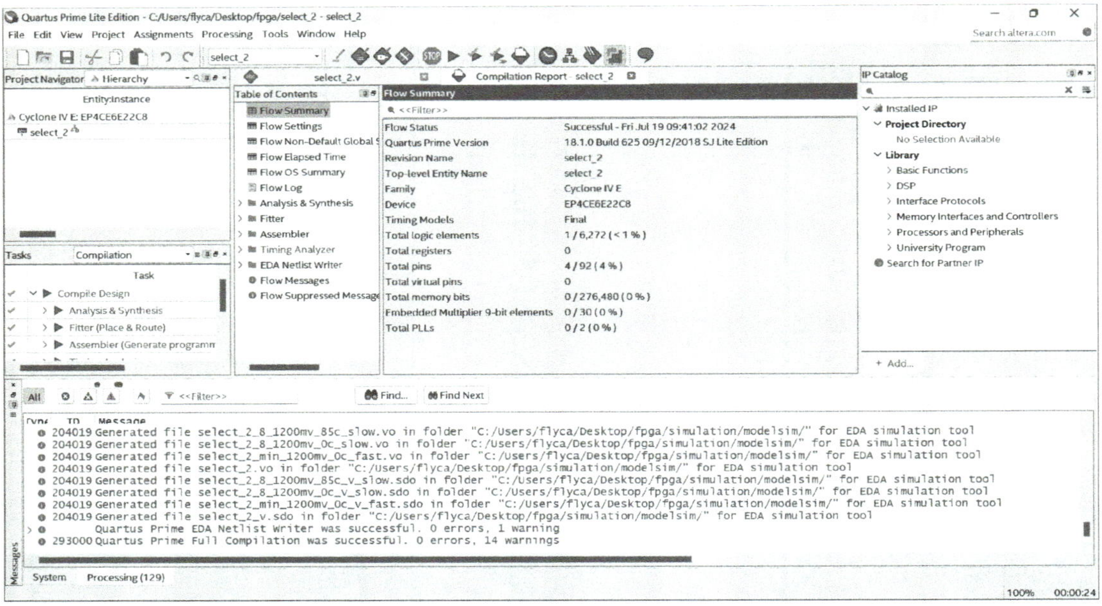

图 B-14 编译结果

6. 建立矢量波形文件

执行菜单命令“File”→“New”，弹出“New”对话框，选择“University Program VWF”选项，如图 B-15 所示。单击“OK”按钮，弹出矢量波形编辑窗口，如图 B-16 所示。

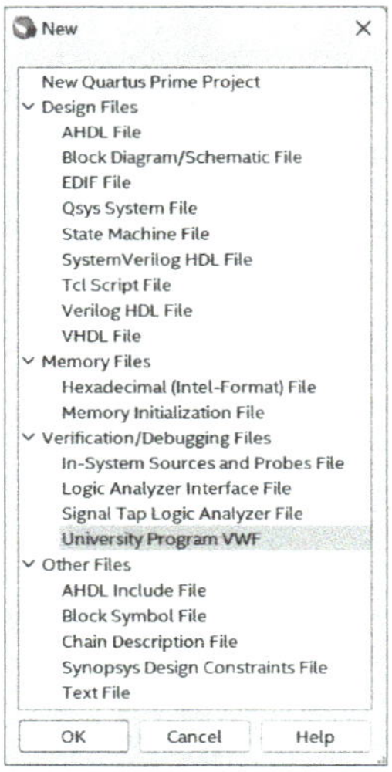

图 B-15 建立矢量波形文件

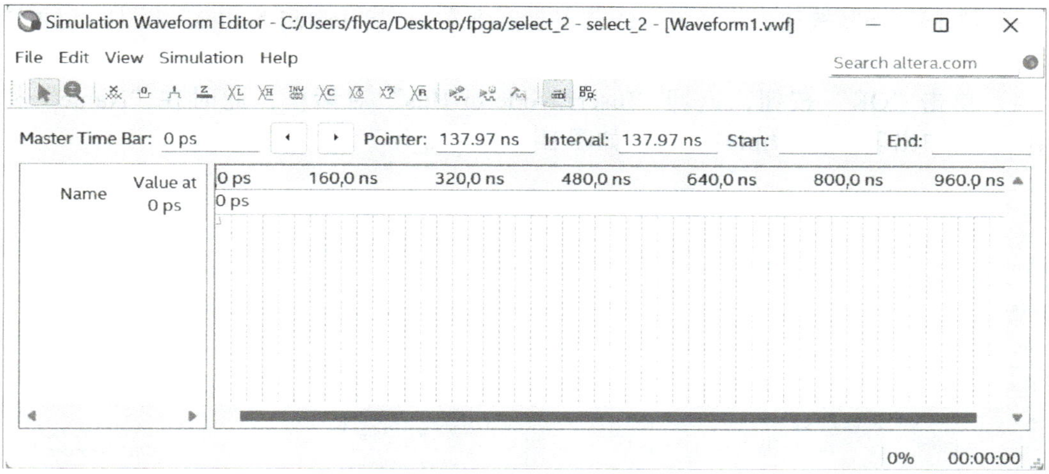

图 B-16 矢量波形编辑窗口

7. 添加引脚或节点

1）在矢量波形编辑窗口中双击“Name”下方的空白处，弹出“Insert Node or Bus”对话框，如图 B-17 所示。单击“Node Finder...”按钮，弹出“Node Finder”对话框，如图 B-18 所示。

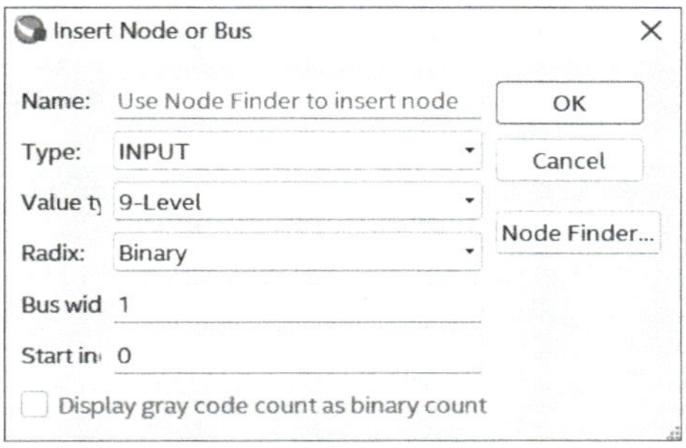

图 B-17 “Insert Node or Bus”对话框

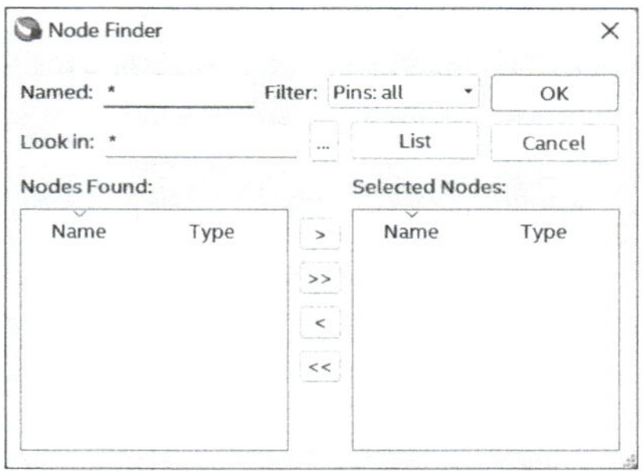

图 B-18 “Node Finder”对话框

2）单击“List”按钮，在“Nodes Found”栏中会出现设计中的引脚号，如图 B-19 所示。

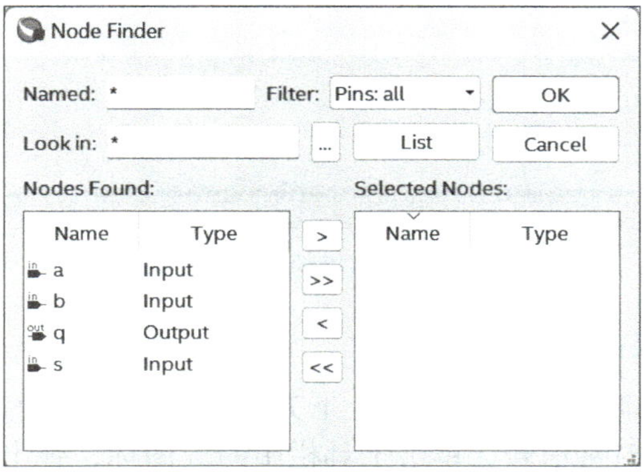

图 B-19 显示 I/O 节点

3）单击“>>”按钮，将所有 I/O 节点复制到右侧“Selected Nodes”栏中（也可以只选中其中的一部分，根据情况而定），如图 B-20 所示。

4）单击“OK”按钮，返回“Insert Node or Bus”对话框，此时在“Name”栏和“Type”栏中出现了 Multiple Items，如图 B-21 所示。

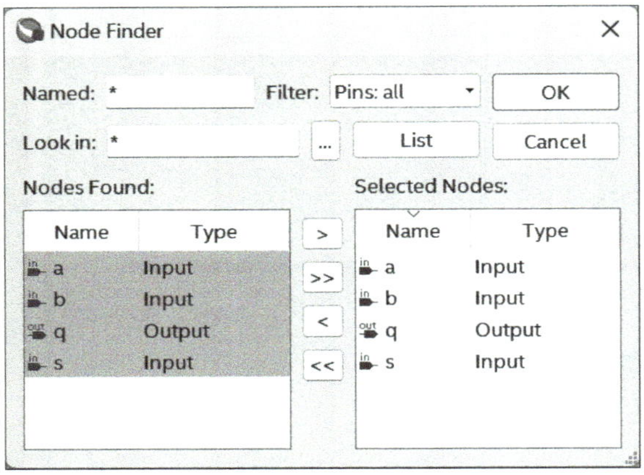

图 B-20 选择 I/O 节点

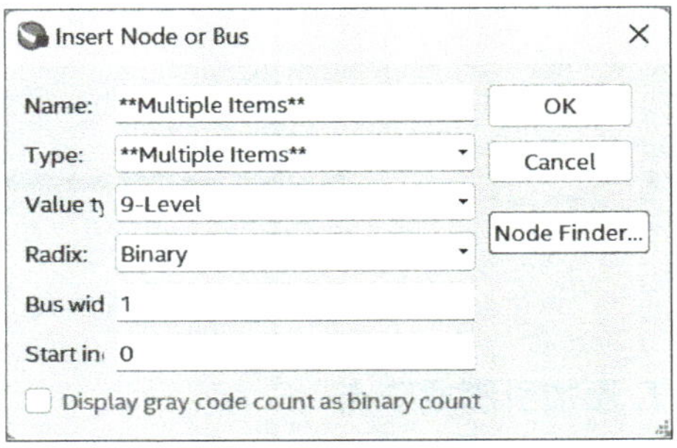

图 B-21 “Insert Node or Bus”对话框

5）单击“OK”按钮，将选中的 I/O 节点添加到矢量波形编辑窗口中，如图 B-22 所示。

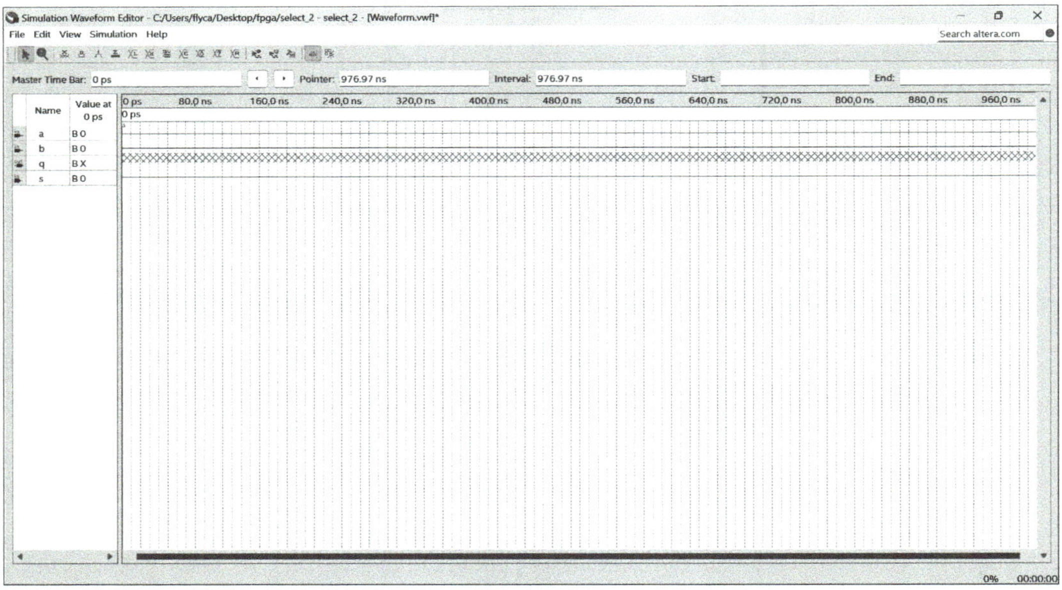

图 B-22 添加节点后的矢量波形编辑窗口

8. 编辑输入信号并保存文件

在矢量波形编辑窗口中单击“Name”下方的“a”，即选中该行的波形。在本例中，将输入信号“a”设置为时钟信号，单击工具栏中的 图标，弹出“Clock”对话框，在此可以修改信号的周期、相位和占空比。设置完成后，单击“OK”按钮，完成对信号“a”的设置。同理，设置输入信号“b”和“s”。可以选中“s”长按鼠标左键上下拖动调节在窗口中的次序，将输出“q”放置到最下面。最后单击“File”菜单下的保存文件图标，根据提示完成保存工作。完成设置后的输入信号如图 B-23 所示。

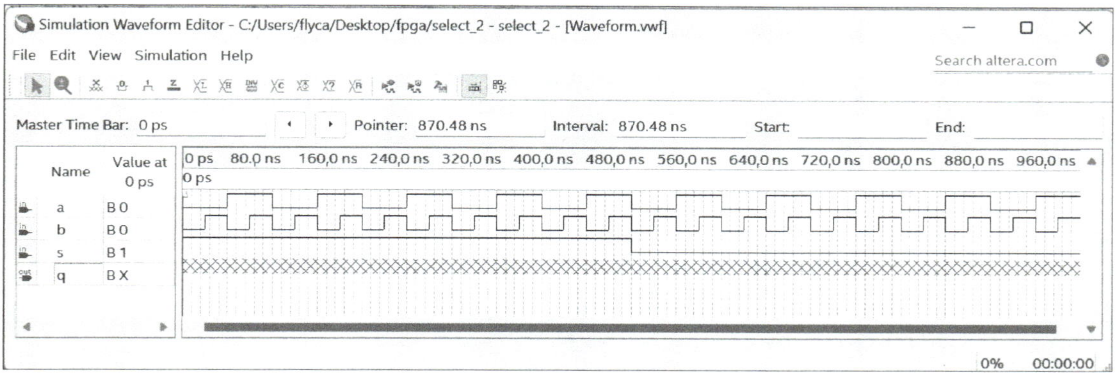

图 B-23 完成设置后的输入信号

9. 仿真

在向实验平台上的 FPGA 芯片导入所设计的电路前，最好对其进行仿真，以检测其正确性。使用 ModelSim 工具对所设计电路进行行为级仿真，电路仿真前必须先创建必要的波形，这些代表输入信号的波形被称为测试矢量（test vectors）。仿真中同时也有必要指定输出信号，以及设计者期望观测到的电路中的一些可能的内部信号。

Quartus Prime 可以与 ModelSim 联合仿真，本书中采用 Quartus Prime 软件对 ModelSim 进行后台调用来仿真电路信号。所以，在仿真之前，需要安装 ModelSim 软件，在 Quartus Prime 安装过程中勾选“ModelSim”选项即可同步安装。本书所用版本的 ModelSim 不需要破解就可以使用，能够仿真 1 万行可执行代码，满足了大部分用户的需求。安装完毕之后，需要在 Quartus Prime 软件中进行相应的设置，以方便后续仿真的调用。执行菜单命令“Tools”→“Options”，在“General”类下单击“EDA Tool Options”按钮，对 ModelSim 进行路径设置，其目标路径就是 modelsim.exe 所在的文件夹，这里的安装路径是“C:\intelFPGA_lite\18.1\modelsim_ase\win32aloem”，如图 B-24 所示。设置完成之后，单击“OK”按钮。

仿真分为功能仿真和时序仿真，又分别称为前仿真和后仿真。功能仿真是忽略延时后的仿真，是理想状态下的仿真；而时序仿真则是加上了一些延时的仿真，是接近实际的仿真。通常在设计中，应首先进行功能仿真来验证逻辑的正确性，然后进行时序仿真来验证时序是否符合要求。

1）功能仿真。在“Simulation Waveform Editor”窗口中，执行命令“Simulation”→“Run Functional Simulation”，或者单击图标运行仿真。功能仿真结果如图 B-25 所示。

2）时序仿真。在“Simulation Waveform Editor”窗口中，执行命令“Simulation”→“Run Timing Simulation”，或者单击图标运行仿真，此时会产生图 B-26 所示波形。

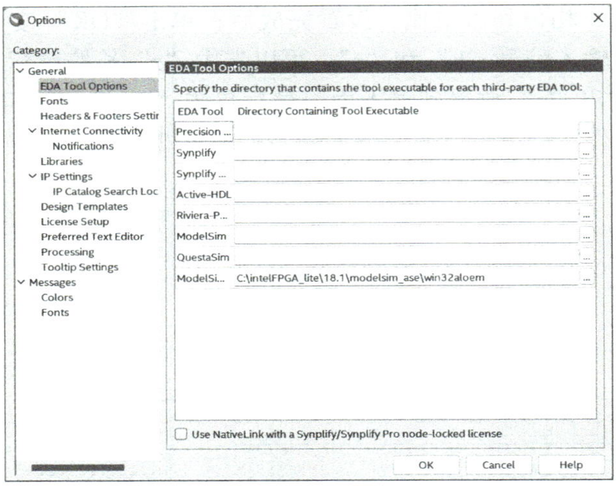

图 B-24 ModelSim 路径设置

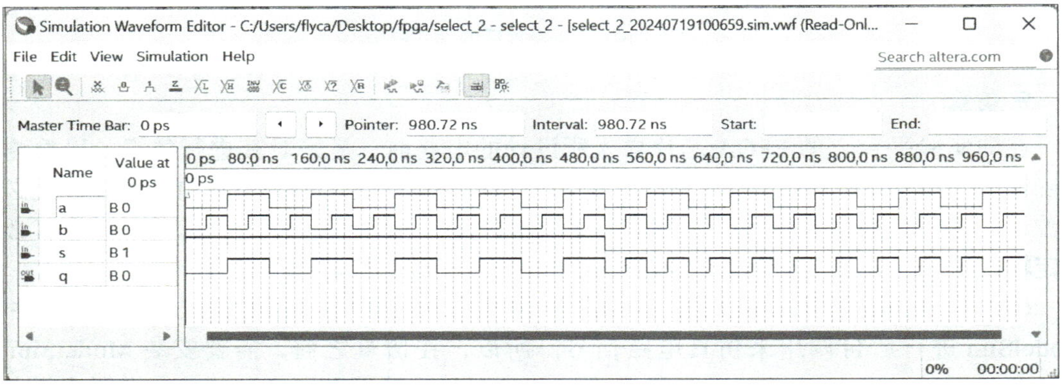

图 B-25 功能仿真结果

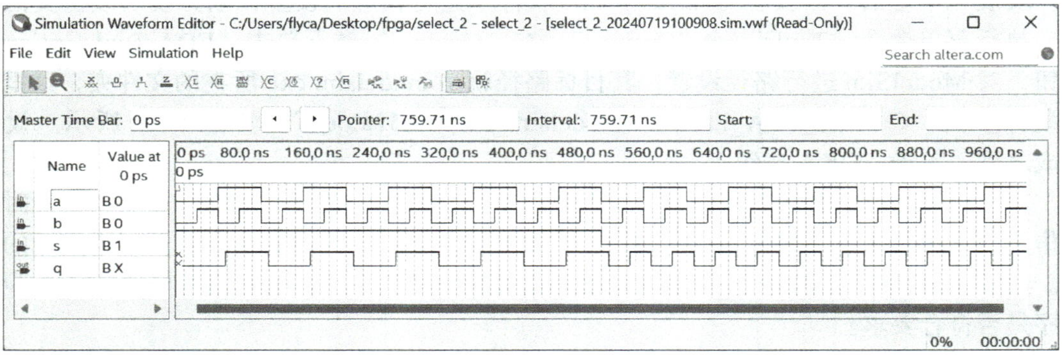

图 B-26 时序仿真波形

10. 引脚分配

引脚分配是为了能对所设计的项目进行硬件测试，将 I/O 信号锁定在器件确定的引脚上。执行菜单命令“Assignments”→“Pin Planner”，弹出图 B-27 所示对话框，在其下方的列表中会出现本项目所有的 I/O 引脚名。

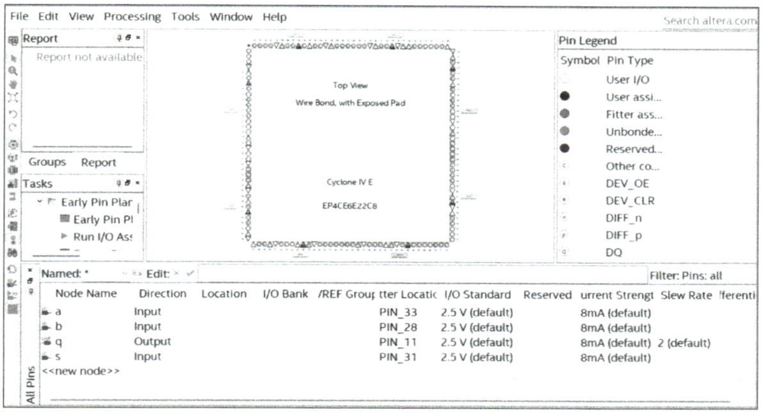

图 B-27 选择要分配的引脚

双击与输入端“a”处于同一行的“Location”选项，弹出引脚列表，选择合适的引脚，完成对输入“a”的引脚分配。同理，完成所有引脚的分配，结果如图 B-28 所示。

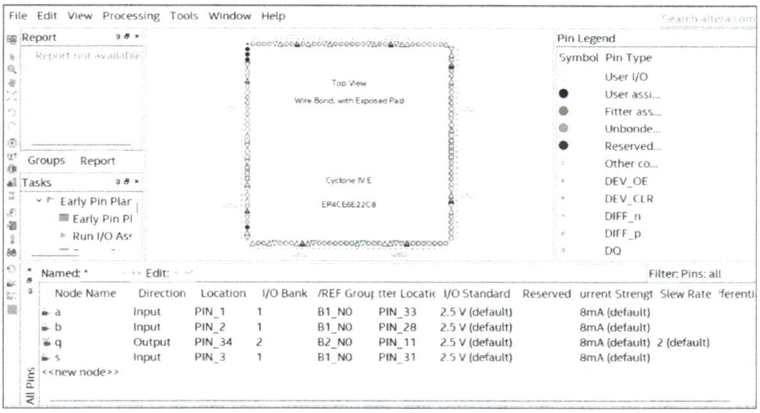

图 B-28 完成引脚分配后的结果

11. 下载验证

下载验证是将本次设计所生成的文件通过计算机下载到实验箱，以验证此次设计是否符合要求。下载验证大致分为以下 4 步：

1）编译：分配完引脚后，必须再次编译才能存储这些引脚锁定的信息。单击编译图标▶，如果编译过程中由于引脚的多重功能出现警告或错误提示，需要执行菜单命令“Assignments”→“Device”，弹出图 B-29 所示对话框。在该对话框中单击“Device and Pin Options...”按钮，弹出图 B-30 所示对话框，在“Dual-Purpose Pins”选项卡下进行设置。此外，还可以根据需要更改其他参数来优化器件的各种配置。

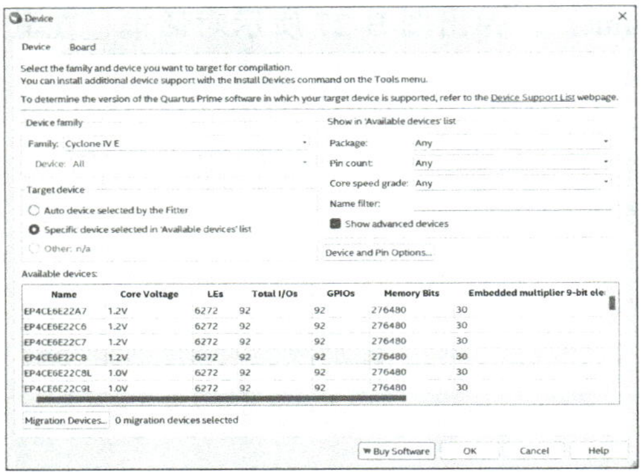

图 B-29 器件设置

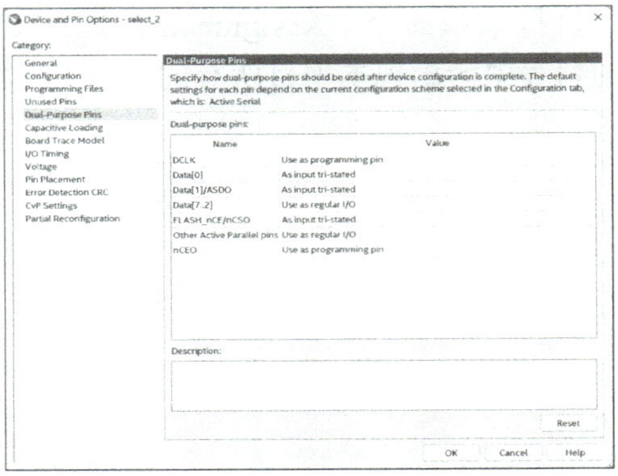

图 B-30 多重功能引脚设置

2）配置下载电缆：执行菜单命令“Tools”→“Programmer”，或者直接单击工具栏上的图标，弹出图 B-31 所示下载窗口。

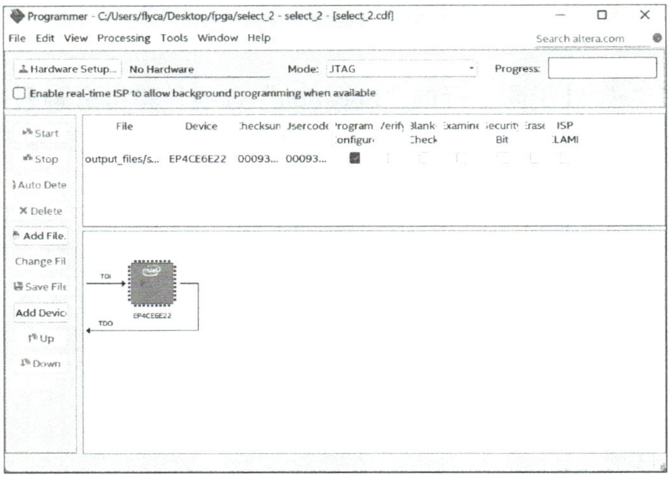

图 B-31 未经配置的下载窗口

将硬件上电，同时通过下载电缆“USB-Blaster”连接计算机的 USB 口，在图 B-31 中单击“Hardware Setup...”按钮来设置编程器，如图 B-32 所示。单击“Currently selected hardware”右侧的倒三角▼可以选择下载电缆，弹出图 B-33 所示对话框。在其中选择“USB-Blaster[USB-0]”后，单击“Close”按钮，完成下载电缆配置。一般情况下，如果不更换下载电缆，一次配置就可以长期使用，并不需要每次都设置。

3）JTAG 模式下载：JTAG 模式是软件的默认下载模式，相应的下载文件为“.sof”格式。在“Mode”栏中还可以选择其他下载模式，包括 In-Socket Programming、Passive Serial 和 Active Serial Programming，如图 B-34 所示。在图 B-34 中勾选下载文件“output_fileslselect_2.sof”右侧的第一个小方框，也可以根据需要勾选其他小方框。单击“Start”按钮，计算机就开始下载编程文件。开始下载后，屏幕上的进度条自左向右移动，并用百分数表示下载进度。下载完成后，该工程的下载过程就完成了，此时的下载窗口如图 B-35 所示。可通过观察实验箱来验证此次工程设计的正确性。

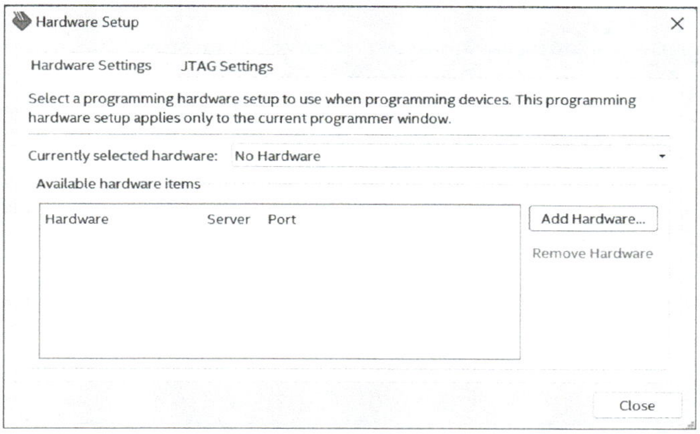

图 B-32　设置编程器

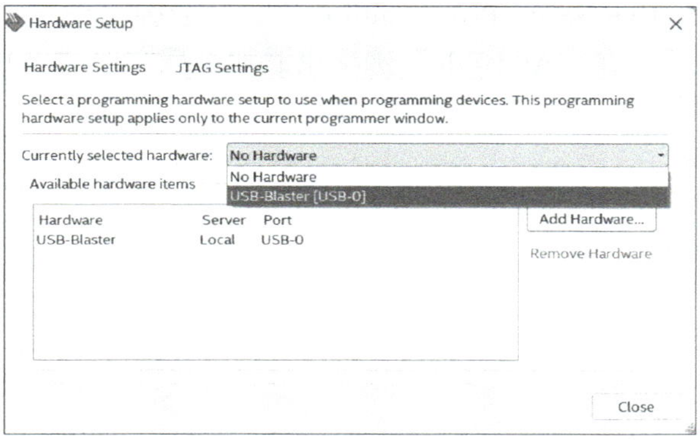

图 B-33　选择下载电缆

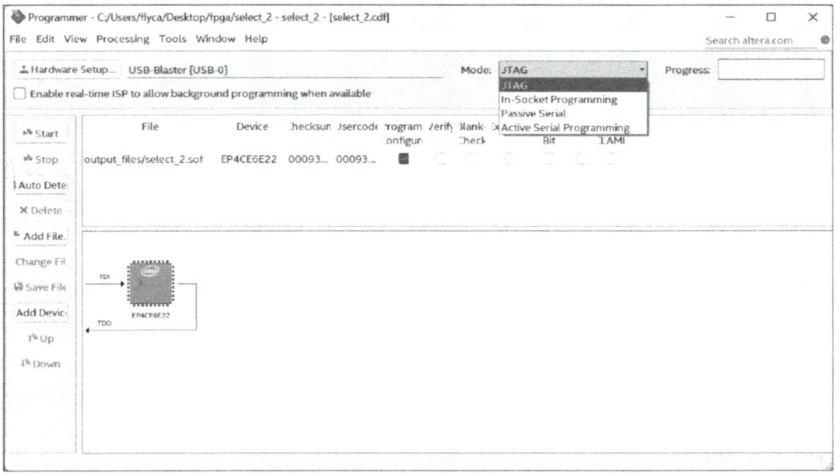

图 B-34　下载模式

图 B-35　下载完成后的下载窗口

4）Active Serial 模式下载：Active Serial 模式的下载文件为“.pof”格式。在“Mode”栏中选择“Active Serial Programming”后，会弹出图 B-36 所示更换文件提示框，单击“Yes”按钮后，在“Add File”选项里添加下载文件“and_2.pof”，勾选下载文件右侧的第一个小方框后，单击“Start”按钮即可。

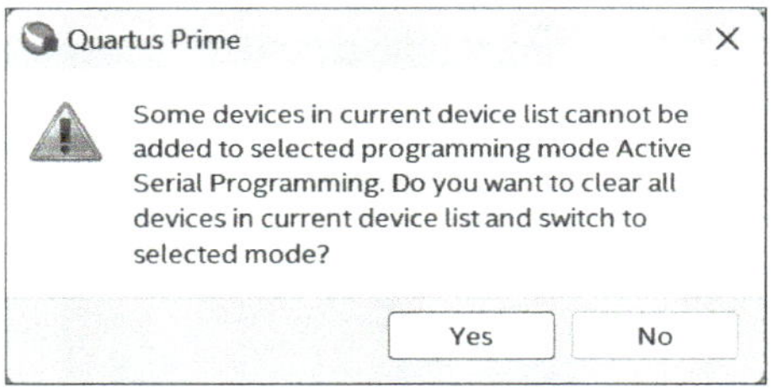

图 B-36　更换文件提示框

对于大多数的设计，到此就完成了全部操作。

附录 C　Intel EP4CE6 开发板资源

1. Intel EP4CE6 开发板概述

Intel EP4CE6 开发板是一款基于 Altera Cyclone IV 系列 FPGA 芯片开发的硬件平台，具有较高的性价比和丰富的功能，适合用于教学、入门级项目开发以及一些工业应用。

开发板的芯片型号为 EP4CE6E22C8N，芯片核心资源参数如下：

1）工作频率：50MHz。

2）工作电压：1.15 ～ 3.465V。

3）封装形式：QFP144。

4）I/O 口：80。

5）逻辑单元：6000。

6）RAM：270KB。

Intel EP4CE6 开发板实物图如图 C-1 所示。开发板电源采用 5V 直流电，通过开发板上完善的电源系统，为FPGA 等元件提供所需的各种电压，并可向外输出 5V、3.3V 电压。开发板上配有 EPCS4 配置芯片、JTAG 下载端口、50MHz 有源晶振等。开发板设有 4 个 LED（发光二极管），用作简单输出；设有 4 个按键，用作操作输入信号；设有 8 个数码管显示；设有 1 个 LCD 液晶接口，可以接 LCD1602 或者 LCD12864。FPGA 的所有引脚均通过 2.54mm 标准排针引出。

图 C-1　EP4CE6 FPGA 开发板实物图

2. 开发板硬件设计

开发板电路整体结构框图如图 C-2 所示，包含电源电路、时钟电路、复位电路、下载配置接口、存储配置电路、LED 电路、按键电路、数码管电路、液晶接口电路和扩展板接口。

FPGA 开发板引脚说明见表 C-1。

表 C-1　FPGA 开发板引脚说明

硬件模块	FPGA 引脚			备注
输入时钟 50MHz	23			系统时钟
LED（从左到右）	L1		53	低电平 LED 点亮
	L2		54	
	L3		55	
	L4		58	
数码管（从左到右）	段选	A	141	与液晶（LCD）共用 IO 口，不能同时使用液晶和数码管
		B	143	
		C	1	
		D	3	
		E	10	
		F	30	
		G	32	
		DP	34	
	位选	LED1	137	低电平数码管选中点亮
		LED2	135	LED1：137
		LED3	132	LED2：135
		LED4	128	LED3：132
		LED5	43	LED4：128
		LED6	46	
		LED7	50	
		LED8	52	

（续）

硬件模块	FPGA 引脚		备注
KEY	K1	59	按下为低电平
	K2	60	
	K3	64	
	K4	65	
	K5	88	常用作系统复位按键
LCD	RS（CS）	129	
	R/W（SID）	133	
	E（SCLK）	136	
	DB0	141	与数码管段选共用 IO 口，不能同时使用液晶和数码管
	DB1	143	
	DB2	1	
	DB3	3	
	DB4	10	
	DB5	30	
	DB6	32	
	DB7	34	

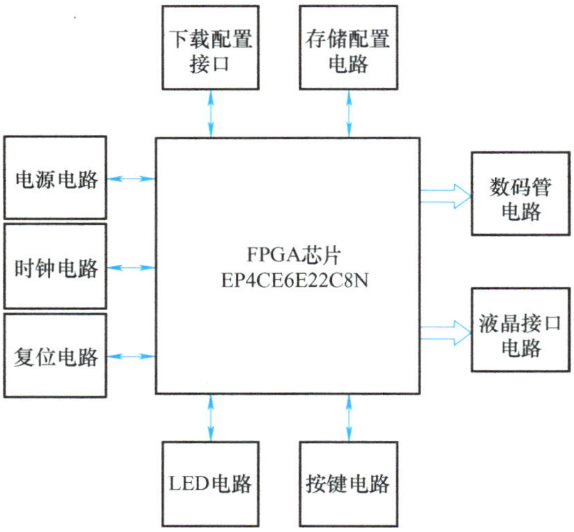

图 C-2　开发板电路整体结构框图

（1）电源电路

电源电路是保障 FPGA 开发板能够正常工作的基本电路，需要为开发板提供多种类型的电压，包括 FPGA 的 I/O 供电电压、FPGA 的内核供电电压和 FPGA 的 PLL 供电电压。为了便于管理和适应多种电器标准，FPGA 的 IO 被划分为若干个组（bank），每个 bank 独立供电，如 1.5V、1.8V、2.5V、3.0V 和 3.3V 等，以适应不同的电压标准，因此电源电路需要将输入的 5V 电压分别转换成不同 bank 需要的电压，除此之外，还需要提供 FPGA 所需的 1.0V 内核供电电压（VCCINT）和 1.2V 的 PPL 数字电压（VCCA_PPL）。另外为了方便检测电器的工作状态，开发板 3.3V 电源输出处接 LED 用作电源指示灯。电源电路原理如图 C-3 所示，引脚说明见表 C-2。

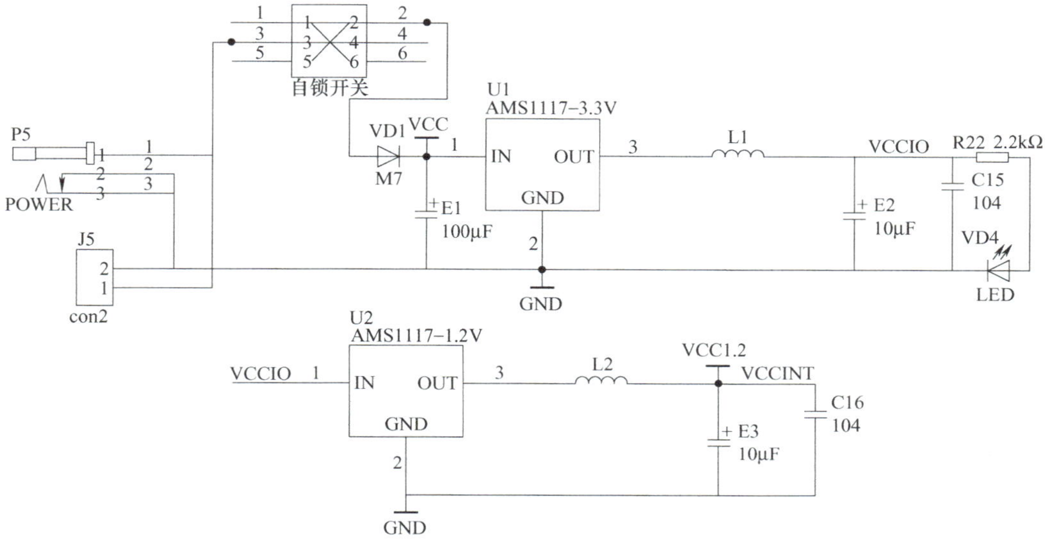

图 C-3　电源电路原理

表 C-2　电源电路引脚说明

引脚名称	描述
VCC5	外部输入 5V 供电电压
VCCIO	经 AMS1117-3.3V 稳压器件转换后的 3.3V 电压，一般用于供给时钟、配置电路等电压和特殊功能引脚高电平等
VCC1.2	经 AMS1117-1.2V 稳压器件转换后的 1.2V 电压，一般用于供给的 VCCINT、VCC_PLL 等

（2）时钟电路

在 FPGA 设计中，时钟的最好解决方案是：由专用的全局时钟输入引脚驱动的单个主时钟去钟控设计中的每个时序器件。FPGA 有专门的全局时钟引脚，直接连接器件中的每个寄存器，从而提供最短的传输延时。在设计中用一个全局时钟端口 CLK，由于它是单个时钟端口，所以考虑用有源晶振时钟作为外部时钟来源。开发板采用的是 50MHz 的晶振，为系统提供精准的时钟源。时钟电路原理如图 C-4 所示，引脚说明见表 C-3。

表 C-3　时钟电路引脚说明

引脚名称	描述
CLK	时钟输入，接 PIN23 引脚

（3）复位电路

复位电路包括 RST 复位电路。RST 复位电路采用 RESET 按键开关构成阻容复位电路，按下后，低电平有效，产生复位信号。复位电路原理如图 C-5 所示，引脚说明见表 C-4。

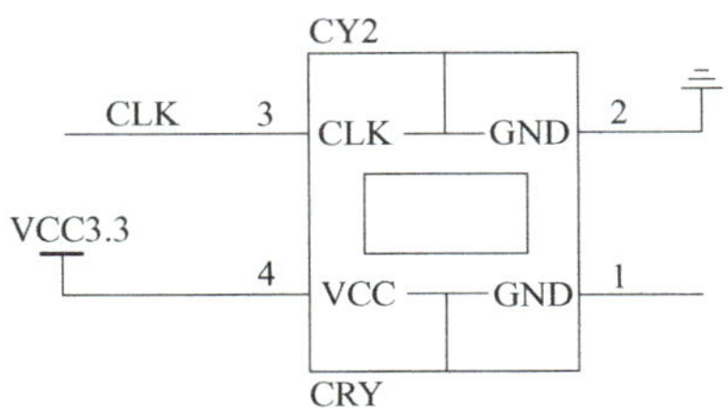

图 C-4　时钟电路原理

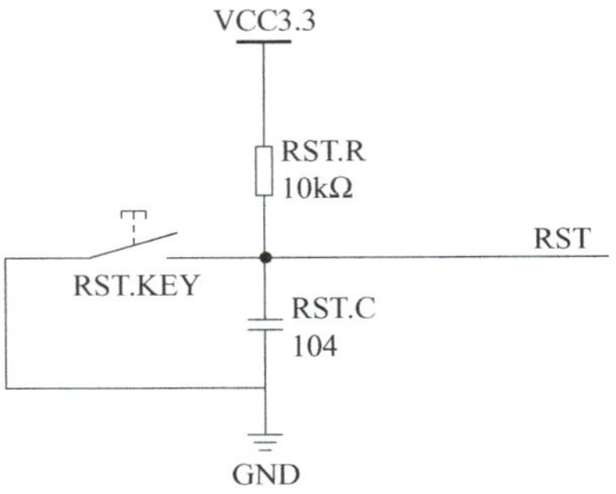

图 C-5　复位电路原理

表 C-4　复位电路引脚说明

引脚名称	描述
RST	低电平复位

（4）下载配置接口

配置又称加载或下载，是对 FPGA 内容进行编程的过程。每次上电后需要进行配置。在 FPGA 内部，有许多可编程的多路器、逻辑、互连线节点和 RAM 初始化内容等，都需要配置数据来控制。FPGA 中配置 RAM 就起到了存放配置数据的内容的作用。

根据 FPGA 在配置电路中的角色，其配置数据可以使用三种方式载入到目标器件，分别是：FPGA 主动（Active）方式、FPGA 被动（Passive）方式和 JTAG 方式。JTAG 接口是业界标准接口，Altera FPGA 基本上都可以支持 JTAG 命令来配置 FPGA，而且 JTAG 配置方式比另两种配置方式优先级高。因此，开发板提供了 JTAG 配置方式，下载配置接口电路如图 C-6 所示，引脚说明见表 C-5。

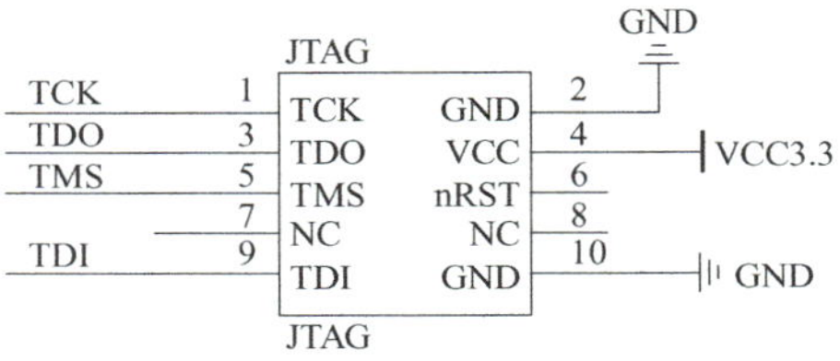

图 C-6　下载配置接口电路

可以使用专用的 Altera 下载器 USB Blaster 进行下载调试。如需编程到 EPCS 芯片，需要对下载文件格式进行转换。

表 C-5　配置接口电路引脚说明

引脚名称	描述
TDI	用于测试数据的输入
TDO	用于测试数据的输出
TMS	模式控制引脚，决定 JTAG 电路内部 TAP 状态机的跳转
TCK	测试时钟引脚，其他信号线都必须与之同步

（5）存储配置电路

为了使 FPGA 掉电后仍然能够保持程序数据，FPGA 需要外接配置芯片（即存储配置电路）。本书选用了 Altera 公司的串行 FLASH 存储器 EPCS4。EPCS4 属于增强型配置器件，容量高达 4Mbit，支持对大容量 FPGA 的单片配置，可由 JTAG 接口进行在系统编程。

存储配置电路原理如图 C-7 所示。

（6）LED 电路

开发板板载 4 个 LED，每个 LED 都直接由 FPGA 芯片上的一个引脚直接驱动的。当给对应的引脚一个逻辑低电平时，LED 将被点亮。LED 电路原理如图 C-8 所示。

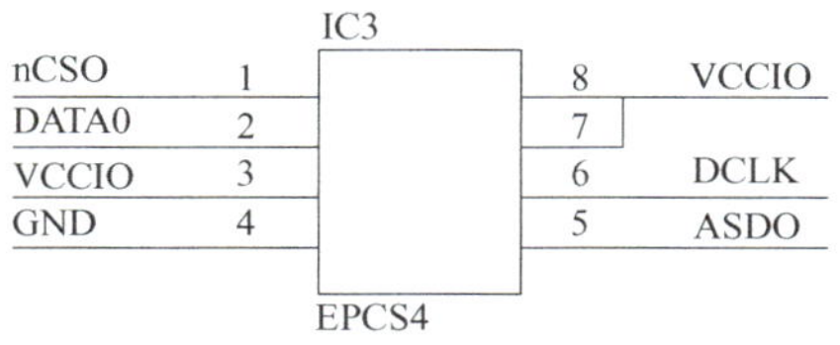

图 C-7　存储配置电路原理

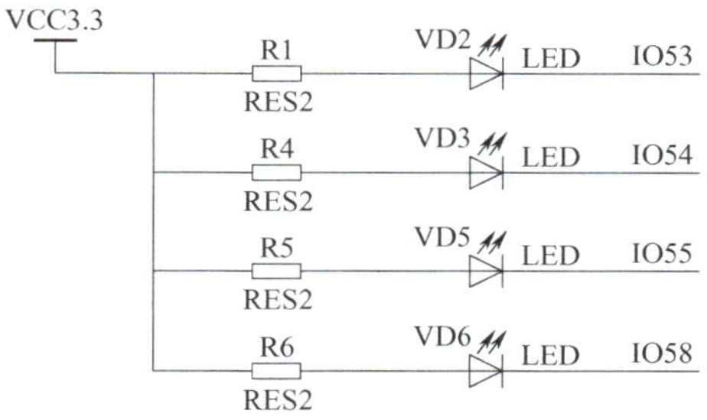

图 C-8　LED 电路原理

（7）按键电路

开发板板载 4 个按键输入，每个按键都直接由 FPGA 芯片上的一个引脚直接识别。当有按键按下，对应的引脚为逻辑低电平；没有按键按下时，引脚为逻辑高电平。按键电路原理如图 C-9 所示。

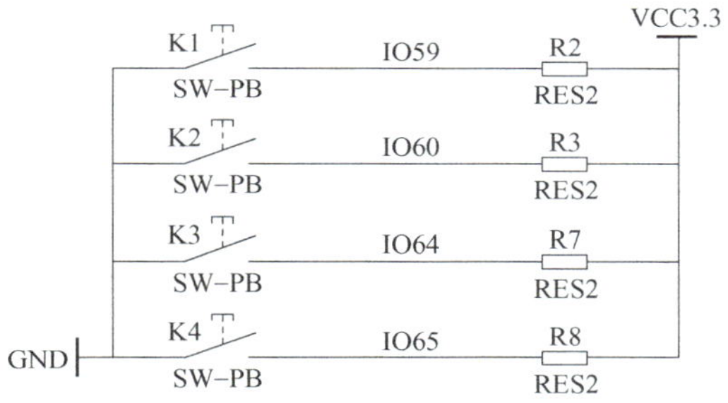

图 C-9　按键电路原理

（8）数码管电路

开发板上共有 8 个共阳极数码管，采用 PNP 晶体管来驱动并控制数码管选通点亮。数码管段选驱动共用 8 段控制信号，当段显驱动信号为低电平（0）时，对应的显示段被点亮。当位选驱动信号控制驱动晶体管的基极为低电平（0）时，对应的数码管被点亮。由于位选驱动信号需要驱动电流较大，采用了 PNP 晶体管 S8550，R20 和 R21 作为保护限流电阻接在电路中。数码管电路原理如图 C-10 所示。

（9）液晶接口电路

接口底板上设有 LCD1602 与 LCD12864 的接口电路，液晶模块是配置器件。图 C-11 所示为液晶接口电路，其中 1 ～ 16 引脚接口接 LCD1602，1 ～ 20 引脚接口接 LCD12864。RR1 可调电阻是调节液晶显示灰度的，R23、R24 选择焊接 0Ω 电阻，通常在 R23 焊接电阻，这样接 LCD1602 时，15 引脚作为背光的 VCC 输入引脚；接 LCD12864 时，15 引脚作为并行接口或串行接口的连接引脚。

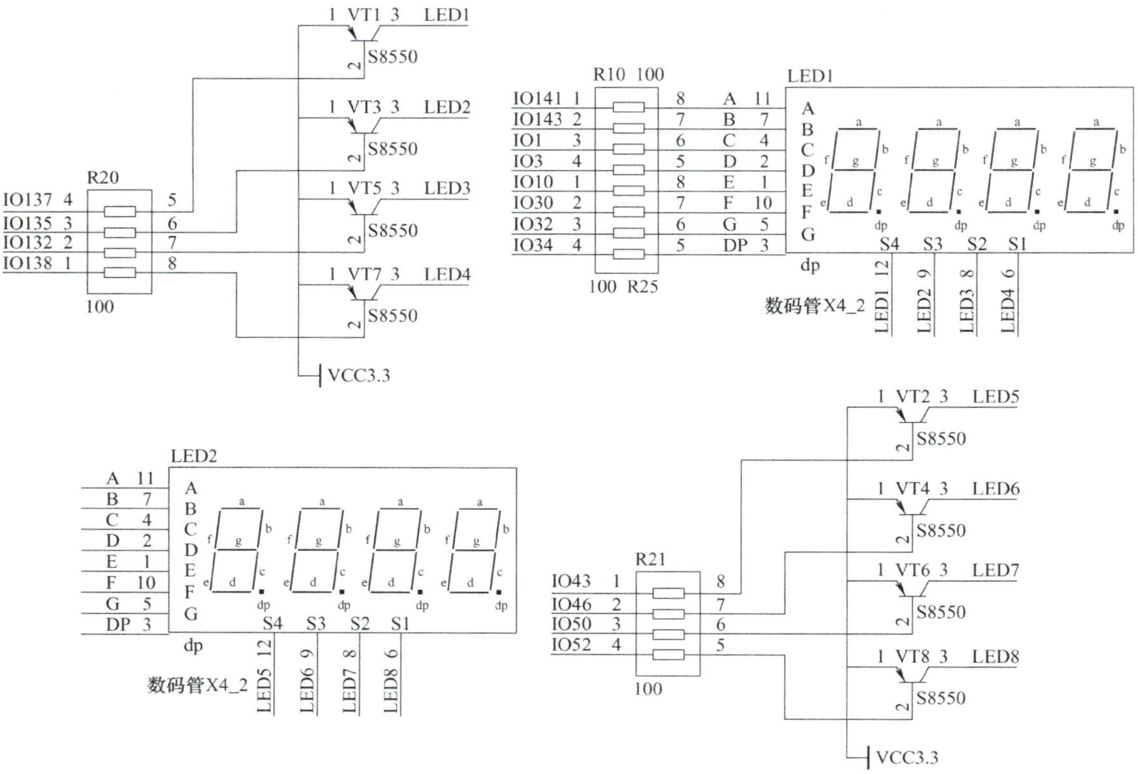

图 C-10 数码管电路原理

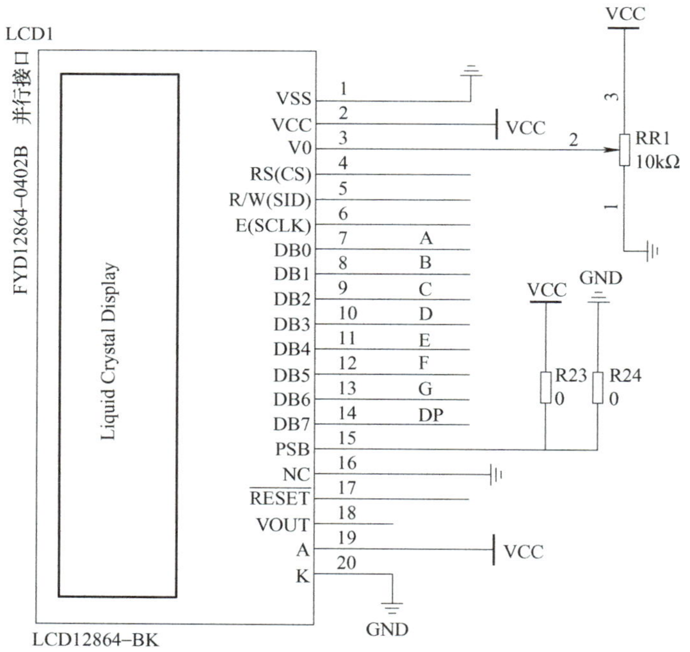

图 C-11 液晶接口电路

（10）扩展板接口

核心板的所有引脚全部引出，如图 C-12 所示。可以直接将核心板插入应用板。设计时可以采用核心板和扩展板分离的方式，这种灵活的设计模式一方面使用户方便根据自己的需求自行设计外接电路，方便快捷；另一方面，充分考虑了与其他 FPGA 板子的兼容性和通用性，便于升级换代。

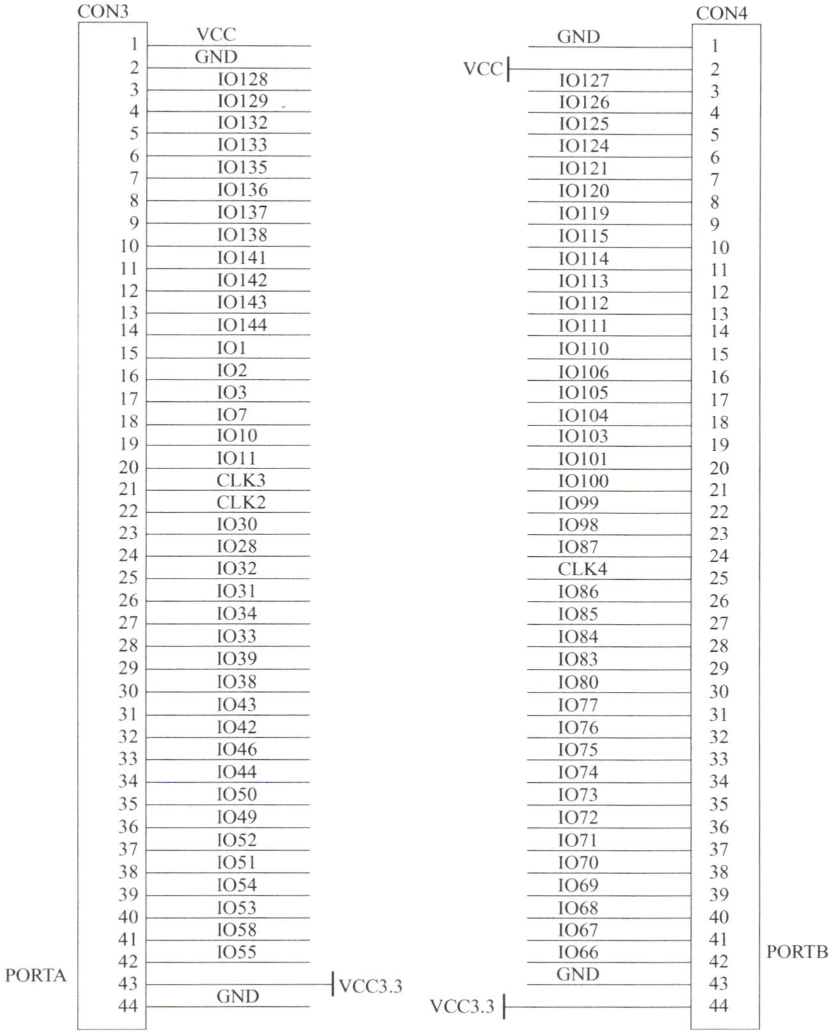

图 C-12　扩展板接口

参考文献

[1] 周润景，李志，张玉光 . 基于 Quartus Prime 的数字系统 Verilog HDL 设计实例详解 [M]. 3 版 . 北京：电子工业出版社，2018.

[2] CILETTI M D. Advanced Digital Design with the Verilog HDL [M]. Upper Saddle River：Prentice Hall，2010.

[3] 张晋荣，章振栋，刘荣福 . FPGA 实战训练精粹 [M]. 北京：清华大学出版社，2019.

[4] 天野英晴 . FPGA 原理和结构 [M]. 赵谦，译 . 北京：人民邮电出版社，2019.

[5] WAKERLY J F. 数字设计：原理与实践（原书第 3 版）[M]. 林生，金京林，葛红，等译 . 北京：机械工业出版社，2003.